工业和信息化精品系列教材

黑马程序员 ◉ 编著

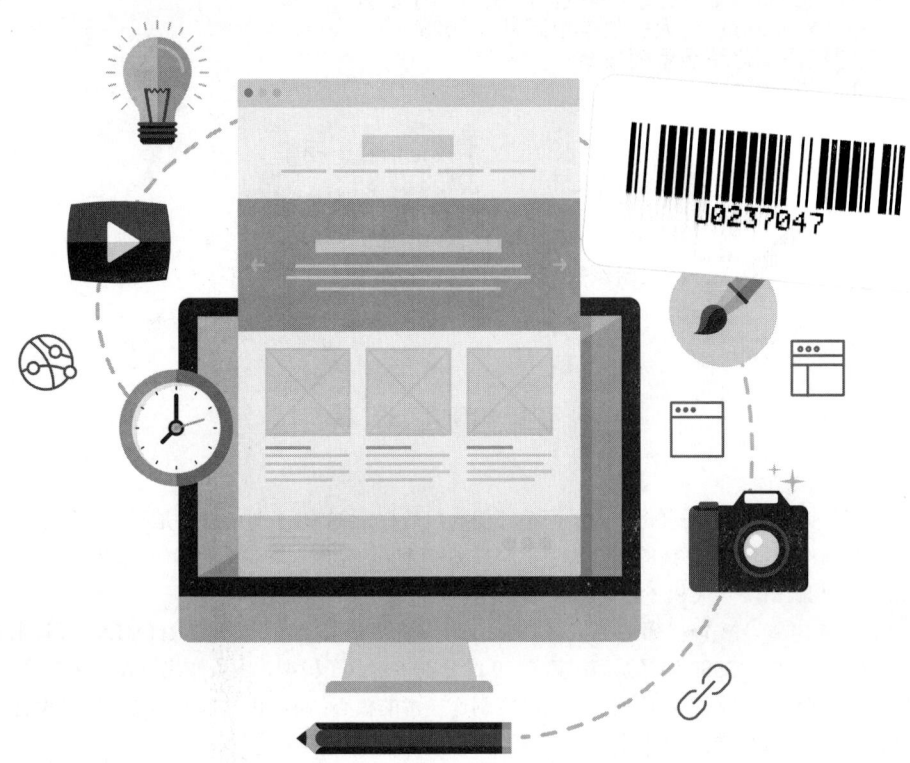

HTML5+CSS3

网站设计基础教程

第 3 版

人民邮电出版社

北 京

图书在版编目（ＣＩＰ）数据

HTML5+CSS3网站设计基础教程 / 黑马程序员编著
. -- 3版. -- 北京：人民邮电出版社，2023.7
工业和信息化精品系列教材
ISBN 978-7-115-61406-3

Ⅰ．①H… Ⅱ．①黑… Ⅲ．①超文本标记语言－程序
设计－教材②网页制作工具－教材 Ⅳ．①TP312.8
②TP393.092

中国国家版本馆CIP数据核字(2023)第049724号

内 容 提 要

本书是针对零基础网页设计人员而编写的入门教程。HTML5 与 CSS3 是网页制作技术的核心，也是每个网页制作人员必须掌握的基础知识。本书从初学者的角度，以实用的案例、通俗易懂的语言详细介绍了如何使用 HTML5 与 CSS3 进行网页制作的方法和技巧。

本书共 10 章。第 1～4 章主要讲解 HTML5 与 CSS3 的基础知识，包括 HTML5 入门、HTML5 标签和属性、CSS3 入门、CSS3 选择器等；第 5～9 章分别讲解盒子模型、网页布局、表格和表单、多媒体嵌入，以及过渡、变形和动画等，这些内容是网页制作技术的核心；第 10 章是一个实战开发项目，带领读者综合运用本书所学知识制作油纸伞网站首页。

本书提供了教学 PPT、教学大纲、教学视频、源代码等丰富的配套资源。

本书可作为高等教育本、专科院校网页设计与制作课程的教材，也可作为相关从业人员的自学参考书。

◆ 编　　著　黑马程序员
　　责任编辑　范博涛
　　责任印制　焦志炜

◆ 人民邮电出版社出版发行　　北京市丰台区成寿寺路 11 号
　　邮编　100164　　电子邮件　315@ptpress.com.cn
　　网址　https://www.ptpress.com.cn
　　北京市艺辉印刷有限公司印刷

◆ 开本：787×1092　1/16
　　印张：19.25　　　　　　　　2023 年 7 月第 3 版
　　字数：501 千字　　　　　　 2024 年 8 月北京第10次印刷

定价：59.80 元

读者服务热线：(010)81055256　印装质量热线：(010)81055316
反盗版热线：(010)81055315
广告经营许可证：京东市监广登字 20170147 号

FOREWORD

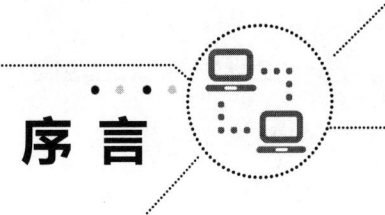

序 言

本书的创作公司——江苏传智播客教育科技股份有限公司（简称"传智教育"）作为我国第一个实现 A 股 IPO 上市的教育企业，是一家培养高精尖数字化专业人才的公司，主要培养人工智能、大数据、智能制造、软件开发、区块链、数据分析、网络营销、新媒体等领域的人才。传智教育自成立以来贯彻国家科技发展战略，讲授的内容涵盖了各种前沿技术，已向我国高科技企业输送数十万名技术人员，为企业数字化转型、升级提供了强有力的人才支撑。

传智教育的教师团队由一批来自互联网企业或研究机构，且拥有 10 年以上开发经验的 IT 从业人员组成，他们负责研究、开发教学模式和课程内容。传智教育具有完善的课程研发体系，一直走在整个行业的前列，在行业内树立了良好的口碑。传智教育在教育领域有 2 个子品牌：黑马程序员和院校邦。

一、黑马程序员——高端 IT 教育品牌

黑马程序员的学员多为大学毕业后想从事 IT 行业，但各方面的条件还达不到岗位要求的年轻人。黑马程序员的学员筛选制度非常严格，包括了严格的技术测试、自学能力测试、性格测试、压力测试、品德测试等。严格的筛选制度确保了学员质量，可在一定程度上降低企业的用人风险。

自黑马程序员成立以来，教学研发团队一直致力于打造精品课程资源，不断在产、学、研 3 个层面创新自己的执教理念与教学方针，并集中黑马程序员的优势力量，有针对性地出版了计算机系列教材百余种，制作教学视频数百套，发表各类技术文章数千篇。

二、院校邦——院校服务品牌

院校邦以"协万千院校育人、助天下英才圆梦"为核心理念，立足于中国职业教育改革，为高校提供健全的校企合作解决方案，通过原创教材、高校教辅平台、师资培训、院校公开课、实习实训、协同育人、专业共建、"传智杯"大赛等，形成了系统的高校合作模式。院校邦旨在帮助高校深化教学改革，实现高校人才培养与企业发展的合作共赢。

（一）为学生提供的配套服务

1. 请同学们登录"传智高校学习平台"，免费获取海量学习资源。该平台可以帮助同学们解决各类学习问题。

2. 针对学习过程中存在的压力过大等问题，院校邦为同学们量身打造了 IT 学习小助手——邦小苑，可为同学们提供教材配套学习资源。同学们快来关注"邦小苑"微信公众号。

（二）为教师提供的配套服务

1. 院校邦为其所有教材精心设计了"教案+授课资源+考试系统+题库+教学辅助案例"的系列教学资源。教师可登录"传智高校教辅平台"免费使用。

2. 针对教学过程中存在的授课压力过大等问题，教师可添加"码大牛"QQ（2770814393），或者添加"码大牛"微信（18910502673），获取最新的教学辅助资源。

前言　PREFACE

本书在编写的过程中，结合党的二十大精神进教材、进课堂、进头脑的要求，将知识教育与思想品德教育相结合，通过案例加深学生对知识的认识与理解，让学生在学习新兴技术的同时了解国家在科技发展上的伟大成果，提升学生的民族自豪感，引导学生树立正确的世界观、人生观和价值观，进一步提升学生的职业素养，落实德才兼备、高素质和高技能的人才培养要求。

本书是在《HTML5+CSS3 网站设计基础教程（第 2 版）》的基础上改版而成的，在优化原书内容的同时，新增和调整了以下内容。

- 增加了对 HTML5 基础标签和 CSS3 新属性的讲解和应用。
- 调整了部分知识点的顺序，更符合由浅入深、循序渐进的学习思路。
- 更换了部分案例，增强了教学的实用性。
- 添加了素质教育的内容，将素质教育的内容与专业知识有机结合。

◆ 为什么选择本书

编写一种技术的入门教程，最难的是将一些复杂、难以理解的思想和问题简单化，让读者能够轻松理解并快速掌握。本书为每个知识点都设计了相关案例，力争做到理论与实践相结合。

◆ 如何使用本书

本书针对初学者，以"理论+案例"的编写体例对知识点进行讲解，让初学者在学习知识点的同时，掌握如何运用知识解决实际问题。本书在内容选择、结构安排上更加符合初学者的认知规律，从而达到"教师易教、学生易学"的目的。

本书共 10 章，具体如下。

- 第 1 章主要介绍网页制作的基础知识，包括网页相关知识、HTML5 概述、HTML5 基础知识、代码编辑工具等。
- 第 2 章主要介绍 HTML5 常用的标签和属性，包括文本控制标签、图像标签、列表标签、超链接标签、结构标签、页面交互标签、全局属性等。
- 第 3～4 章主要介绍 CSS3 的相关知识，包括 CSS 基础、CSS 相关属性、CSS3 选择器等。
- 第 5～7 章主要讲解网页制作的核心技术，包括盒子模型、网页布局、表格和表单等知识。读者只有掌握这部分内容，才能在网页制作中熟练地控制各种网页元素。
- 第 8～9 章主要讲解网页视频、音频的嵌入，以及过渡、变形和动画等制作技巧。读者掌握这部分内容后能够制作出更加绚丽的网页效果。
- 第 10 章为实战项目，初学者应按照项目的思路和步骤动手实践，以便更好地掌握网站项目的开发流程和相关技巧。

◆ 致谢

本书的编写和整理工作由江苏传智播客教育科技股份有限公司完成，主要参与人员有高美云、孟方思、刘晓强、赵艳秋等，全体人员在近一年的编写过程中付出了辛勤的汗水，在此一并表示衷心的感谢。

◆ 意见反馈

　　尽管编者尽了最大的努力，但书中难免会有疏漏和不妥之处，欢迎读者们来信给予宝贵意见，编者将不胜感激。电子邮箱地址为：itcast_book@vip.sina.com。

黑马程序员

2023 年 5 月

目　录
CONTENTS

第1章

HTML5入门

近年来，Web 技术的发展越来越迅速，HTML5 的到来更是把 Web 技术推向了新高度。HTML5 不仅保留了 HTML 的绝大多数特性，而且增加了许多新的特性。目前 HTML5 技术非常成熟，无论是在 PC（Personal Computer，个人计算机）端还是在移动端，都被广泛应用。本章将详细讲解 HTML5 的基础内容，为初学者深入学习 HTML5 夯实基础。

1.1 网页相关知识

我们上网时浏览新闻、查询信息、看视频等都是在浏览网页。网页可以被看作承载各种内容的容器，所有可视化的内容都可以通过网页展示给用户。那么 HTML5 与网页有什么关系？网页是由什么构成的？网页有哪些标准？本节将从网页构成、网页相关名词、Web 标准、浏览器 4 个方面详细讲解网页的相关知识。

1.1.1 网页构成

了解网页的构成，有助于迅速厘清网页的结构关系，并运用对应技术完成网页的搭建。下面以传智教育黑马程序员教程网站（以下简称教程网站）首页为例，对网页的构成进行具体分析。

在 Chrome 浏览器的地址栏中输入教程网站的地址，然后按"Enter"键，此时 Chrome 浏览器中显示的页面即为教程网站的首页。教程网站首页局部截图如图 1-1 所示。

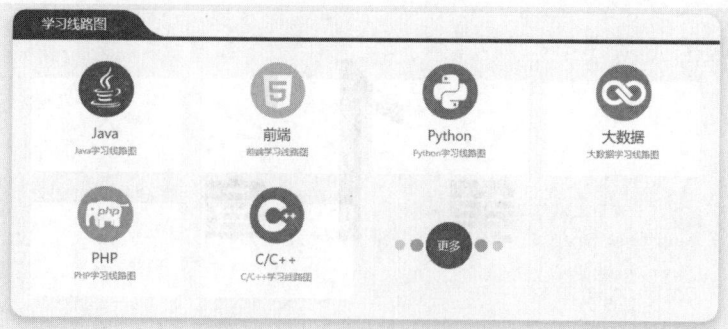

图 1-1   教程网站首页局部截图

分析教程网站首页可知，网页主要由文字、图像和超链接（超链接为单击可以跳转到其他页面的元素）等元素构成。当然除了这些元素外，网页中还可以包含音频、视频和动画等。

为了让初学者快速了解网页的构成，下面查看网页的源代码。打开 Chrome 浏览器，按 "F12" 键，Chrome 浏览器中便会显示当前网页的源代码。教程网站首页源代码的截图如图 1-2 所示。

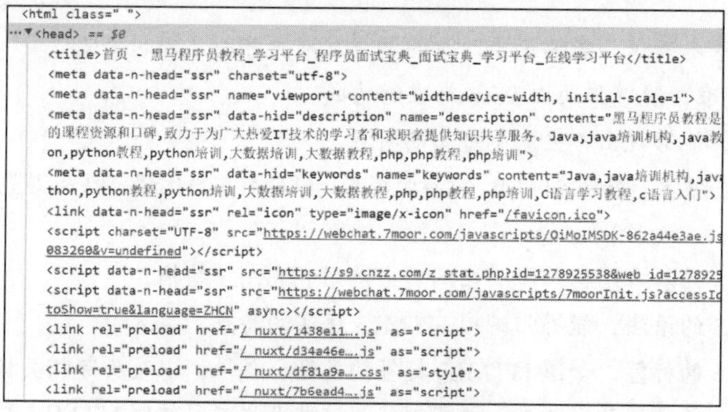

```
<html class=" ">
···▼<head> == $0
    <title>首页 - 黑马程序员教程_学习平台_程序员面试宝典_面试宝典_学习平台_在线学习平台</title>
    <meta data-n-head="ssr" charset="utf-8">
    <meta data-n-head="ssr" name="viewport" content="width=device-width, initial-scale=1">
    <meta data-n-head="ssr" data-hid="description" name="description" content="黑马程序员教程是
    的课程资源和口碑,致力于为广大热爱IT技术的学习者和求职者提供知识共享服务。Java,java培训机构,java教
    on,python教程,python培训,大数据培训,大数据教程,php,php教程">
    <meta data-n-head="ssr" data-hid="keywords" name="keywords" content="Java,java培训机构,jav
    thon,python教程,python培训,大数据培训,大数据教程,php,php教程,php培训,C语言学习教程,c语言入门">
    <link data-n-head="ssr" rel="icon" type="image/x-icon" href="/favicon.ico">
    <script charset="UTF-8" src="https://webchat.7moor.com/javascripts/QiMoIMSDK-862a44e3ae.js
    083260&v=undefined"></script>
    <script data-n-head="ssr" src="https://s9.cnzz.com/z_stat.php?id=1278925538&web_id=1278925
    <script data-n-head="ssr" src="https://webchat.7moor.com/javascripts/7moorInit.js?accessId
    toShow=true&language=ZHCN" async></script>
    <link rel="preload" href="/_nuxt/1438e11….js" as="script">
    <link rel="preload" href="/_nuxt/d34a46e….js" as="script">
    <link rel="preload" href="/_nuxt/df81a9a….css" as="style">
    <link rel="preload" href="/_nuxt/7b6ead4….js" as="script">
```

图 1-2   教程网站首页源代码的截图

通过图 1-2 可知，教程网站首页的源代码仅包含一些特殊的符号和文本。而我们浏览网页时看到的图片、视频等，正是由这些特殊的符号和文本组成的代码被浏览器渲染之后的结果。

除了首页之外，教程网站还包含多个子页面。通过教程网站首页的导航栏可跳转到不同的子页面，由此可见，网站就是多个网页的集合，网页与网页之间可以通过超链接互相访问。

网页（这里指静态网页）文件的扩展名为.htm 或.html，两者在本质上并没有区别，一般使用.html 作为扩展名。更改文本文件的扩展名可以快速创建一个网页文件。例如，将文本文件的扩展名.txt 更改为.html 即可得到一个网页文件，如图 1-3 所示。

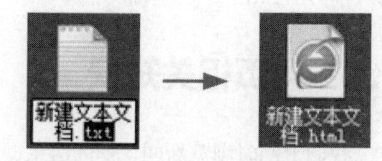

图 1-3   将文本文件的扩展名.txt 更改为.html

多学一招：静态网页和动态网页

网页有静态和动态之分。无论何时何地访问，静态网页都会显示固定的信息，除非网页源代码被重新修改并上传。静态网页更新不方便，但是访问速度快。而动态网页显示的内容会随着用户操作和时间的不同而变化，这是因为动态网页可以与服务器数据库进行实时的数据交换。

现在互联网上的大部分网站都是由静态网页和动态网页混合组成的，两者各有特色，开发者在开发网站时可根据需求酌情采用。本书讲解的 HTML5 和 CSS3 就是静态网页的搭建技术。

1.1.2　网页相关名词

要学习 HTML5，有必要了解一些与网页相关的名词，例如常见的 Internet、WWW、HTTP 等，具体介绍如下。

1. Internet

Internet 也被称为互联网，是由一些使用公用语言互相通信的计算机连接而成的网络。简单地说，互联网就是将世界范围内不同国家、不同地区的众多计算机连接起来形成的网络平台。

互联网实现了全球信息资源的共享，形成了一个人们能够共同参与、相互交流的互动平台。通过互联网，相隔千里的朋友可以相互发送邮件、共同完成一项工作、共同娱乐。因此，互联网对人们生活产生的影响是巨大的，可以说互联网的出现是人类通信技术史上的一次革命。

2. WWW

WWW（World Wide Web，万维网）不是网络，也不代表互联网，它只是互联网提供的一种服务——网页浏览服务。上网时通过浏览器阅读网页信息就是在使用 WWW 服务。WWW 是互联网提供的最主要的服务之一，许多网络功能（如网上聊天、网上购物等）都基于 WWW 服务。

3. Web

Web 翻译为中文是"网络"的意思。对于普通网络用户来说，Web 仅仅是一种环境——互联网的使用环境。而对于网页开发者来说，Web 是一系列技术的复合总称，包括网站的前台布局、后台程序、界面架构、数据库开发等技术。

4. URL

URL（Uniform Resource Locator，统一资源定位符）其实就是 Web 地址，也称网址。WWW 上的所有文件（HTML、CSS、图片、音频、视频等文件）都有唯一的 URL，只要知道文件的 URL，就能够对该文件进行访问。URL 可以是本地磁盘位置，也可以是局域网上的某一台计算机的地址，还可以是互联网上的网站的地址。例如，"https://www.baidu.com"就是百度的 URL。

5. DNS

DNS（Domain Name System，域名系统）是互联网的一项服务。互联网上的域名与 IP 地址（可以理解为互联网上计算机的一个编号）是一一对应的，域名（如淘宝网域名 taobao.com）虽然便于记忆，但计算机只能识别 IP 地址（如 100.4.5.6）。计算机将便于记忆的域名转换成 IP 地址的过程被称为域名解析。DNS 就是用于进行域名解析的系统。

6. HTTP 和 HTTPS

HTTP（Hyper Text Transfer Protocol，超文本传输协议）详细规定了浏览器和互联网服务器之间通信的规则。HTTP 具有强大的自检能力，可以保证用户请求的所有文件都准确无误地到达客户端。

由于通过 HTTP 传输的数据都是未加密的，因此使用 HTTP 传输隐私信息不太安全。为了保证隐私数据能够安全传输，网景公司设计了 SSL（Secure Sockets Layer，安全套接层）协议。该协议用于对通过 HTTP 传输的数据进行加密，从而诞生了 HTTPS。

简单来说，HTTPS 是由 SSL 和 HTTP 构建的，是可用于进行加密传输、身份认证的网络协议。因此 HTTPS 比 HTTP 更安全。

7. W3C

W3C（World Wide Web Consortium，万维网联盟）是国际上最著名的标准化组织之一。W3C 最重要的工作之一是制定和推广 Web 规范。自 1994 年成立以来，W3C 已经发布了 200 多项影响深远的 Web 技术标准和实施指南，例如 HTML（Hyper Text Markup Language，超文本标记语言）、XML（Extensible Markup Language，可扩展标记语言）等，这些规范有效地促进了 Web 技术的发展。

1.1.3 Web 标准

不同的浏览器对同一个网页文件解析出来的效果可能不一样，为了让用户看到正常显示的网页，网页制作人员常常为兼容多个版本的浏览器而苦恼。为了让 Web 更好地发展，在开发新的应用程序时，浏览器开发商和站点开发商遵守共同的标准就显得很重要，为此 W3C 与其他标准化组织共同制定了一系列的 Web 标准。Web 标准并不是某一个标准，而是一系列标准的集合，主要包括结构、表现和行为 3 个方面，具体介绍如下。

1. 结构

结构用于对网页中的信息进行分类与整理。在结构中使用的技术主要包括 HTML、XML 和 XHTML（Extensible Hypertext Markup Language，可扩展超文本标记语言），具体介绍如下。

- HTML 用于创建结构化的文档并为这些结构化文档提供语义，其当前版本是 HTML5。
- XML 弥补了 HTML 的不足。该语言具有很强的扩展性（如使用 XML 能够自定义标签），可用于数据的转换和描述。
- XHTML 是在 HTML 4.0 的基础上用 XML 的规则对 HTML 4.0 进行扩展而创建的。XHTML 的设计目的是实现 HTML 向 XML 的过渡。目前 XHTML 已逐渐被 HTML5 取代。

图 1-4 为网页焦点轮播图的结构，该结构使用 HTML5 搭建，4 张图片按照从上到下的次序排列。

图1-4　网页焦点轮播图的结构

2. 表现

表现是指网页的外在样式，一般包括网页的版式、颜色、字体等。在网页制作中，通常使用 CSS 来设置网页的样式。

CSS 标准创建的目的是以 CSS 为基础进行网页布局，以控制网页的样式。图 1-5 是网页焦点轮播图加入 CSS 样式后的效果，此时轮播图只显示第一张图片，剩余的图片被隐藏。

在制作网页时，可以使用 CSS 对文字、图片、模块背景和模块布局进行相应的设置，后期如果需要更改网页的样式，只需要调整 CSS 代码即可。

3. 行为

行为是指网页模型的定义和交互效果的实现，包括 ECMAScript、BOM（Browser Object Model，浏览器对象模型）、DOM（Document Object Model，文档对象模型）这 3 个部分，具体介绍如下。

- ECMAScript：JavaScript 的核心，由 ECMA（European Computer Manufacturers Association，欧洲计算机制造商协会）制定，规定了 JavaScript 的语法规则和核心内容，是所有浏览器厂商共同遵守的一套 JavaScript 语法标准。

- BOM：通过 BOM 可以操作浏览器窗口，例如弹出对话框、跳转页面等。

- DOM：允许程序和脚本动态地访问和更新文档的内容、结构和样式；通过 DOM 可对页面中的各种元素进行操作，例如设置元素的大小、颜色、位置等。

图 1-6 是网页焦点轮播图加入 JavaScript 脚本代码后的效果截图。

图 1-5　网页焦点轮播图加入 CSS 样式后的效果　　图 1-6　网页焦点轮播图加入 JavaScript 脚本代码后的效果截图

每隔一段时间，焦点轮播图就会自动切换。当用户将鼠标指针移至按钮时，焦点轮播图会显示与该按钮对应的图片。在将鼠标指针从按钮上移开后，焦点轮播图又会按照默认的顺序自动轮播，这就是网页的行为。

1.1.4　浏览器

浏览器是网页展示的平台，只有经过浏览器的渲染，用户才能看到图文并茂的网页。在浏览器的发展历史中，主流浏览器有很多。表 1-1 列举了主流浏览器的相关信息。

表 1-1　主流浏览器的相关信息

浏览器名称	发布时间
Internet Explorer（IE）	1995 年
Opera（欧朋）	1995 年
Safari	2003 年
Firefox（火狐）	2004 年
Chrome（谷歌）	2008 年
Edge	2015 年

各主流浏览器的详细介绍如下。

1.　Internet Explorer

Internet Explorer 浏览器也被称为 IE 浏览器，图 1-7 为 IE 浏览器的图标。

IE 浏览器由微软公司推出，直接绑定在 Windows 操作系统中，无须下载安装。IE 浏览器有 6.0、7.0、8.0、9.0、10.0 等版本，目前最新的版本是 11.0。但是有些用户仍然在使用低版本的 IE 浏览器，例如 IE 8、IE 9 等。所以在制作网页时，要考虑低版本浏览器的兼容问题。

2.　Opera

Opera 浏览器也被称为欧朋浏览器，图 1-8 为 Opera 浏览器的图标。

Opera 浏览器是一款来自挪威的出色的浏览器，具有响应速度快、节省系统资源、定制能力强、安全性高和体积小等特点，但其兼容性略差。

3.　Safari

Safari 是 macOS、iOS 等内置的浏览器，其外观时尚、响应速度快。图 1-9 为 Safari 浏览器的图标。

 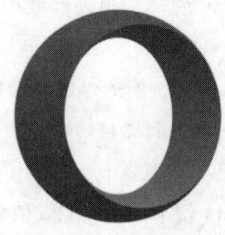 

图 1-7　IE 浏览器的图标　　　　图 1-8　Opera 浏览器的图标　　　　图 1-9　Safari 浏览器的图标

4. Firefox

Firefox 浏览器也被称为火狐浏览器，图 1-10 为 Firefox 浏览器的图标。

Firefox 浏览器是一个开源的网页浏览器，其可开发程度很高。任何一个具有编程知识的人都可以为 Firefox 浏览器编写代码，从而为其增加一些个性化的功能，因此 Firefox 浏览器受到许多用户的青睐。在不少媒体和用户的口中，Firefox 浏览器一度成为优秀浏览器的代名词。

由于响应速度、更新频率、推广力度等问题，Firefox 浏览器现在的市场占有率已难以与昔日相比，但不可否认的是它依然是网页制作中很好用的一个调试工具。

5. Chrome

Chrome 浏览器也被称为谷歌浏览器，图 1-11 为 Chrome 浏览器的图标。

 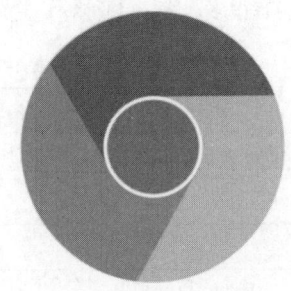

图 1-10　Firefox 浏览器的图标　　　　图 1-11　Chrome 浏览器的图标

Chrome 浏览器是由谷歌公司开发的网页浏览器。Chrome 浏览器的代码基于其他开放源码的软件编写，这极大地增强了该浏览器的稳定性、安全性，加快了其响应速度。

Chrome 浏览器依靠简约的界面、极快的响应速度、优秀的屏蔽广告功能，深受广大用户的青睐。图 1-12 是 2021 年 10 月—2022 年 10 月全球浏览器的市场份额占比，其中 Chrome 浏览器的全球市场份额占比高达 66.51%，在浏览器市场具有绝对的优势。

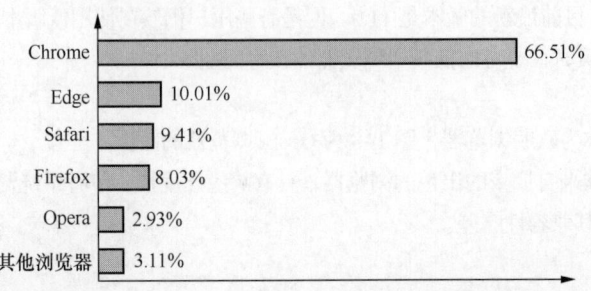

图 1-12　2021 年 10 月—2022 年 10 月全球浏览器的市场份额占比

　　Chrome 浏览器应用非常广泛，绝大部分网页制作人员将 Chrome 浏览器作为网页制作过程中的一个调试工具。本书涉及的案例将全部在 Chrome 浏览器中运行、演示。

　　在 Chrome 浏览器中调试网页代码的方法非常简单。打开 Chrome 浏览器（以 80.0.3987.87 版本为例），按 "F12" 键即可打开调试面板，如图 1-13 所示。

图 1-13　调试面板

　　在图 1-13 所示的调试面板中，可以查看网页的内容结构和临时显示样式。当单击 按钮后，将鼠标指针悬浮在网页中的某个模块上即可查看该模块的网页代码。图 1-14 为 "黑马程序员" Logo 模块的代码。

6. Edge

　　Edge 同样是由微软公司推出的一款浏览器。图 1-15 为 Edge 浏览器的图标。

图 1-14　"黑马程序员" Logo 模块的代码

图 1-15　Edge 浏览器的图标

　　2015 年 4 月，微软公司在 Windows 10 操作系统中内置 Edge 浏览器。Edge 浏览器拥有比 IE 浏览器优化程度更高的代码结构，因此 Edge 浏览器的响应速度更快。现在的网页兼容调试也更倾向于使用 Edge 浏览器。

　　不同浏览器之间最根本的差异在于浏览器的内核，什么是浏览器的内核？起初浏览器内核包括渲染引擎和 JavaScript 引擎，不过随着 JavaScript 引擎的独立，浏览器内核更倾向于单指渲染引擎。所以有些资料认为浏览器内核是渲染引擎的通俗叫法。

　　浏览器内核是浏览器最核心的部分，主要负责渲染网页（渲染网页可以简单理解为将网页代码进行 "翻译"，使其显示为图文效果）。浏览器内核决定了浏览器如何显示网页的内容和页面的布局效果。不同的浏览器内核对网页代码的 "翻译" 方式不同，因此同一网页在具有不同内核的浏览器中的渲染（显示）效果可能也不同。目前，常见的浏览器内核有 Trident、Gecko、Webkit、Presto、Blink 这 5 种，具体介绍如下。

- Trident 内核：代表浏览器是 IE 浏览器，因此 Trident 内核又被称为 IE 内核；只能用于 Windows 操作系统，并且该内核不是开源的。
- Gecko 内核：代表浏览器是 Firefox 浏览器，该内核是开源的，其最大优势是可以跨平台。
- Webkit 内核：代表浏览器是 Safari 浏览器及老版本的 Chrome 浏览器，该内核也是开源的。

- Presto 内核：代表浏览器是 Opera 浏览器，它是世界公认的渲染速度最快的引擎，但其缺点是为了加快响应速度而削弱了一部分网页兼容性。在 2013 年之后，欧朋公司弃用了 Presto 内核。
- Blink 内核：由谷歌公司和欧朋公司共同开发，于 2013 年 4 月发布，现在 Chrome 浏览器的内核是 Blink，Edge 浏览器也采用的是 Blink 内核。

需要说明的是，国内的一些浏览器大多采用双内核，例如 360 浏览器、猎豹浏览器采用 Trident 内核和 Webkit 内核。

多学一招：浏览器私有前缀

浏览器私有前缀可用于区分不同内核的浏览器。由于 W3C 每提出一个 CSS3 新属性都需要经过一个耗时且复杂的标准制定流程。在标准还未确定前，部分浏览器已经根据最初草案实现了新属性的功能，为了与之后确定的标准兼容，各浏览器使用自己的私有前缀与标准进行区分，当标准确立后，各大浏览器再逐步支持不带前缀的 CSS3 新属性。主流浏览器的私有前缀如表 1-2 所示。

表 1-2　主流浏览器的私有前缀

浏览器	私有前缀
Chrome 浏览器	-webkit-
Firefox 浏览器	-moz-
IE 浏览器	-ms-
Opera 浏览器	-o-

现在很多新版本的浏览器可以很好地兼容 CSS3 的新属性，因此很多私有前缀通常会被省略，但为了兼容老版本的浏览器，仍可以使用私有前缀。

1.2　HTML5 概述

HTML5 从根本上改变了 Web 应用的方式，无论是 PC 端还是移动端，都可以从中看到 HTML5 的身影。本节将从 HTML 的演变历程、HTML5 的优势和浏览器对 HTML5 的兼容情况 3 个方面对 HTML5 进行简单介绍。

1.2.1　HTML 的演变历程

在学习 HTML5 之前，先来了解一下 HTML 的演变历程。HTML 主要通过标签对网页中的文本、图片、声音等内容进行描述。HTML 提供了许多标签，例如段落标签、标题标签、超链接标签、图片标签等。网页中需要定义什么内容，就用相应的 HTML 标签描述即可。HTML 的代表性版本的演变历程如下。

1. HTML 第 1 版

1993 年 6 月，HTML 作为互联网工程任务组（Internet Engineering Task Force，IETF）工作草案发布。众多不同版本的 HTML 开始在全球范围内陆续使用，这些初具雏形的版本可以看作 HTML 第 1 版。因为此时 HTML 版本众多，并没有统一的标准，所以也不存在 HTML 1.0。

2. HTML 2.0

1995 年 11 月，HTML 2.0 发布，此时 HTML 标准逐渐统一。

3. HTML 3.2

1997 年 1 月 14 日，HTML 3.2 发布。HTML 3.2 是首个完全由 W3C 发布并加以标准化的版本，也是第一个被广泛使用的标准。

4. HTML 4.0

1997 年 12 月 18 日，HTML 4.0 发布。HTML 4.0 同样是 W3C 推荐的标准。1998 年 4 月 24 日，HTML 4.0 进行了微调，但未修改版本号。

5. HTML 4.01

1999 年 12 月 24 日，HTML 4.01 作为 W3C 推荐的标准发布。HTML 4.01 同样是一个被广泛使用的标准。

6. XHTML 1.0

2000 年 1 月 26 日，XHTML 1.0 作为 W3C 推荐的标准发布。XHTML 1.0 是由 XML 1.0 和 HTML 4.01 衍生的新版本，被称为可扩展超文本标记语言。相比于前几个版本的 HTML，XHTML 1.0 的语法规则更严格和规范。

7. HTML5

2014 年 10 月 28 日，HTML5 作为 W3C 推荐的标准发布。

1.2.2　HTML5 的优势

从 HTML 4.0 到 XHTML 1.0 再到 HTML5，HTML 逐渐规范。因为 HTML5 并不是一个从零开始的全新版本，所以旧版本的 HTML 的大部分内容在 HTML5 中依然适用。与旧版本的 HTML 相比，HTML5 的优势主要体现在以下几个方面。

1. 解决了跨浏览器、跨平台问题

在 HTML5 之前，各大浏览器厂商为了争夺市场占有率，在各自的浏览器中增加了各种各样的功能。这些功能并没有统一的标准。因此，对于同一个页面，若使用不同的浏览器，常常会看到不同的页面效果。HTML5 是由 W3C 推荐、众多公司共同遵守的标准。HTML5 中新增了众多扩展功能和标准，让不同的浏览器或者平台都可以使用 HTML5，并显示相同的页面效果，从而解决了跨浏览器、跨平台的问题。

2. 新增了多个新特性

HTML 发展至今，经历了巨大的变化——从单一的文本显示功能到图文并茂的多媒体显示功能。HTML5 中增加了许多新特性，具体如下。

- 新的结构标签，例如<header>、<nav>、<section>、<article>、<footer>。
- 新的表单控件类型，例如 calendar、date、time、email、url、search。
- 用于绘画的<canvas>标签。
- 用于嵌入视频的<video>标签和用于嵌入音频的<audio>标签。
- 地理位置、拖曳元素、摄像头等新的 API（Application Programming Interface，应用程序接口）。

3. 增强了安全机制

为了确保 HTML5 的安全，在制定 HTML5 时做了很多针对安全的设计。HTML5 中引入了一种新的基于来源的安全模型，该安全模型不仅操作方便，而且适用于不同的 API。

4. 样式和结构分离得更彻底

样式和结构分离得更彻底是 HTML5 优势的重要体现。实际上，样式和结构的分离早在 HTML 4.0 中就已涉及，但是分离得并不彻底。为了解决可访问性差、代码复杂度高、文件过大等问题，HTML5 中更细致、清晰地分离了样式和结构。但是考虑到 HTML5 的兼容性问题，一些陈旧的样式和结构的代码在 HTML5 中仍然可以使用。

5. 化繁为简

相比于 HTML 4.0、XHTML 1.0 等，HTML5 严格遵循了"简单至上"的原则，化繁为简，主要体现在以下几个方面。

- 简化的字符集声明。
- 简化的 DOCTYPE。
- 以浏览器的原生能力（浏览器的自身特性与功能）代替复杂的 JavaScript 代码。

为了避免误解，HTML5 尽量保证每一个细节都有非常明确的规范说明，不允许有任何的歧义和模糊信息存在。

1.2.3 浏览器对 HTML5 的兼容情况

由于浏览器种类众多，同时每种浏览器又有不同的版本，因此在使用 HTML5 前有必要了解浏览器对 HTML5 的兼容情况。目前 HTML5 发展迅速，大多数浏览器都兼容 HTML5。图 1–16 为使用 html5test 测试主流浏览器部分版本的兼容性分数（截至 2022 年 1 月的数据）。

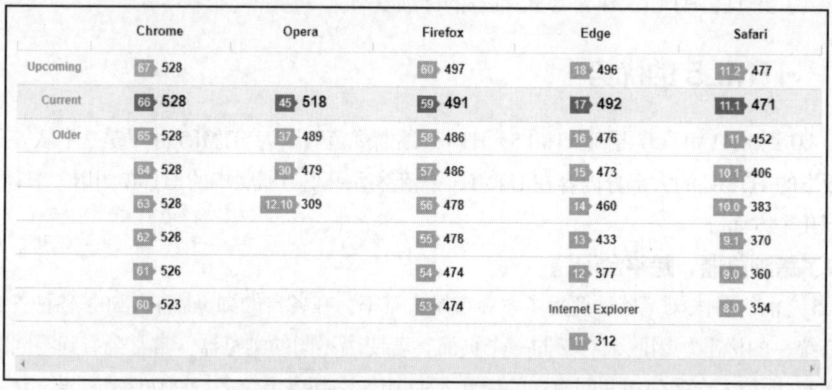

	Chrome	Opera	Firefox	Edge	Safari
Upcoming	67 · 528		60 · 497	18 · 496	11.2 · 477
Current	66 · 528	45 · 518	59 · 491	17 · 492	11.1 · 471
Older	65 · 528	37 · 489	58 · 486	16 · 476	11 · 452
	64 · 528	30 · 479	57 · 486	15 · 473	10.1 · 406
	63 · 528	12.10 · 309	56 · 478	14 · 460	10.0 · 383
	62 · 528		55 · 478	13 · 433	9.1 · 370
	61 · 526		54 · 474	12 · 377	9.0 · 360
	60 · 523		53 · 474	Internet Explorer	8.0 · 354
				11 · 312	

图 1–16　使用 html5test 测试主流浏览器部分版本的兼容性分数

从图 1–16 所示的数据中可知，Chrome 浏览器各版本的兼容性分数均为最高，这证明 Chrome 浏览器对 HTML5 的兼容性较好。

1.3　HTML5 的基础知识

HTML5 是 HTML 的新版本，越来越多的网站开发者使用 HTML5 构建网站。下面介绍 HTML5 的基础知识。本节将对 HTML5 的基本结构、语法格式、标签的类型、标签的属性和文档头部相关标签进行讲解。

1.3.1 HTML5 的基本结构

要学习一门语言，需要先掌握它的基本结构，HTML5 也不例外。下面通过 XHTML 1.0 和 HTML5 基本结构的对比，详细讲解 HTML5 的基本结构。

XHTML 1.0 的基本结构主要包含<!DOCTYPE>文档类型声明、<html>根标签、<head>头部标签和<body>主体标签等，如图 1–17 所示。

```
1  <!DOCTYPE html PUBLIC "-//W3C//DTD XHTML 1.0
   Transitional//EN"                          文档类型声明
   "http://www.w3.org/TR/xhtml1/DTD/xhtml1-transitional.dtd">
2  <html xmlns="http://www.w3.org/1999/xhtml">   根标签
3  <head>                  头部标签
4  <meta http-equiv="Content-Type" content="text/html;
   charset=utf-8" />
5  <title>无标题文档</title>
6  </head>
7
8  <body>           主体标签
9  </body>
10 </html>
```

图 1-17　XHTML 1.0 的基本结构

对<!DOCTYPE>、<html>、<head>和<body>的具体介绍如下。

1. <!DOCTYPE>

<!DOCTYPE>位于文档的最前面，称为文档类型声明，用于向浏览器说明当前文档使用的 HTML 版本。只有在文档的开头处使用<!DOCTYPE>，浏览器才能将文档识别为有效的网页文档，并按指定的 HTML 文档类型对其进行解析。

2. <html>

<html>位于<!DOCTYPE>之后，称为根标签。根标签用于标示网页文档的开始和结束，其中<html>用于标示网页文档的开始，</html>用于标示网页文档的结束，<html>和</html>之间是网页的头部内容和主体内容。

3. <head>

<head>用于定义网页文档的头部内容，称为头部标签，该标签紧跟在<html>标签之后。头部标签主要用来容纳其他位于网页文档头部的标签，以描述网页文档的标题、作者以及该网页文档与其他网页文档的关系。例如<title>、<meta>、<link>和<style>等，都属于头部标签可容纳的子标签。

4. <body>

<body>用于定义网页文档要显示的内容，称为主体标签。在网页文档中，所有文本、图像、音频和视频等的代码只有放在<body>标签内，才能最终呈现给用户。

在最新的 HTML5 中，网页文档的基本结构有了一些变化。HTML5 在文档类型声明和根标签上做了简化。简化后的 HTML5 网页文档的基本结构如图 1-18 所示。

通过图 1-17 和图 1-18 可以看出，简化后的 HTML5 网页文档的基本结构不仅更加简单、清晰，而且语义指向更加明确。本书后面的所有案例都将采用最新的 HTML5 网页文档的基本结构。需要说明的是，使用网页代码编辑工具会自动生成 HTML 网页文档的基本格式，因此这些标签不需要死记硬背。

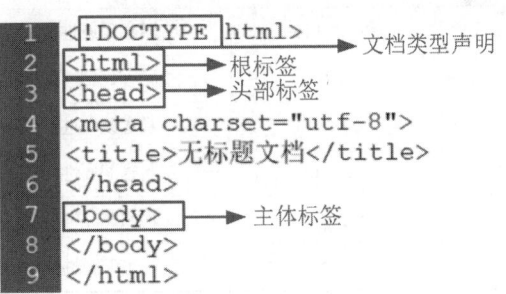

```
1  <!DOCTYPE html>               文档类型声明
2  <html>            根标签
3  <head>            头部标签
4  <meta charset="utf-8">
5  <title>无标题文档</title>
6  </head>
7  <body>            主体标签
8  </body>
9  </html>
```

图 1-18　简化后的 HTML5 网页文档的基本结构

1.3.2　HTML5 的语法格式

与之前的各版本相比，HTML5 的语法格式的变化主要体现在以下几个方面。

1. 标签不区分大小写

HTML5 的标签不区分大小写，这是 HTML5 语法格式变化的重要体现，示例代码如下。

```
<p>这里的标签大小写不一致</P>
```

在上述代码中，虽然<p>与</P>的大小写并不匹配，但是这在 HTML5 语法中是完全允许的。

2. 允许属性值不使用引号引起来

在 HTML5 语法中，属性值不放在引号中也是正确的，示例代码如下。

```
<input checked="a" type="checkbox"/>
<input readonly="readonly" type="text" />
```

可以将上述代码改为以下形式。

```
<input checked=a type=checkbox/>
<input readonly=readonly type=text />
```

3. 允许部分属性省略属性值

在 HTML5 语法中，部分属性的属性值可以省略，示例代码如下。

```
<input checked="checked" type="checkbox"/>
<input readonly="readonly" type="text" />
```

省略属性值后可以将上述代码改为以下形式。

```
<input checked type="checkbox"/>
<input readonly type="text" />
```

从上述代码中可以看出，checked="checked"属性值可以省略，改写为 checked；readonly="readonly"属性值也可以省略，改写为 readonly。

在 HTML5 中，可以省略属性值的属性及其描述如表 1–3 所示。

表 1-3   HTML5 中可以省略属性值的属性及其描述

属性	描述
checked	若省略属性值，等价于 checked="checked"
readonly	若省略属性值，等价于 readonly="readonly"
defer	若省略属性值，等价于 defer="defer"
ismap	若省略属性值，等价于 ismap="ismap"
nohref	若省略属性值，等价于 nohref="nohref "
noshade	若省略属性值，等价于 noshade="noshade"
nowrap	若省略属性值，等价于 nowrap="nowrap"
selected	若省略属性值，等价于 selected="selected"
disabled	若省略属性值，等价于 disabled="disabled"
multiple	若省略属性值，等价于 multiple="multiple"
noresize	若省略属性值，等价于 noresize="noresize"

注意:

虽然 HTML5 支持不规范的 HTML 文档，但网站开发人员仍应采用严谨的代码编写模式，这样更有利于团队合作以及后期代码的维护。

1.3.3   HTML5 标签的类型

无论是在 HTML5 网页文档中还是在其他版本的 HTML 网页文档中，带有"<>"符号的字母或单词统一称为标签，例如前文提到的<html>、<head>、<body>等都是标签。标签就是放在"<>"符号中表示某个功能的编码命令，也称为标记，本书统一称作标签。HTML5 中的标签分为 3 种，分别为单标签、双标签、注释标签，具体介绍如下。

1. 单标签

单标签也称空标签，是指用一个标签符号即可完整描述某个功能的标签。单标签的语法格式如下。

```
< 标签名 />
```

在上述语法格式中，"标签名"和"/"之间有一个空格，在 HTML5 中，空格和斜线均可以省略。例如定义一条水平线，下面两种写法都是正确的。

写法 1。

```
<hr />
```

写法 2。

```
<hr>
```

2. 双标签

双标签也称体标签，是指由开始和结束两个标签符号组成的标签。双标签的基本语法格式如下。

```
<标签名>内容</标签名>
```

在上述语法格式中，"<标签名>"用于标示作用开始，一般称为开始标签；"</标签名>"用于标示作用结束，一般称为结束标签。与开始标签相比，结束标签的标签名前面加了一个关闭符"/"，示例代码如下。

```
<h2>轻松学习 HTML5</h2>
```

上述代码中，"<h2>"表示一个标题标签的开始，而"</h2>"表示一个标题标签的结束，它们之间是标题内容。

3. 注释标签

在 HTML5 中，还有一种特殊的标签——注释标签。如果需要在 HTML 文档中添加一些便于阅读和理解但又不需要显示在页面中的注释文字，就可以使用注释标签。注释标签的基本语法格式如下。

```
<!-- 注释语句 -->
```

例如，为<p>标签添加一段注释，示例代码如下。

```
<p>这是一段普通的段落文本。</p>    <!--这是一段注释,不会在浏览器中显示。-->
```

需要说明的是，注释内容不会显示在浏览器窗口中，但是作为 HTML 文档内容的一部分，它可以被下载到计算机上，查看源代码时可以看到。可以把注释标签看作一种特殊的单标签。

多学一招：HTML5 中标签和元素的区别

在 HTML5 的学习中，标签和元素是经常出现的两个概念，很多初学者容易将它们混为一谈。标签在 1.3.3 小节已经详细介绍过，可以把 HTML5 中带有"< >"符号的字母或单词统一称为标签。元素是指标签之间包含的所有内容。在书写元素时，通常不会写"<>"符号。标签和元素的常见称谓的示例如下。

```
<div>小美爱学习</div><hr />
```

- 开始标签：<div>。
- 结束标签：</div>。
- 标签：<div>标签、<hr />标签。
- 元素：div 元素、hr 元素。
- 元素内容：小美爱学习。

1.3.4　HTML5 标签的属性

在使用 HTML5 制作网页时，如果想通过 HTML5 标签实现更多的功能，例如设置标题的字体为"微软雅黑"并且居中显示或设置段落文本中的某些名词突出显示，仅仅依靠 HTML5 标签的默认显示样式是无法实现的，这时可以通过为 HTML5 标签设置属性的方式来实现。为 HTML5 标签设置属性的基本语法格式如下。

```
<标签名 属性1="属性值1" 属性2="属性值2" …>内容</标签名>
```

在上述语法格式中，标签有多个属性，属性在开始标签中，位于标签名之后；属性之间不分先后顺序，标签名与属性、属性与属性之间均以空格分隔。例如，设置一段文本居中显示，具体代码如下。

```
<p align="center">我是居中显示的文本</p>
```

上述代码中，<p>标签用于定义段落文本，align 为属性，center 为属性值。center 属性值用于设置文本居中对齐。此外，还可以设置文本左对齐或右对齐，对应的属性值分别为 left 和 right。

需要注意的是，大多数属性都有默认属性值，例如，省略<p>标签的 align 属性和属性值，则段落文本按默认值左对齐显示，也就是说<p></p>等价于<p align="left"></p>。

多学一招：认识键值对

在 HTML5 的开始标签中，可以通过"属性="属性值""的方式为标签添加属性，其中"属性"和"属性值"就是以"键值对"的形式出现的。

键值对可以简单理解为给"属性"设置"属性值"。键值对有多种表现形式，例如 color="red"、width:200px;等，其中 color 和 width 为键值对中的键（英文为 key），red 和 200px 为键值对中的值（英文为 value）。

键值对广泛地应用于编程中，HTML5 属性的定义形式"属性="属性值""只是键值对的一种。

1.3.5　HTML5 文档头部相关标签

制作网页时，经常需要设置页面的基本信息，例如，页面的标题、作者、描述等。为此，HTML5 提供了一系列的标签，这些标签通常都写在<head>标签内，因此被称为头部相关标签。下面将具体介绍常用的头部相关标签。

1. <title>标签

<title>标签用于定义 HTML5 页面的标题，即给页面取一个名字。该标签必须位于<head>标签之内。一个 HTML5 文档中只能包含一个<title>标签，<title>开始标签和</title>结束标签之间的内容会显示在浏览器窗口的标题栏中。例如，将页面标题设置为"轻松学习 HTML5"，具体代码如下。

```
<title>轻松学习 HTML5</title>
```

运行上述代码，页面标题效果如图 1-19 所示。

2. <meta />标签

<meta />标签用于定义网页的元信息（元信息不会显示在网页中），可重复出现在<head>标签中。在 HTML5 中，<meta />标签是一个单标签，本身不包含任何内容。通过<meta />标签的属性可以设置网页的相关参数，例如，为搜索引擎提供网页的关键字、作者姓名、内容描述和设置网页的刷新时间等。下面介绍<meta />标签常用的几组属性设置，具体如下。

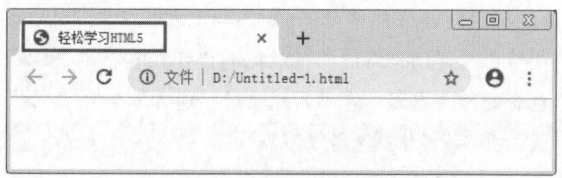

图 1-19　页面标题效果

（1）<meta name="名称" content="值" />

在<meta />标签中使用 name 和 content 属性可以为搜索引擎提供相关信息。其中，name 属性用于设置搜索信息的类型；content 属性用于设置搜索的内容。具体示例如下。

● 为某图片网站设置关键字，具体代码如下。

```
<meta name="keywords" content="黑马教程,免费素材下载,黑马教程免费素材图库,矢量图,矢量图库,图片素材,网页素材,免费素材,网站素材,设计模板,设计素材,网页模板免费下载,千图,素材中国,素材,免费设计,图片" />
```

上述代码中，name 属性的值为 keywords，用于定义搜索信息的类型为网页关键字；content 属性的值用于定义关键字的具体内容，多个关键字之间用英文逗号"，"分隔。

- 为某图片网站设置描述信息，具体代码如下。

```
<meta name="description" content="提供免费设计素材下载的网站，如矢量图素材、矢量背景图片，还有设计模板、设计素材、PPT 素材，以及网页素材、网站素材。" />
```

上述代码中，name 属性的值为 description，用于定义搜索信息的类型为网页描述；content 属性的值用于定义描述的具体内容。需要注意的是，网页描述的文字不必过多，能够清楚描述网站的关键信息即可。

- 为网站增加作者信息，具体代码如下。

```
<meta name="author" content="网络部" />
```

上述代码中，name 属性的值为 author，用于定义搜索信息的类型为网页作者；content 属性的值用于定义具体的作者信息。

（2）<meta http-equiv="名称" content="值" />

在 <meta /> 标签中使用 http-equiv 和 content 属性可以设置服务器发送给浏览器的 HTTP 头部信息，为浏览器显示页面提供相关的参数标准。其中，http-equiv 属性用于设置参数类型；content 属性用于设置对应的参数值。默认发送 <meta http-equiv="Content-Type" content="text/html" />，通知浏览器发送的文件类型是 HTML。具体示例如下。

- 为某图片网站设置字符集，具体代码如下。

```
<meta http-equiv="Content-Type" content="text/html; charset=GBK" />
```

上述代码中，http-equiv 属性的值为 Content-Type；content 属性的值为 text/html 和 charset=GBK，两个属性值用"；"隔开。这段代码说明当前文档类型为 HTML，用于设置网站的字符集为 GBK（中文编码）。目前最常用的一种国际化字符集编码格式是 UTF-8，常用的中文字符集编码格式是 GBK 和 GB2312。当使用的字符集编码格式与当前浏览器不匹配时，网页内容就会出现乱码。

需要说明的是，HTML5 简化了字符集的写法，简化后的字符集写法如下。

```
<meta charset="UTF-8">
```

- 定义某个页面 10 秒后跳转至百度网站，具体代码如下。

```
<meta http-equiv="refresh" content="10; url= https://www.baidu.com/" />
```

上述代码中，http-equiv 属性的值为 refresh；content 属性的值为数值和 URL，两者用"；"隔开，用于指定在特定的时间后跳转至目标页面，时间默认以秒为单位。

1.4　HTML5 的代码编辑工具

为了方便编辑网页代码，网站制作人员通常会使用一些较便捷的代码编辑工具，例如 EditPlus、Notepad++、HBuilder、sublime、Dreamweaver、Visual Studio Code 等。其中 Visual Studio Code（以下简称 VS Code）因其轻巧便捷、免费开源，并且提供插件扩展功能，因此深受网站制作人员青睐。本节将详细介绍 VS Code 的安装、设置和使用技巧。

1.4.1　VS Code 的安装、设置

VS Code 是由微软公司推出的一款代码编辑工具，其安装方法十分简单。打开 VS Code 官方网站，VS Code 官方网站的首页如图 1-20 所示。

单击图 1-20 所示的线框内的 ∨ 按钮，弹出下拉列表，如图 1-21 所示。

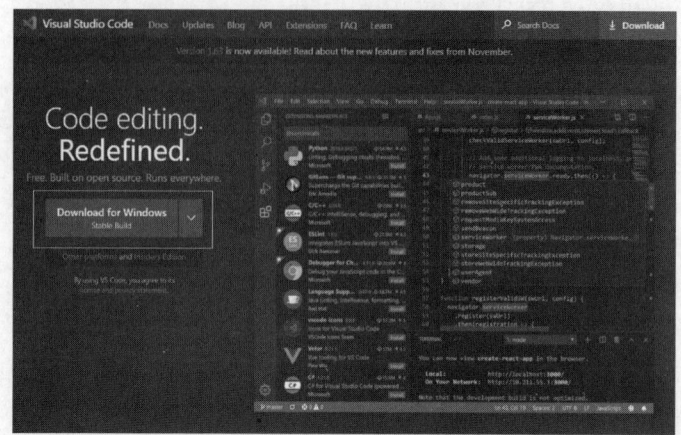
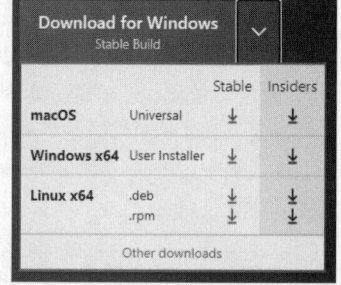

图 1-20   VS Code 官方网站的首页   图 1-21   下拉列表

在图 1-21 所示的下拉列表中找到与计算机操作系统匹配的 VS Code 版本（推荐 Stable 版本），单击对应的↓按钮，下载 VS Code 安装包。下载完成后，按照提示安装即可。本书使用 Windows x64 版本的 VS Code 安装包进行示例演示。VS Code 安装完成后，启动软件，VS Code 的界面结构如图 1-22 所示。

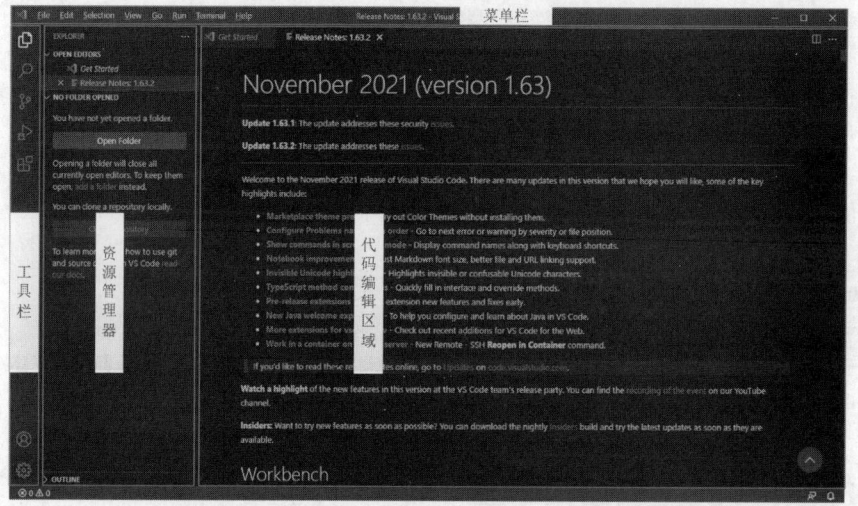

图 1-22   VS Code 的界面结构

图 1-22 所示的 VS Code 界面结构主要包含 4 个部分——菜单栏、工具栏、资源管理器、代码编辑区域。其中，菜单栏主要包含一些菜单命令；工具栏主要包含一些工具按钮；资源管理器中主要包含一些已创建的项目文件；代码编辑区域主要用于编写代码。

了解 VS Code 界面结构后，需要进行一些初始化设置，以便后期使用。VS Code 的初始化设置主要包括设置中文显示模式、设置界面颜色和设置代码字号，具体介绍如下。

1. 设置中文显示模式

VS Code 的菜单栏默认显示为英文，可以通过安装中文扩展插件的方式将菜单栏设置为中文显示模式。

在 VS Code 界面中，单击工具栏中的 按钮，弹出图 1-23 所示的扩展插件面板。

在图 1-23 所示的搜索框中输入 "chinese"，扩展插件面板中会出现相应选项，如图 1-24 所示。

单击"Install"按钮，安装中文扩展插件。安装完成后，重新启动 VS Code。此时 VS Code 会切换为中文显示模式，扩展插件面板中的"已启用"列表内有"中文（简体）"插件。如果想要恢复英文显示模式，直接使用"卸载"命令将中文扩展插件卸载即可，如图 1-25 所示。

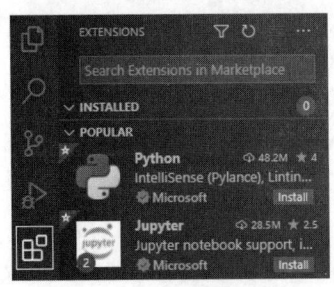
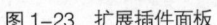

图 1-23　扩展插件面板

图 1-24　显示的相应选项

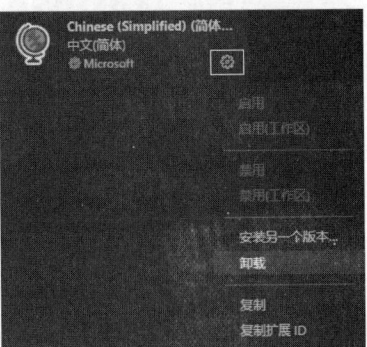

图 1-25　"卸载"命令

2. 设置界面颜色

VS Code 界面默认为黑色背景，如果想要更换界面颜色，可以单击工具栏中的🞸按钮，弹出图 1-26 所示的设置菜单，选择"颜色主题"命令，显示图 1-27 所示的颜色主题菜单，从中选择需要的颜色主题。本书使用 VS Code 的默认颜色主题做演示。

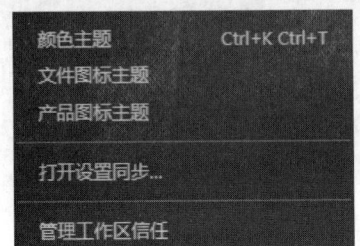

图 1-26　设置菜单

图 1-27　颜色主题菜单

3. 设置代码字号

VS Code 有默认的字号。如果感觉代码字号不合适可以自行设置。单击工具栏中的🞸按钮，在弹出的设置菜单中选择"设置"命令，在弹出的"控制字体大小（像素）。"输入框中输入代码字号即可，如图 1-28 所示。

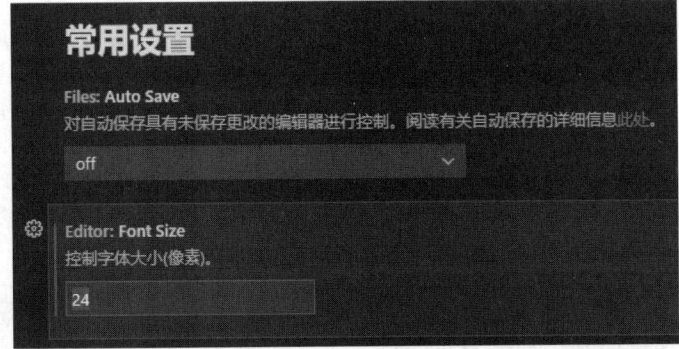

图 1-28　在"控制字体大小（像素）。"输入框中输入字号

1.4.2　VS Code 的使用

在完成 VS Code 的安装和设置之后，就可以使用它编写网页代码了。VS Code 的基本操作的具体介绍如下。

1. 创建文件夹和文件

在计算机的任意盘符下创建一个文件夹。打开 VS Code，选择"文件→打开文件夹"命令，设置新建的文件夹为项目的根目录，用于存放各类项目文件。资源管理器中的项目文件夹可以通过"文件→关闭文件夹"命令删除。

打开文件夹后，可以选择"文件→新建文件"命令（或按"Ctrl+N"组合键）新建文件。新建的文件默认是一个 TXT 格式的纯文本文件。可以右键单击新建文件的名称，在弹出的菜单中选择"重命名"命令（或按"F2"键），如图 1-29 所示。将文件扩展名设置为.html，该文件就会变成 HTML 网页文件。还可以在 VS Code 界面底部单击"纯文本"按钮，在打开的语言模式列表中选择需要的语言。图 1-30 为选择 HTML 语言模式的示例。

图 1-29　选择"重命名"命令

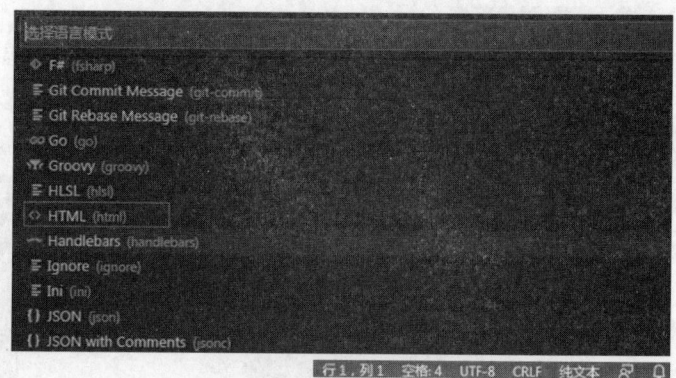

图 1-30　选择 HTML 语言模式

2. 保存和操作文件

选择"文件→保存"命令（或按"Ctrl+S"组合键），将新建或编辑中的文件保存。保存文件时会以默认的文件夹为根目录，如图 1-31 所示。

可以在代码编辑区域中编辑文件。右键单击文件名，在弹出的菜单中选择相应命令对文件进行剪切、复制等操作，如图 1-32 所示。

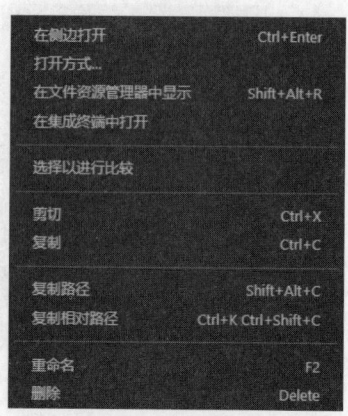

图 1-31　根目录

图 1-32　菜单命令

3. 编写代码

在代码编辑区域中可以编写代码。本书主要涉及 HTML 代码和 CSS 代码。在编写这些代码时，可使用一些快捷操作技巧，具体介绍如下。

（1）快速创建 HTML5 结构

打开 HTML 文件，在代码编辑区域的第一行输入一个英文感叹号"!"，在弹出的列表中选择第 1 个选项（或按"Enter"键直接选择），如图 1-33 所示。快速创建的固定的 HTML5 结构如图 1-34 所示。

图 1-33　选择列表中的第 1 个选项

需要说明的是，使用 VS Code 创建的 HTML5 结构与前面讲的 HTML5 的基本结构略有差异。使用 VS Code 创建的 HTML5 结构多出了图 1-34 所示的第 5 行和第 6 行代码。其中，第 5 行代码用于设置浏览器对网页的兼容模式；第 6 行代码用于适配移动端界面。在制作 PC 端网页时，使用默认设置即可。

（2）快速创建标签

在代码编辑区域输入标签的名称，然后按"Enter"键即可快速创建标签。例如，先输入"div"，然后按"Enter"键即可创建一个<div>标签，如图 1-35 所示。

```
1  <!DOCTYPE html>
2  <html lang="en">
3  <head>
4      <meta charset="UTF-8">
5      <meta http-equiv="X-UA-Compatible" content="IE=edge">
6      <meta name="Viewport" content="width=device-width,
       initial-scale=1.0">
7      <title>Document</title>
8  </head>
9  <body>
10
11  </body>
12  </html>
```

图 1-34　快速创建的固定的 HTML5 结构

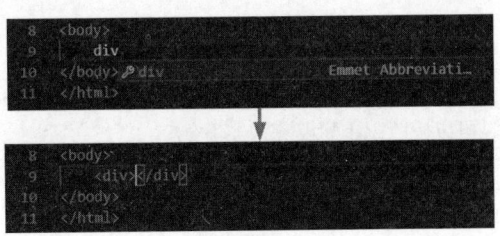

图 1-35　快速创建一个<div>标签

如果想一次创建多个标签，可以采用"标签名*数量"的方式。例如，要创建 4 个<div>标签，可以直接输入"div*4"，然后按"Enter"键。如果想让创建的标签具有嵌套关系，可以通过">"实现。例如，输入"ul>li*4"并按"Enter"键即可创建一个嵌套了 4 个<li>子标签的<ul>标签。

> **注意：**
>
> 使用 VS Code 编写代码时，缩进代码可使用"Tab"键，取消缩进可使用"Shift+Tab"组合键，不建议使用"Space"键缩进代码。

（3）快速创建注释

在代码编辑区域，按"Ctrl+/"组合键可以在光标当前所在位置快速创建注释；再次按"Ctrl+/"组合键，可以取消当前的注释。

（4）快速预览文件

单击▣按钮，在搜索框中输入"live serve"，单击图 1-36 所示的"安装"按钮，安装 Live Server 扩展插件。

安装完成后，在代码编辑区域单击鼠标右键，在弹出的菜单中选择"Open with Live Server"命令，如图 1-37 所示。

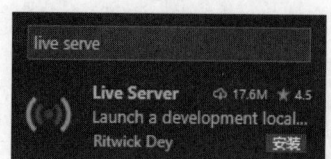

图 1-36 单击"安装"按钮

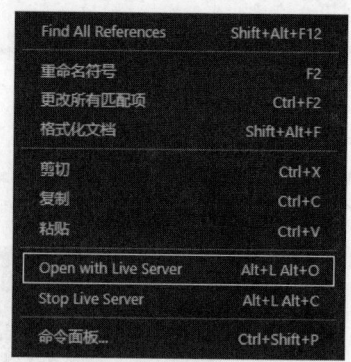

图 1-37 选择"Open with Live Server"命令

此时会打开计算机的默认浏览器预览当前 HTML 文件。

1.5 阶段案例——第一个 HTML5 页面

为了使读者更好地认识 HTML5，并掌握 HTML5 的代码编辑工具的用法，本节将通过案例的形式分步骤制作一个 HTML5 页面。HTML5 页面的效果如图 1-38 所示。

我是HTML5页面

图 1-38 HTML5 页面的效果

1.5.1 案例分析

本案例的重点是 VS Code 的用法、使用 VS Code 创建 HTML5 页面并在浏览器中预览 HTML5 页面的方法。可以按照以下思路完成本案例。

（1）在 VS Code 中创建 HTML5 结构。

（2）在<title>标签中输入"HTML5 页面"。

（3）在<body>标签中添加代码"<p>我是 HTML5 页面</p>"。

（4）使用浏览器预览 HTML5 页面的效果。

1.5.2 制作 HTML5 页面

根据上述思路分步骤完成 HTML5 页面的制作，具体步骤如下。

（1）新建一个名称为"CHAPTER01"的文件夹。

（2）打开 VS Code，选择"文件→打开文件夹"命令，打开 CHAPTER01 文件夹。

（3）在 CHAPTER01 文件夹里新建一个名称为"example.html"的 HTML 文件。此时 VS Code 的资源管理器里包含的文件如图 1-39 所示。

（4）在 VS Code 的代码编辑区域中输入英文感叹号"!"，然后按"Enter"键，生成 HTML5 结构。

图 1-39 资源管理器里包含的文件

（5）在<title>标签中输入"HTML5 页面"，具体代码如下。

```
<title>HTML5 页面</title>
```

（6）在<body>标签中添加如下代码。

```
<p>我是 HTML5 页面</p>
```

（7）按"Ctrl+S"组合键保存文件。在代码编辑区域单击鼠标右键，在弹出的菜单中选择"Open with Live Server"命令，预览 HTML5 页面。浏览器中的页面效果如图 1-40 所示。

至此，一个 HTML5 页面制作完成。

本章小结

本章首先介绍了网页的相关知识，包括网页
构成、网页相关名词等；然后介绍了 HTML5 的
相关知识，包括 HTML 的演变历程、HTML5 的优

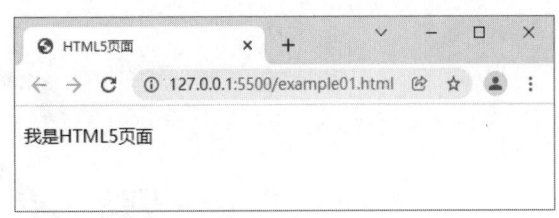

图 1-40　浏览器中的页面效果

势、HTML5 的基本结构、HTML5 的语法格式、HTML5 标签的类型、HTML5 的代码编辑工具等；最后通过
阶段案例介绍了一个 HTML5 页面的制作方法。

通过对本章的学习，读者应该了解网页和 HTML5 的基本知识，并且能够熟练地使用 VS Code 创建一个
简单的 HTML5 页面。

动手实践

学习完本章的内容，下面来动手实践一下吧。

请结合所学内容，运用 VS Code 创建一个个人简介的 HTML5 页面，页面示例效果如图 1-41 所示。

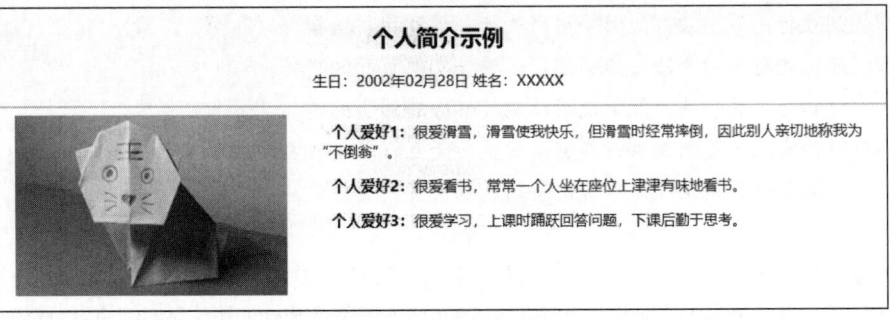

图 1-41　页面示例效果

第 2 章

HTML5标签和属性

★ 掌握文本控制标签的用法，能够使用文本控制标签设置文本样式。

★ 掌握图像标签的用法，能够使用图像标签在网页中嵌入图片。

★ 掌握列表标签的用法，能够使用列表标签设置导航链接。

★ 掌握超链接标签的用法，能够使用超链接实现页面的跳转。

★ 熟悉结构标签的用法，能够使用结构标签搭建网页结构。

★ 熟悉页面交互标签的用法，能够使用页面交互标签设置页面展示信息。

★ 熟悉全局属性的用法，能够使用全局属性设置网页效果。

HTML5既包含旧版本HTML的大部分标签和属性，也包含一些新的标签和属性。标签的应用使网页结构更加清晰明确，属性的应用使标签的功能更加强大。掌握标签和属性的用法是熟练使用HTML5制作网页的基础。本章将详细讲解HTML5的标签和属性。

2.1 文本控制标签

无论网页内容如何丰富，文字通常都是网页中最基本的元素之一。为了使文字排版整齐、结构清晰，HTML5提供了一系列文本控制标签。例如，页面格式化标签、文本格式化标签等。本节将详细讲解HTML5中的文本控制标签。

2.1.1 页面格式化标签

结构清晰的文章通常通过标题、段落、分割线等对内容进行排列，网页也不例外。为了使网页中的文字有条理地显示，HTML5提供了相应的页面格式化标签，例如标题标签、段落标签、水平线标签、换行标签，具体介绍如下。

1. 标题标签

标题标签用于将文本设置为标题，HTML5提供了6个等级的标题标签，即<h1>、<h2>、<h3>、<h4>、<h5>和<h6>。从<h1>到<h6>，标题标签的重要程度依次递减。标题标签的基本语法格式如下。

```
<hn align="对齐方式">标题文本</hn>
```

在上述语法格式中，*n* 的取值范围为 1~6，代表 1~6 级标题；align 为可选属性，用于指定标题的对齐方式。align 属性的取值如下。

- left：用于设置标题文字左对齐（默认属性值）。
- center：用于设置标题文字居中对齐。
- right：用于设置标题文字右对齐。

下面通过一个案例讲解标题标签的具体用法，如例 2-1 所示。

例 2-1　example01.html

```
1  <!DOCTYPE html>
2  <html lang="en">
3  <head>
4      <meta charset="UTF-8">
5      <meta http-equiv="X-UA-Compatible" content="IE=edge">
6      <meta name="viewport" content="width=device-width, initial-scale=1.0">
7      <title>标题标签</title>
8  </head>
9  <body>
10     <h1>1级标题</h1>
11     <h2>2级标题</h2>
12     <h3>3级标题</h3>
13     <h4>4级标题</h4>
14     <h5>5级标题</h5>
15     <h6>6级标题</h6>
16 </body>
17 </html>
```

图 2-1　例 2-1 代码的运行效果

在例 2-1 中，使用<h1>~<h6>标签设置了 6 种不同级别的标题。

运行例 2-1 所示的代码，效果如图 2-1 所示。

从图 2-1 可以看出，默认情况下标题文字加粗、左对齐显示，并且从 1 级标题到 6 级标题，字号依次递减。如果想让标题文字右对齐或居中对齐，就需要使用 align 属性设置对齐方式。

下面替换例 2-1 中的第 10~15 行代码，替换代码如下。

```
1  <h1>朝气蓬勃</h1>
2  <h2 align="left">勇攀高峰</h2>
3  <h3 align="center">勤学苦练</h3>
4  <h4 align="right">真才实学</h4>
```

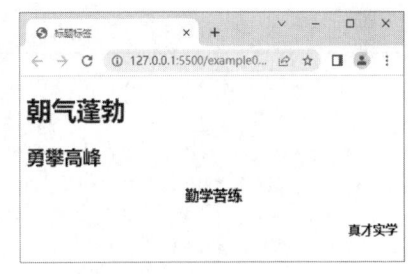

图 2-2　例 2-1 替换代码后的运行效果

在上述代码中，<h1>标签使用默认对齐方式；<h2>标签使用左对齐方式；<h3>标签使用居中对齐方式；<h4>标签使用右对齐方式。

替换代码后保存文件并运行，效果如图 2-2 所示。

注意：

（1）一个页面中最好只使用一个<h1>标签，该标签通常用在网站的 Logo 部分。

（2）由于标题标签拥有特殊的语义，切勿为了设置文字加粗或更改文字的大小而使用标题标签。

（3）在 HTML5 中，一般不建议使用标题标签的 align 属性设置对齐方式，可使用 CSS 样式代码设置。

2. 段落标签

要想使网页中的文字有条理地显示，还可以使用段落标签，它可以将整个网页的文字分为若干个段落。在网页中，可以使用<p>标签来定义段落。<p>标签是 HTML5 中常用的标签，默认情况下，一个段落中的文本会根据浏览器窗口的大小自动换行。<p>标签的基本语法格式如下。

```
<p align="对齐方式">段落文本</p>
```

在上述语法格式中，align 为<p>标签的可选属性，用于设置段落文本的对齐方式。

下面通过一段示例代码讲解<p>标签的具体用法，示例代码如下。

```
1  <h2 align="center">《破阵子·为陈同甫赋壮词以寄之》</h2>
2  <p align="center">宋代：辛弃疾</p>
3  <p>醉里挑灯看剑，梦回吹角连营。八百里分麾下炙，五十弦翻塞外声。沙场秋点兵。马作的卢飞快，弓如霹雳弦惊。了却君王天下事，赢得生前身后名。可怜白发生！</p>
```

在上述示例代码中，第 1 行、第 2 行代码分别在<h2>标签和<p>标签中添加"align="center""来设置段落文本居中对齐；第 3 行代码中的<p>标签使用默认对齐方式。

示例代码的运行效果如图 2-3 所示。

从图 2-3 可以看出，每段文本都会单独显示，并且每两段文本之间有一定的距离。

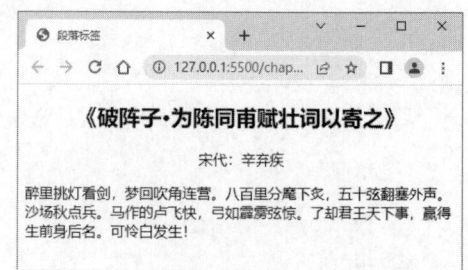

图 2-3　示例代码的运行效果（1）

3. 水平线标签

在网页中，水平线用于将段落与段落隔开，使网页内容结构清晰、层次分明。水平线可以通过<hr />标签来定义，其基本语法格式如下。

```
<hr 属性="属性值" />
```

<hr />是单标签，在网页中输入"<hr />"，就可以添加一条默认样式的水平线。此外，通过为<hr />标签设置属性和属性值，可以更改水平线的样式。<hr />标签的常用属性介绍如表 2-1 所示。

表 2-1　<hr />标签的常用属性介绍

属性名	作用	属性值
align	用于设置水平线的对齐方式	可选值包括 left、right、center，默认值为 center，表示居中对齐
size	用于设置水平线的粗细	以像素（px）为单位，默认为 2px
color	用于设置水平线的颜色	可为颜色的英文名称、十六进制颜色值、rgb(r,g,b)
width	用于设置水平线的宽度	可以是确定的像素值，也可以是浏览器窗口的百分比（默认值为 100%）

下面通过使用水平线分割段落文本来演示<hr />标签的用法，示例代码如下。

```
1  <h2 align="left">《莫生气》</h2>
2  <hr color="#00CC99" align="left" size="5" width="600" />
3  <p>人生就像一场戏，因为有缘才相聚。相扶到老不容易，是否更该去珍惜。为了小事发脾气，回头想想又何必。别人生气我不气，气出病来无人替。我若气死谁如意，况且伤神又费力。邻居亲朋不要比，儿孙琐事由他去。吃苦享乐在一起，神仙羡慕好伴侣。</p>
4  <hr color="#00CC99"/>
```

在上述示例代码中，第 2 行代码为水平线设置了颜色、对齐方式、粗细和宽度；第 4 行代码修改了水平线的颜色。

示例代码的运行效果如图 2-4 所示。

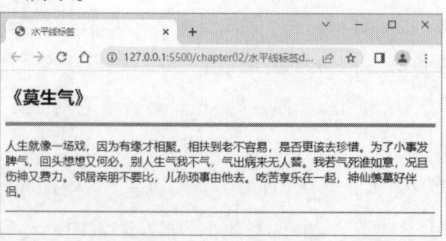

图2-4　示例代码的运行效果（2）

> **注意:**
>
> 在实际工作中，不建议使用\<hr /\>的外观属性来设置水平线的样式，最好通过 CSS 样式代码设置。

4. 换行标签

在 Word 中，按 "Enter" 键可以将一段文字换行显示，但在网页中，如果想将某段文本强制换行显示，就需要使用换行标签\<br /\>。使用换行标签的示例代码如下。

```
1  <p>使用 HTML5 制作网页时通过换行标签<br />可以实现换行效果</p>
2  <p>如果像在 Word 中一样
3  按 "Enter" 键，就无法换行</p>
```

在上述示例代码中，第 1 行代码的文本内容排列在同一行，而且文本内容中插入了\<br /\>标签；而第 2~3 行代码的文本内容采用按 "Enter" 键的方式换行显示。

示例代码的运行效果如图 2-5 所示。

从图 2-5 可以看出，使用换行标签\<br /\>的文本在浏览器中实现了强制换行的效果，而通过按 "Enter" 键换行的文本在浏览器中并没有换行显示，只是多了一个空格。

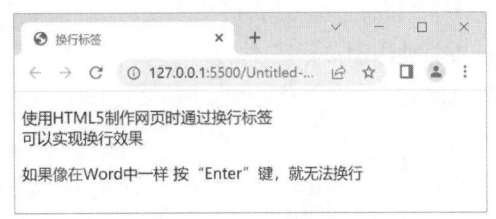

图2-5　示例代码的运行效果（3）

> **注意:**
>
> 使用\<br /\>标签虽然可以实现换行的效果，但并不能取代结构标签\<h1\>~\<h6\>、\<p\>等。

2.1.2 文本格式化标签

文本格式化标签用于为文字设置粗体、斜体或下划线等特殊的文本效果，常用的文本格式化标签及文本显示效果如表 2-2 所示。

表 2-2　常用的文本格式化标签及文本显示效果

文本格式化标签	文本显示效果
\<b\>标签和\<strong\>标签	文本加粗显示
\<u\>标签和\<ins\>标签	文本以添加下划线的样式显示
\<i\>标签和\<em\>标签	文本斜体显示
\<s\>标签和\<del\>标签	文本以添加删除线的样式显示
\<cite\>标签	文本斜体显示，该标签常用于标注引用的参考文献
\<time\>标签	文本正常显示，该标签常用于标注时间和日期
\<mark\>标签	文本以添加底色的样式显示

表 2-2 所示的文本格式化标签均为双标签，其中\<strong\>标签、\<ins\>标签、\<em\>标签、\<del\>标签更符合 HTML5 结构的语义，所以建议使用这 4 种标签设置文本样式。对常用的文本格式化标签的具体介绍如下。

1. \<b\>标签和\<strong\>标签

\<b\>标签和\<strong\>标签均用于设置文本加粗显示。两者的区别在于，\<b\>标签是物理标签（物理标签只用于设置显示样式），\<strong\>标签是逻辑标签（逻辑标签不仅可用于设置显示样式，而且可用于将标签语义化，语义化用于强调文字的重要性）。推荐使用\<strong\>标签。

2. <u>标签和<ins>标签

<u>标签和<ins>标签均用于设置文本以添加下划线的样式显示。<u>标签是物理标签，只用于设置下划线的显示样式。<ins>标签是逻辑标签，除了用于设置下划线的显示样式外，还可用于将标签语义化。推荐使用<ins>标签。

3. <i>标签和<em>标签

<i>标签和<em>标签均用于设置文本斜体显示。<i>标签是物理标签，<em>标签是逻辑标签。推荐使用<em>标签。

4. <s>标签和<del>标签

<s>标签和<del>标签均用于设置文本以添加删除线的样式显示。<s>标签是物理标签，<del>标签是逻辑标签。推荐使用<del>标签。

下面通过一个案例来演示上述标签的用法，如例 2-2 所示。

例 2-2　example02.html

```
1  <!DOCTYPE html>
2  <html lang="en">
3  <head>
4      <meta charset="UTF-8">
5      <meta http-equiv="X-UA-Compatible" content="IE=edge">
6      <meta name="viewport" content="width=device-width, initial-scale=1.0">
7      <title>文本格式化标签</title>
8  </head>
9  <body>
10     <p>文本正常显示</p>
11     <p><b>文本加粗显示</b></p>
12     <p><strong>文本加粗显示，强调语义</strong></p>
13     <p><u>文本以添加下划线的样式显示</u></p>
14     <p><ins>文本以添加下划线的样式显示，强调语义</ins></p>
15     <p><i>文本斜体显示</i></p>
16     <p><em>文本斜体显示，强调语义</em></p>
17     <p><s>文本以添加删除线的样式显示</s></p>
18     <p><del>文本以添加删除线的样式显示，强调语义</del></p>
19 </body>
20 </html>
```

在例 2-2 中，第 10 行代码的文本正常显示；第 11～18 行代码为文本添加文本格式化标签。

运行例 2-2 所示的代码，效果如图 2-6 所示。

5. <cite>标签

<cite>标签是一个逻辑标签，其中的文本是对某个参考文献的引用，例如，图书或者杂志中的内容。<cite>标签中的文本会以斜体的样式显示在页面中，与<i>标签、<em>标签中的文本的显示样式相同，它们的差异在于语义，<cite>标签着重强调引用的内容。使用<cite>标签的示例代码如下。

<cite>怒发冲冠，凭栏处、潇潇雨歇。抬望眼，仰天长啸，壮怀激烈。三十功名尘与土，八千里路云和月。莫等闲、白了少年

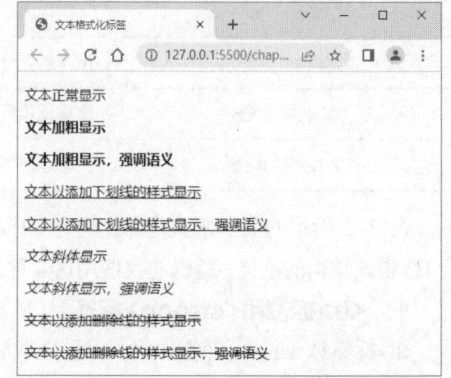

图 2-6　例 2-2 代码的运行效果

头，空悲切。靖康耻，犹未雪。臣子恨，何时灭。驾长车，踏破贺兰山缺。壮志饥餐胡虏肉，笑谈渴饮匈奴血。待从头、收拾旧山河，朝天阙。</cite>

　　<cite>——满江红·写怀</cite>

运行示例代码，效果如图 2-7 所示。

6. <time>标签

<time>标签是一个逻辑标签，用于标注时间（24 小时制）或日期。被<time>标签标注的时间或日期不会在浏览器中呈现任何特殊效果，但是能够以机器可读的方式进行编码。这个标签适合具有订阅或计时功能的软件和平台使用。

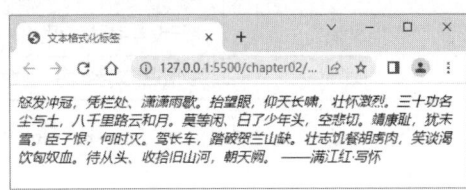

图2-7　<cite>标签示例代码的运行效果

<time>标签有两个属性，具体介绍如下。

● datetime：用于定义时间或日期，其值必须为一个有效的时间或日期，例如 14:00、2015-09-01。如果 datetime 属性的值不能被解析，那么元素不会有一个关联的时间戳。datetime 属性的值由机器解读，不会显示在页面中。

● pubdate：用于设置文档的发布日期或时间，取值为 pubdate，可以省略。

下面通过一个示例演示<time>标签的用法，代码如下。

```
<p>我们早上<time>9:00</time>开始上班</p>
<p>今年<time datetime="2022-10-01">十月一日</time>是祖国母亲的生日</p>
<time datetime="2022-08-15" pubdate="pubdate">
    本消息发布于 2022 年 8 月 15 日
</time>
```

运行示例代码，效果如图 2-8 所示。

7. <mark>标签

<mark>标签是一个逻辑标签，用于高亮显示文本，以引起阅读者的注意。

下面通过一个示例演示<mark>标签的用法，代码如下。

```
<p>明月几时有？把酒问青天。不知天上宫阙，今夕是何年。我欲乘风归去，又恐琼楼玉宇，<mark>高处不胜寒</mark>。起舞弄清影，何似在人间。转朱阁，低绮户，照无眠。不应有恨，何事长向别时圆？<mark>人有悲欢离合，月有阴晴圆缺</mark>，此事古难全。<mark>但愿人长久，千里共婵娟</mark>。</p>
```

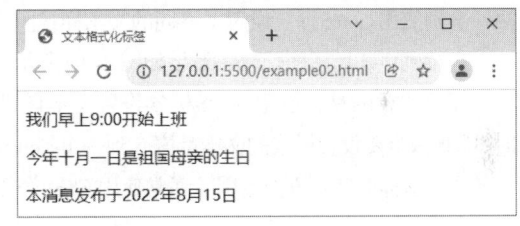

图2-8　<time>标签示例代码的运行效果

图2-9　<mark>标签示例代码的运行效果

运行示例代码，效果如图 2-9 所示。

2.1.3　文本样式标签

文本样式标签用于设置文字效果，例如字体、字号、文字颜色，可使网页中的文字样式更加丰富。文本样式标签的基本语法格式如下。

```
<font 属性="属性值">文本内容</font>
```

在上述语法格式中，<font>标签用于设置文本样式，其常用的属性有 3 个，具体介绍如表 2-3 所示。

表 2-3　\<font\>标签的常用属性及作用

属性名	作用
face	用于设置字体，例如微软雅黑、黑体、宋体等
size	用于设置字号，可以取 1～7 的整数值，无须添加单位
color	用于设置文字颜色，颜色值可以为颜色的英文名称、十六进制颜色值等

下面通过一个案例来演示\<font\>标签的用法，如例 2-3 所示。

例 2-3　example03.html

```
1  <!DOCTYPE html>
2  <html lang="en">
3  <head>
4      <meta charset="UTF-8">
5      <meta http-equiv="X-UA-Compatible" content="IE=edge">
6      <meta name="viewport" content="width=device-width, initial-scale=1.0">
7      <title>文本样式标签</title>
8  </head>
9  <body>
10     <p>众里寻他千百度，蓦然回首，那人却在，灯火阑珊处。</p>
11     <p><font size="2" color="blue">众里寻他千百度，蓦然回首，那人却在，灯火阑珊处。</font></p>
12     <p><font size="5" color="#f00">众里寻他千百度，蓦然回首，那人却在，灯火阑珊处。</font></p>
13     <p><font face="宋体" size="7" color="#00f">众里寻他千百度，蓦然回首，那人却在，灯火阑珊
处。</font></p>
14 </body>
15 </html>
```

例 2-3 的代码共使用了 4 个\<p\>标签，第 10 行代码的\<p\>标签使用默认样式，第 11～13 行的\<p\>标签分别使用\<font\>标签设置了不同的文本样式。

运行例 2-3 所示的代码，效果如图 2-10 所示。

需要注意的是，使用\<font\>标签设置文本样式时，需将每个要设置样式的文本都嵌套到一个\<font\>标签中，这样非常不方便。因此通常使用 CSS 样式替代\<font\>标签。

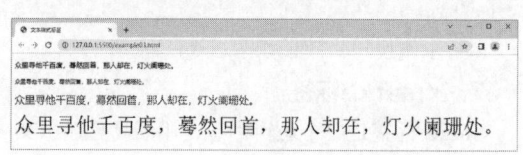

图2-10　例2-3代码的运行效果

2.1.4　特殊字符

浏览网页时经常会看到一些包含特殊字符的文本，例如数学公式、版权信息等。那么如何在网页中显示包含特殊字符的文本呢？HTML5 为特殊字符提供了对应的代码。常用的特殊字符及其对应代码如表 2-4 所示。

表 2-4　常用的特殊字符及其对应代码

特殊字符	描述	对应代码
	空格符	\
<	小于号	\<
>	大于号	\>
&	和号	\&
¥	人民币符号	\¥

特殊字符	描述	对应代码
©	版权符号	&copy;
®	注册商标符号	&reg;
°	度数符号	&deg;
±	正负号	&plusmn;
×	乘号	&times;
÷	除号	&divide;
²（上标）	平方	&sup2;
³（上标）	立方	&sup3;

从表 2–4 可以看出，特殊字符对应的代码通常由"&"、字符名称和英文分号";"组成。要在网页中使用特殊字符，只需输入对应的代码即可。

2.2　图像标签

在网页中巧妙地使用图像可以让网页丰富多彩。本节将通过常用图像格式、图像标签及其属性、绝对路径和相对路径 3 个知识点详细讲解 HTML5 中图像的应用方法。

2.2.1　常用图像格式

网页中的图像文件太大会使网页载入速度缓慢，太小又会影响图像的质量。因此，在制作网页时，使用合适的图像格式非常重要。目前，网页中常用的图像格式主要有 GIF 格式、PNG 格式和 JPEG 格式 3 种，具体介绍如下。

1. GIF 格式

GIF 格式最突出的特点是支持动画，它是一种无损压缩的图像格式，即修改 GIF 格式的图像之后不会造成图像数据的损失。而且 GIF 格式支持透明图像效果，很适合在网页中使用。但 GIF 格式只能处理 256 种颜色，因此在网页制作中，GIF 格式常常用于 Logo、小图标和其他色彩相对单一的图像。

2. PNG 格式

PNG 格式包括 PNG–8 格式和真彩色 PNG 格式（包括 PNG–24 格式和 PNG–32 格式）。相比 GIF 格式，PNG 格式最大的优势是该格式的图像体积更小，支持 Alpha 透明（全透明、半透明）图像效果，并且颜色过渡更平滑，但 PNG 格式不支持动画。其中，PNG–8 格式与 GIF 格式一样，只支持 256 种颜色，对于静态图像，PNG 格式可以取代 GIF 格式。真彩色 PNG 格式支持更多的颜色，也支持半透明图像效果。

3. JPEG 格式

JPEG 格式是一种有损压缩的图像格式，该格式的图像稍小，但每修改一次图像都会造成一些图像数据的丢失。JPEG 格式是专为照片设计的图像格式，网页中类似于照片的图像（如横幅广告、商品图像、较大的插图等）都可以保存为 JPEG 格式。

2.2.2　图像标签及其属性

要想在网页中显示图像就需要使用图像标签。在 HTML5 中使用<img />标签来定义图像，其基本语法格式如下。

```
<img src="图像URL" />
```

在上述语法格式中，src 属性用于指定图像的路径，它是<img />标签的必选属性。

要想在网页中灵活地使用图像，仅仅依靠 src 属性是远远不够的。<img />标签的其他属性的具体介绍如表 2-5 所示。

表 2-5　<img />标签的其他属性的具体介绍

属性	属性值	描述
alt	文本	用于设置图像不能显示时的替代文本
title	文本	用于设置鼠标指针悬停时显示的图像提示文本
width	像素值	用于设置图像的宽度
height	像素值	用于设置图像的高度
border	数字	用于设置图像边框的宽度
vspace	像素值	用于设置图像顶部和底部的空白区域（垂直边距）
hspace	像素值	用于设置图像左侧和右侧的空白区域（水平边距）
align	left	用于将图像对齐到左边
	right	用于将图像对齐到右边
	top	用于将图像的顶端和文本的第 1 行文字对齐，其他文字位于图像下方
	middle	用于将图像的水平中线和文本的第 1 行文字对齐，其他文字位于图像下方
	bottom	用于将图像的底部和文本的第 1 行文字对齐，其他文字位于图像下方

下面对表 2-5 中的属性进行详细讲解。

1. alt 属性

当页面中的图像无法正常显示（如图片加载错误、浏览器版本过低等）时，需要显示图像的替代文本，以告诉访问者图片的相关信息。在 HTML5 中，alt 属性用于设置图像的替代文本。下面通过一个案例来演示 alt 属性的用法，如例 2-4 所示。

例 2-4　example04.html

```
1  <!DOCTYPE html>
2  <html lang="en">
3  <head>
4      <meta charset="UTF-8">
5      <meta http-equiv="X-UA-Compatible" content="IE=edge">
6      <meta name="viewport" content="width=device-width, initial-scale=1.0">
7      <title>图像标签</title>
8  </head>
9  <body>
10     <img src="images/tao.png" alt="彩陶" />
11 </body>
12 </html>
```

在例 2-4 中，文件名为"tao.png"的图像在当前 HTML 网页文件所在的文件夹中，通过 src 属性插入图像，通过 alt 属性指定图像不能显示时的替代文本。

运行例 2-4 所示的代码，浏览器中正常显示的图像效果如图 2-11 所示。

如果图像不能显示，浏览器中会出现图 2-12 所示的效果。

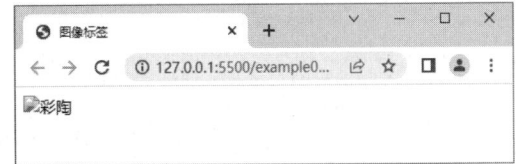

图2-11 浏览器中正常显示的图像效果　　　　图2-12 图像不能显示的效果

由图 2-12 可见，当图像不能显示时，网页中会显示通过 alt 属性设置的文字内容。

2. title 属性

title 属性用于设置鼠标指针悬停时显示的图像提示文本，该属性与 alt 属性类似。下面通过一个案例来演示 title 属性的使用方法，如例 2-5 所示。

例 2-5　example05.html

```
1  <!DOCTYPE html>
2  <html lang="en">
3  <head>
4      <meta charset="UTF-8">
5      <meta http-equiv="X-UA-Compatible" content="IE=edge">
6      <meta name="viewport" content="width=device-width, initial-scale=1.0">
7      <title>图像标签</title>
8  </head>
9  <body>
10     <img src="images/tao.png" title="彩陶" />
11 </body>
12 </html>
```

在例 2-5 中，第 10 行代码通过 title 属性设置鼠标指针悬停时显示的图像提示文本。

运行例 2-5 所示的代码，鼠标指针悬停在图像上的效果如图 2-13 所示。

3. width 属性和 height 属性

通常情况下，如果不为<img />标签设置 width 属性和 height 属性，图像就会按照它的原始尺寸显示。通过 width 属性和 height 属性可以自定义图像的宽度和高度。通常，只设置 width 属性和 height 属性中的一个即可，另一个属性会依据已设置的属性而变化，以等比例显示原图。如果同时设置两个属性，且设置的宽度和高度的比例与原图的不一致，显示的图像会变形。

4. border 属性

默认情况下图像是没有边框的，通过 border 属性可以为图像添加边框，并且可以设置边框的宽度，但无法更改边框的颜色。border 属性的取值无须添加单位。

图2-13 鼠标指针悬停在图像上的效果

下面通过一个案例来演示使用 border 属性、width 属性、height 属性对图像进行修饰的方法，如例 2-6 所示。

例 2-6   example06.html

```
1  <!DOCTYPE html>
2  <html lang="en">
3  <head>
4      <meta charset="UTF-8">
5      <meta http-equiv="X-UA-Compatible" content="IE=edge">
6      <meta name="viewport" content="width=device-width, initial-scale=1.0">
7      <title>图像标签</title>
8  </head>
9  <body>
10     <img src="images/tao.png" alt="彩陶" border="2" />
11     <img src="images/tao.png" alt="彩陶" width="200" />
12     <img src="images/tao.png" alt="彩陶" width="300" height="100" />
13 </body>
14 </html>
```

在例 2-6 所示的代码中，使用 3 个<img />标签；第 10 行代码通过<img />标签的 border 属性为图像添加宽度为 2px 的边框；第 11 行代码通过<img />标签的 width 属性设置图像的宽度；第 12 行代码通过<img />标签的 width 和 height 属性设置与原图比例不同的宽度和高度。

运行例 2-6 所示的代码，效果如图 2-14 所示。

图2-14   例2-6代码的运行效果

从图 2-14 可以看出，第 1 个图像按原尺寸显示，并且具有边框效果；第 2 个图像按设置的宽度等比例显示；第 3 个图像产生变形。

5. vspace 属性和 hspace 属性

在网页中，有时候由于排版需要，还需要调整图像的边距。在 HTML 4.01 之前，可以通过 vspace 属性和 hspace 属性分别调整图像的垂直边距和水平边距。

6. align 属性

图文混排是网页中很常见的效果，默认情况下图像的底部与文本的第 1 行文字对齐，如图 2-15 所示。

但是在制作网页时经常需要实现图像和文字环绕的效果，例如图像居左、文字居右，这需要使用图像的对齐属性 align。下面在网页中实现图像居左、文字居右的效果，如例 2-7 所示。

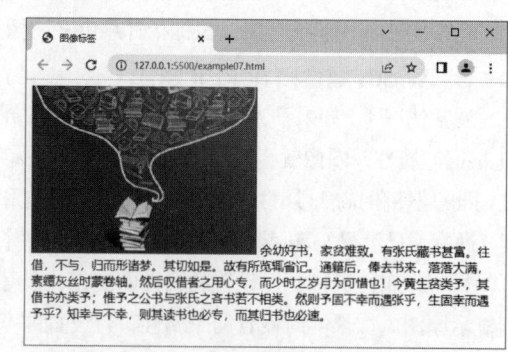

图2-15   图像与文字的默认对齐效果

例 2-7   example07.html

```
1  <!DOCTYPE html>
2  <html lang="en">
```

```
 3  <head>
 4      <meta charset="UTF-8">
 5      <meta http-equiv="X-UA-Compatible" content="IE=edge">
 6      <meta name="viewport" content="width=device-width, initial-scale=1.0">
 7      <title>图像标签</title>
 8  </head>
 9  <body>
10      <img src="images/shu.png" width="300" border="1" hspace="10" vspace="10" align=
"left"/>
11      余幼好书，家贫难致。有张氏藏书甚富。往借，不与，归而形诸梦。其切如是。故有所览辄省记。通籍后，俸
去书来，落落大满，素蟫灰丝时蒙卷轴。然后叹借者之用心专，而少时之岁月为可惜也！今黄生贫类予，其借书亦类予；
惟予之公书与张氏之吝书若不相类。然则予固不幸而遇张乎，生固幸而遇予乎？知幸与不幸，则其读书也必专，而其归
书也必速。
12  </body>
13  </html>
```

在例 2-7 中，第 10 行代码使用 hspace 属性和 vspace 属性为图像设置水平边距和垂直边距；为了使水平边距和垂直边距的显示效果更加明显，使用 border 属性为图像添加宽度为 1px 的边框；使用 align="left" 使图像左对齐。

运行例 2-7 所示的代码，效果如图 2-16 所示。

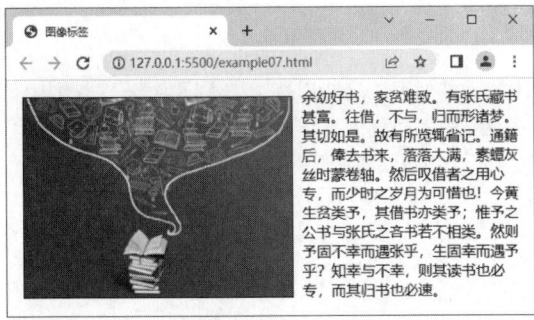

图2-16　例2-7代码的运行效果

注意:

（1）HTML5 并不支持在<img />标签中使用 border、vspace、hspace 和 align 属性，这 4 个属性在 HTML 4.01 已废弃，可用 CSS 样式代码替代。

（2）装饰性的图像不建议直接使用<img />标签插入，最好通过使用 CSS 设置背景图像的方式来实现。

2.2.3　绝对路径和相对路径

在计算机中查找文件时，需要明确该网页文件所在的位置。通常，文件所在的位置称作路径。网页中的路径分为绝对路径和相对路径两种，具体介绍如下。

1. 绝对路径

绝对路径就是网页中的文件或文件夹在盘符（如 C 盘、D 盘等）中的真正路径，例如 "D:\案例源码\chapter02\images\tao.png" 是 D 盘中的一个绝对路径，完整的网络地址 "https://www.zcool.com.cn/ images/logo.gif" 也是一个绝对路径。

2. 相对路径

相对路径就是相对于当前文件的路径。相对路径没有盘符，通常以 HTML 网页文件为起点，通过层级关系描述目标图像的位置。相对路径的设置方法有以下 3 种。

● 图像和 HTML 网页文件位于同一文件夹：设置相对路径时，只需输入图像的名称即可，例如<img src=

"logo.gif" />。

- 图像位于 HTML 网页文件的下一级文件夹：设置相对路径时，输入文件夹名和图像名，两者用"/"隔开，例如<img src="img/img01/logo.gif" />。

- 图像位于 HTML 网页文件的上一级文件夹：设置相对路径时，在图像名之前添加"../"；如果位于上两级文件夹，则需要使用"../../"，以此类推。例如<img src="../logo.gif" />。

需要说明的是，在网页中不推荐使用绝对路径，因为网页制作完成之后需要将所有的文件上传到服务器。在服务器中，路径存储根目录会发生改变，可能不存在"D:\案例源码\chapter02\images\banner1.jpg"这样精准的路径。若路径错误，网页就无法正常显示图像。使用相对路径可以很好地避免这个问题。

2.3 列表标签

一个网站由多个网页构成，每个网页中都有相应的信息。将这些信息以列表的方式呈现，可以使网页排列有序、条理清晰。HTML5 提供了 3 种列表，分别为无序列表、有序列表和定义列表，本节将对这 3 种列表以及列表的嵌套进行详细讲解。

2.3.1 无序列表

无序列表是网页中最常用的一种列表，之所以称为"无序列表"，是因为其各个列表项之间没有顺序级别之分，通常是并列的。定义无序列表的基本语法格式如下。

```
<ul>
    <li>列表项 1</li>
    <li>列表项 2</li>
    <li>列表项 3</li>
    ...
</ul>
```

在上述语法格式中，<ul>标签用于定义无序列表；<li>标签嵌套在<ul>标签中，用于描述具体的列表项，每个<ul>标签中至少包含一个<li>标签。

需要说明的是，<ul>标签和<li>标签都拥有 type 属性，用于指定列表项目符号。列表项目符号是位于列表项前的符号。当为 type 属性设置不同的值时，可以在列表项前添加不同的列表项目符号。表 2-6 列举了无序列表的 type 属性值及对应的列表项目符号。

表 2-6   无序列表的 type 属性值及对应的列表项目符号

type 属性值	列表项目符号
disc（默认值）	●
circle	○
square	■

下面通过一个案例演示无序列表和列表项目符号的使用方法，如例 2-8 所示。

例 2-8   example08.html

```
1  <!DOCTYPE html>
2  <html lang="en">
3  <head>
4      <meta charset="UTF-8">
5      <meta http-equiv="X-UA-Compatible" content="IE=edge">
6      <meta name="viewport" content="width=device-width, initial-scale=1.0">
```

```
7        <title>无序列表</title>
8    </head>
9    <body>
10       <ul>
11           <li type="circle">爱国</li>
12           <li>创新</li>
13           <li>厚德</li>
14           <li>包容</li>
15       </ul>
16   </body>
17   </html>
```

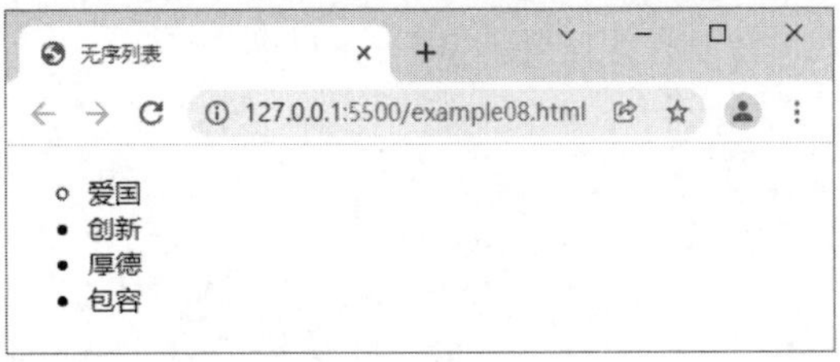

在例 2-8 中，第 10~15 行代码用于创建一个无序列表，其中第 11 行代码通过 type 属性将列表项目符号设置为空心圆形。

运行例 2-8 的代码，效果如图 2-17 所示。

图2-17　例2-8代码的运行效果

注意：

（1）在 HTML5 中，不建议直接使用<ul>标签的 type 属性。

（2）<ul>标签中需要嵌套<li>标签，不建议在<ul>标签中直接输入文本内容。

2.3.2　有序列表

有序列表中的各个列表项按照一定的顺序排列。例如，网页中的歌曲排行榜、游戏排行榜等都可以通过有序列表来定义。定义有序列表的基本语法格式如下。

```
<ol>
    <li>列表项 1</li>
    <li>列表项 2</li>
    <li>列表项 3</li>
    ...
</ol>
```

在上述语法格式中，<ol>标签用于定义有序列表；<li>标签用于定义具体的列表项，与无序列表类似，每个<ol>标签中也至少包含一个<li>标签。

除了 type 属性外，还可以为<ol>标签定义 start 属性、为<li>标签定义 value 属性。有序列表的属性和属性值及相关描述如表 2-7 所示。

表 2-7　有序列表的属性和属性值及相关描述

属性	属性值	描述
type	1（默认）	列表项目符号显示为 "1." "2." "3." …
	a 或 A	列表项目符号显示为 "a." "b." "c." …或 "A." "B." "C." …
	i 或 I	列表项目符号显示为罗马数字 "i." "ii." "iii." …或 "I." "II." "III." …
start	数字	用于指定全部列表项目符的起始值
value	数字	用于指定当前列表项目符号的起始值
reversed	reversed（可以省略）	用于指定列表项的排列顺序为降序

下面通过一个案例来演示有序列表和列表项目符号的用法，如例 2-9 所示。

例 2-9　example09.html

```
1   <!DOCTYPE html>
2   <html lang="en">
3   <head>
4       <meta charset="UTF-8">
5       <meta http-equiv="X-UA-Compatible" content="IE=edge">
6       <meta name="viewport" content="width=device-width, initial-scale=1.0">
7       <title>有序列表</title>
8   </head>
9   <body>
10      <ol>
11          <li>国家</li>
12          <li>民族</li>
13          <li>家庭</li>
14          <li>个人</li>
15      </ol>
16  </body>
17  </html>
```

在例 2-9 中，第 10～15 行代码用于创建一个有序列表。

运行例 2-9 的代码，有序列表效果如图 2-18 所示。

如果需要更改列表项目符号的起始值，可以将第 10 行代码修改为如下代码。

```
<ol start="2">
```

保存文件后重新运行代码，有序列表效果如图 2-19 所示。

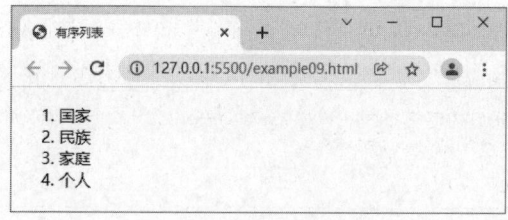

图2-18　有序列表效果（1）

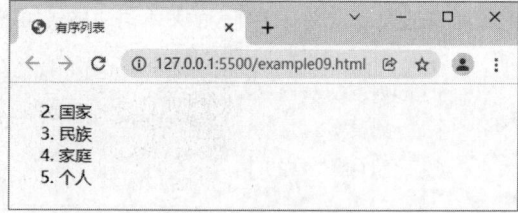

图2-19　有序列表效果（2）

从图 2-19 中可以看出，列表项目符号的起始值变为 "2."。

如果希望列表项反向排序，可修改第 10 行代码为如下代码。

```
<ol start="2" reversed>
```

保存文件后重新运行代码，有序列表效果如图 2-20 所示。

从图 2-20 中可以看出，列表项已反向排序。

也可以从某一个列表项开始反向排序。将第 12 行代码替换为如下代码。

```
<li value="9">民族</li>
```

保存文件后重新运行代码，有序列表效果如图 2-21 所示。

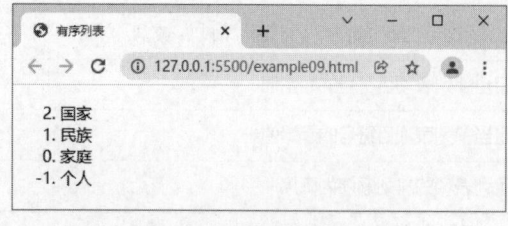

图2-20　有序列表效果（3）

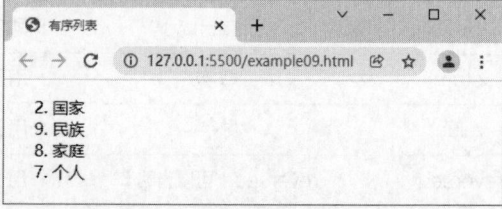

图2-21　有序列表效果（4）

从图 2–21 中可以看出，该有序列表是从第 2 个列表项（9.民族）开始进行反向排序的。

2.3.3　定义列表

定义列表常用于对名词进行解释和描述。与无序列表和有序列表不同，定义列表的列表项前没有任何列表项目符号。创建定义列表的基本语法格式如下。

```
<dl>
<dt>名词 1</dt>
    <dd>名词 1 解释 1</dd>
    <dd>名词 1 解释 2</dd>
    ...
<dt>名词 2</dt>
    <dd>名词 2 解释 1</dd>
    <dd>名词 2 解释 2</dd>
    ...
</dl>
```

在上述语法格式中，<dl>标签用于指定定义列表；<dt>标签和<dd>标签并列嵌套于<dl>标签中。其中，<dt>标签用于指定名词，<dd>标签用于对名词进行解释和描述。一个<dt>标签可以对应多个<dd>标签，即一个名词可以对应多项解释。

下面通过一个案例对定义列表的用法进行演示，如例 2–10 所示。

例 2-10　example10.html

```
1  <!DOCTYPE html>
2  <html lang="en">
3  <head>
4      <meta charset="UTF-8">
5      <meta http-equiv="X-UA-Compatible" content="IE=edge">
6      <meta name="viewport" content="width=device-width, initial-scale=1.0">
7      <title>定义列表</title>
8  </head>
9  <body>
10     <dl>
11         <dt>水果</dt>                <!--定义名词-->
12         <dd>水果为人体提供水分、碳水化合物、维生素等。</dd>      <!--解释和描述名词-->
13         <dd>大部分水果中的脂肪含量较低，适合减重人群。</dd>
14         <dd>水果中还含有大量有益健康的活性物质。</dd>
15     </dl>
16 </body>
17 </html>
```

在例 2–10 中，第 10～15 行代码用于创建一个定义列表。其中，<dt>标签内为名词"水果"，其后紧跟着 3 个<dd>标签，用于对<dt>标签中的名词进行解释和描述。

运行例 2–10 的代码，定义列表的效果如图 2–22 所示。

从图 2–22 中可以看出，相对于<dt>标签中的名词，<dd>标签中的解释和描述性的内容有一定的缩进。

需要说明的是，在网页设计中，定义列表常用于实现图文混排效果。其中，<dt>标签用于插入图

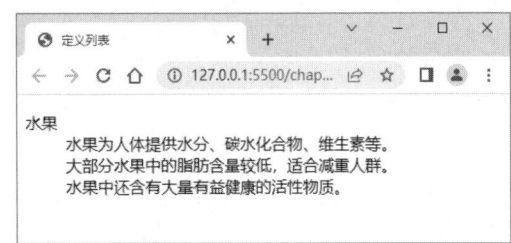

图2-22　定义列表的效果

像，<dd>标签用于插入对图像解释说明的文字。下面的"艺术与设计的结合"模块就是通过定义列表实现的，其 HTML 结构如图 2-23 所示。

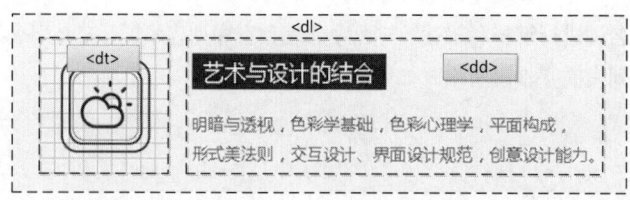

图2-23　"艺术与设计的结合"模块的HTML结构

注意:

（1）<dl>、<dt>、<dd>这 3 个标签之间不允许出现其他标签。

（2）<dl>标签必须与<dt>标签相邻。

2.3.4　列表的嵌套

在网上购物商城中浏览商品时，经常会看到商品被分为若干个类别，这些商品类别通常还包含若干个子类别。同样，在使用列表时，列表项中也可能包含若干个子列表项，要想在列表项中定义子列表项就需要对列表进行嵌套。要实现列表嵌套，只需将子列表嵌套在上一级列表的列表项中即可。例如，在无序列表中嵌套一个有序列表，代码如下。

```
<ul>
    <li>列表项 1</li>
    <li>列表项 2</li>
    <li>
     <ol>
            <li>列表项 1</li>
            <li>列表项 2</li>
</ol>
</li>
</ul>
```

下面通过一个案例对列表的嵌套进行演示，如例 2-11 所示。

例2-11　example11.html

```
1  <!DOCTYPE html>
2  <html lang="en">
3  <head>
4     <meta charset="UTF-8">
5     <meta http-equiv="X-UA-Compatible" content="IE=edge">
6     <meta name="viewport" content="width=device-width, initial-scale=1.0">
7     <title>列表的嵌套</title>
8  </head>
9  <body>
10    <ul>
11       <li>咖啡
12          <ol>                  <!--有序列表的嵌套-->
13             <li>拿铁</li>
14             <li>摩卡</li>
15          </ol>
16       </li>
```

```
17          <li>茶
18          <ul>                    <!--无序列表的嵌套-->
19              <li>碧螺春</li>
20              <li>龙井</li>
21          </ul>
22          </li>
23      </ul>
24 </body>
25 </html>
```

在例 2-11 中，先定义一个包含两个列表项的无序列表（第 10～23 行代码）；然后在第 1 个列表项中嵌套一个有序列表（第 12～15 行代码），在第 2 个列表项中嵌套一个无序列表（第 18～21 行代码）。

运行例 2-11 的代码，列表的嵌套效果如图 2-24 所示。

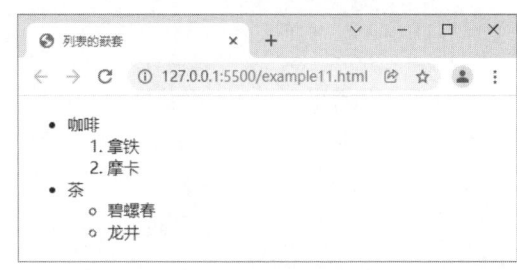

图2-24 列表的嵌套效果

在图 2-24 中，咖啡和茶进行了第 2 次分类，咖啡分为拿铁和摩卡，茶分为碧螺春和龙井。

注意：

在制作网页时，不建议直接使用列表标签的属性，通常使用 CSS 样式代码替代。

2.4 超链接标签

一个网站通常由多个页面构成，打开网站，通常先看到的是首页。如果想从首页跳转到其他页面，就需要在首页的相应位置添加超链接。在网页中，可以使用超链接标签添加超链接，本节将对超链接标签进行详细讲解。

2.4.1 创建超链接

使用<a>标签即可创建超链接，基本语法格式如下。

```
<a href="跳转目标" target="目标窗口的弹出方式">文本或图像</a>
```

在上述语法格式中，<a>标签用于定义超链接，href 属性和 target 属性为常用属性，其具体解释如下。

- href：用于指定链接页面的 URL，当为<a>标签设置 href 属性时，<a>标签就具有了链接的功能。
- target：用于指定链接页面的打开方式，其取值包括_self 和_blank 两个，其中_self 为默认值，表示在原窗口中打开链接页面，_blank 表示在新窗口中打开链接页面。

下面创建一个带有超链接功能的简单页面，如例 2-12 所示。

例2-12 example12.html

```
<!DOCTYPE html>
<html lang="en">
<head>
    <meta charset="UTF-8">
    <meta http-equiv="X-UA-Compatible" content="IE=edge">
    <meta name="viewport" content="width=device-width, initial-scale=1.0">
    <title>创建超链接</title>
</head>
<body>
    <a href="http://www.itcast.cn/" target="_self">传智教育</a> target="_self"原窗口打
开<br />
    <a href="https://www.huawei.com" target="_blank">华为</a> target="_blank"新窗口打开
```

```
  </body>
</html>
```

在例 2-12 中，创建了两个超链接，并通过 href 属性将它们的链接页面分别指定为传智教育网站和华为网站；同时通过 target 属性定义第 1 个链接页面在原窗口打开，第 2 个链接页面在新窗口打开。

运行例 2-12 的代码，创建超链接的效果如图 2-25 所示。

在图 2-25 中，超链接标签<a>中的文本"传智教育"和"华为"颜色特殊且带有下划线，这是因为使用了超链接标签<a>的默认显示样式。当鼠标指针移至链接文本上时，鼠标指针变为👆形状，同时，页面的左下方显示链接页面的地址。当单击链接文本"传智教育"和"华为"时，会分别在原窗口和新窗口中打开链接页面，如图 2-26 和图 2-27 所示。

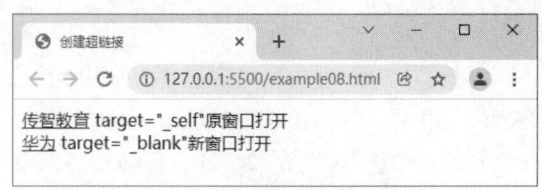

图2-25　创建超链接的效果

图2-26　在原窗口中打开链接页面

图2-27　在新窗口中打开链接页面

注意：

（1）在暂时没有确定链接目标时，通常将<a>标签的 href 属性值设置为"#"，即 href="#"，表示链接暂时为一个空链接。

（2）在网页中不仅可以创建文本超链接，而且可以为网页元素（如图像、音频、视频等）创建超链接。

2.4.2　锚点链接

如果网页内容较多、页面过长，那么浏览网页时需要不断地拖动滚动条，这很不方便。为了提高信息的检索效率，HTML5 提供了一种特殊的链接——锚点链接，通过锚点链接能够快速定位到目标内容。创建锚点链接分为以下两步。

（1）创建锚点链接对象，语法格式如下。

```
<a href="#id">链接文本</a>
```

从上述语法格式可以看出，创建锚点链接对象和创建超链接的语法格式类似，两者的差异在于创建锚点链接对象时使用的 href 属性的值为"#id"（id 是指 CSS 中 id 选择器的名称，将在第 3 章详细讲解）。

（2）创建锚点跳转目标，语法格式如下。

```
<标签 id="id">显示内容</标签>
```

在上述语法格式中，需要使用 id 标注跳转目标，此处的 id 要与创建锚点链接对象时使用的 id 一致。

下面通过一个具体的案例来演示在页面中创建锚点链接的方法，如例 2-13 所示。

例 2-13　example13.html

```
1  <!DOCTYPE html>
2  <html lang="en">
3  <head>
4      <meta charset="UTF-8">
5      <meta http-equiv="X-UA-Compatible" content="IE=edge">
6      <meta name="viewport" content="width=device-width, initial-scale=1.0">
7      <title>锚点链接</title>
8  </head>
9  <body>
10 <h2>公司德育内容:</h2>
11 <ul>
12     <li><a href="#one">1.字母A</a></li>
13     <li><a href="#two">2.字母B</a></li>
14     <li><a href="#three">3.字母C</a></li>
15     <li><a href="#four">4.字母D</a></li>
16     <li><a href="#five">5.字母E</a></li>
17 </ul>
18 <h3 id="one">1.字母A</h3>
19 <p>AAAAAAAAAAAAAAAAAAAAAAAAAAAAAAAAAAAAAAAAAAAAAAAAAAAAAAAAAAAAAAAAAAAAA
AAAAAAAAAAAAAAAAAAAAAAAAAAAAAAAAAAAAAAAAAAAAAAAAAAAAAAAAAAAAA。</p>
20 <br /><br /><br /><br /><br /><br /><br /><br /><br /><br /><br /><br /><br /><br />
21 <h3 id="two">2.字母B</h3>
22 <p>BBBBBBBBBBBBBBBBBBBBBBBBBBBBBBBBBBBBBBBBBBBBBBBBBBBBBBBBBBBBBBBBBBBBB
BBBBBBBBBBBBBBBBBBBBBBBBBBBBBBBBBBBBBBBBBBBBBBBBBBBBBBBBBBBBBBB。</p>
23 <br /><br /><br /><br /><br /><br /><br /><br /><br /><br /><br /><br /><br /><br />
24 <h3 id="three">3.字母C</h3>
25 <p>CCCCCCCCCCCCCCCCCCCCCCCCCCCCCCCCCCCCCCCCCCCCCCCCCCCCCCCCCCCCCCCCCCCCC
CCCCCCCCCCCCCCCCCCCCCCCCCCCCCCCCCCCCCCCCCCCCCCCCCCCCCCCCCCCCC。</p>
26 <br /><br /><br /><br /><br /><br /><br /><br /><br /><br /><br /><br /><br /><br />
27 <h3 id="four">4.字母D</h3>
28 <p>DDDDDDDDDDDDDDDDDDDDDDDDDDDDDDDDDDDDDDDDDDDDDDDDDDDDDDDDDDDDDDDDDDDDD
DDDDDDDDDDDDDDDDDDDDDDDDDDDDDDDDDDDDDDDDDDDDDDDDDDDDDDDDDDDDD。</p>
29 <br /><br /><br /><br /><br /><br /><br /><br /><br /><br /><br /><br /><br /><br />
30 <h3 id="five">5.字母E</h3>
31 <p>EEEEEEEEEEEEEEEEEEEEEEEEEEEEEEEEEEEEEEEEEEEEEEEEEEEEEEEEEEEEEEEEEEEEE
EEEEEEEEEEEEEEEEEEEEEEEEEEEEEEEEEEEEEEEEEEEEEEEEEEEEEEEEEEEE。</p>
32 </body>
33 </html>
```

在例 2-13 中，第 11~17 行代码用于创建锚点链接对象；第 18、21、24、27、30 行代码分别用于设置锚点跳转目标。

运行例 2-13 的代码，创建的锚点链接效果如图 2-28 所示。

图 2-28 为一个内容较长的网页，单击"公司德育内容:"下的锚点链接，会自动定位到页面中相应的内容介绍部分。例如，单击"4. 字母 D"锚点链接，页面效果如图 2-29 所示。

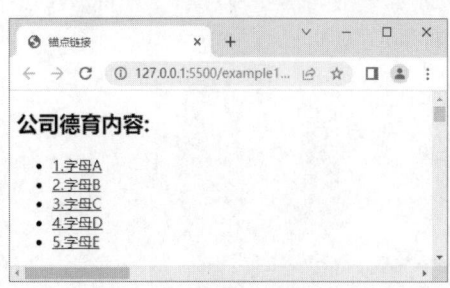

图2-28　创建的锚点链接效果

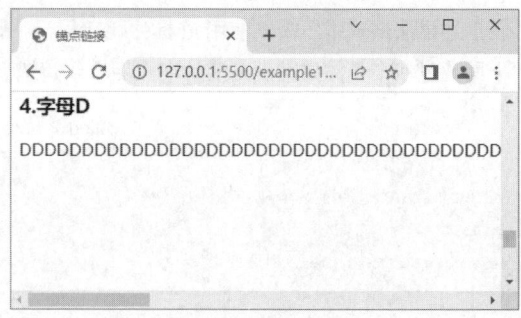

图2-29　页面效果

2.5　结构标签

结构标签是 HTML5 中新增的标签，用于丰富页面的功能结构，主要包括<header>标签、<nav>标签、<footer>标签、<article>标签等。本节将介绍常用的结构标签。

2.5.1　<header>标签

HTML5 中的<header>标签是一种具有引导作用的结构标签，可以包含所有位于页面头部的内容。此外，<header>标签也可以用来放置整个页面或页面中某个内容块的标题，还可以包含网站的 Logo 图像、表单或者其他相关内容。使用<header>标签的示例代码如下。

```html
<header>
    <h1>文字内容</h1>
    ……
</header>
```

下面通过一个案例对<header>标签的用法进行演示，如例 2-14 所示。

例 2-14　example14.html

```html
1  <!DOCTYPE html>
2  <html lang="en">
3  <head>
4      <meta charset="UTF-8">
5      <meta http-equiv="X-UA-Compatible" content="IE=edge">
6      <meta name="viewport" content="width=device-width, initial-scale=1.0">
7      <title>header 标签</title>
8  </head>
9  <body>
10     <header>
11         <h1>秋天的味道</h1>
12         <h3>你想不想知道秋天的味道？它既是甜的，
也是苦的，还是涩的。</h3>
13     </header>
14 </body>
15 </html>
```

在例 2-14 中，第 10～13 行代码使用<header>标签嵌套<h1>标签和<h3>标签。

运行例 2-14 的代码，效果如图 2-30 所示。

图2-30　例2-14代码的运行效果

在一个 HTML5 网页中，可以使用多个<header>标签，也可以为每一个内容块添加<header>标签。在学习完 CSS 后，也可以使用 CSS 为<header>标签或其他结构标签添加 CSS 样式。

2.5.2　<nav>标签

<nav>标签是 HTML5 中新增的标签，用于定义导航链接。使用<nav>标签可以将具有导航性质的链接集中在一个区域中，使页面元素的语义更加明确。<nav>标签的使用方法与普通标签类似，具体示例代码如下。

```
<nav>
  <ul>
    <li><a href="#">首页</li>
    <li><a href="#">公司概况</li>
    <li><a href="#">产品展示</li>
    <li><a href="#">联系我们</li>
  </ul>
</nav>
```

上述代码通过在<nav>标签内部嵌套无序列表来搭建导航结构。通常一个 HTML5 页面中可以包含多个<nav>标签，以作为页面整体或页面中不同内容块的导航。<nav>标签通常用于设置以下导航。

- 传统导航条：通常显示在页面上方，用于跳转到网站的其他页面，常见于企业网站。
- 侧边栏导航：通常显示在页面左侧，用于跳转到文章页面、商品页面等，常见于博客网站或电商网站。
- 页内导航：通常显示在页面内容区域或页面底部，用于在同一页面的不同内容块之间进行跳转，各类网站中均比较常见。
- 翻页导航：通常显示在页面底部，用于进行翻页操作，可以单击"上一页"或"下一页"等相关按钮进行翻页，也可以通过设置页数跳转到指定的页面，常见于信息量较大的电商网站或门户网站。

此外，<nav>标签也可以用于导航链接组中。需要注意的是，并不是所有的导航链接都要放进<nav>标签中，只需要将主要的导航链接放进<nav>标签中即可。

2.5.3　<footer>标签

<footer>标签用于定义一个页面或者页面中某部分的底部内容。它可以包含所有页面底部的内容。与<header>标签类似，一个页面中可以包含多个<footer>标签。也可以在<article>标签或者<section>标签中添加<footer>标签。使用<footer>标签的示例代码如下。

```
<footer>
    页面或页面中某部分的底部内容
</footer>
```

2.5.4　<article>标签

<article>标签用于定义文件、页面或者应用程序中与上下文不相关的独立部分，例如日志、新闻或用户评论等。<article>标签通常有自己的标题（可以放在<header>标签中）和脚注（可以放在<footer>标签中）。使用<article>标签的示例代码如下。

```
<article>
  <header>
    <h1>秋天的味道</h1>
    <p>你想不想知道秋天的味道？它既是甜的，也是是苦的，还是涩的。</p>
  </header>
  <footer>
```

```
        <p>著作权归××××××公司所有。</p>
    </footer>
</article>
```

需要注意的，上述示例代码中缺少主体内容。主体内容通常写在<header>标签和<footer>标签之间，并通过多个<section>标签进行划分。一个页面中可以有多个<article>标签，并且<article>标签可以嵌套使用。

2.5.5 <section>标签

<section>标签用于定义一段专题内容，一般有自己的标题。例如，一篇新闻报道有自己的标题和内容，因此可以使用<article>标签定义。如果该新闻报道的内容太长，分为好多个段落，并且每个段落都有自己的小标题，这时就可以使用<section>标签来定义段落。在使用<section>标签时，需要注意以下几点。

- <section>标签具有语义化（语义化是指让标签有自己的含义，方便解读）的特点。若只是为了样式化或者方便脚本使用，应该使用无语义化的标签。

- 如果使用<article>标签、<aside>标签或<nav>标签更合适，则无须使用<section>标签。

- 没有标题的内容不要使用<section>标签。

- <section>标签和<article>标签可以互相嵌套，没有上下级关系。<section>标签中可以包含<article>标签，<article>标签中也可以包含<section>标签。

下面通过一个案例对<section>标签的用法进行演示，如例 2-15 所示。

例 2-15   example15.html

```
1  <!DOCTYPE html>
2  <html lang="en">
3  <head>
4      <meta charset="UTF-8">
5      <meta http-equiv="X-UA-Compatible" content="IE=edge">
6      <meta name="viewport" content="width=device-width, initial-scale=1.0">
7      <title>Section 标签</title>
8  </head>
9  <body>
10     <article>
11         <header>
12             <h2>小张的个人介绍</h2>
13         </header>
14         <p>小张是一个好学生，并且是一个男生。</p>
15         <section>
16             <h2>评论</h2>
17             <article>
18                 <h3>评论者：A</h3>
19                 <p>小张爱打球。</p>
20             </article>
21             <article>
22                 <h3>评论者：B</h3>
23                 <p>小张学习好。</p>
24             </article>
25         </section>
26     </article>
27 </body>
28 </html>
```

在例 2-15 中，第 11～13 行代码的<header>标签用来定义文章的标题；第 15～25 行代码的<section>标签用来定义对小张的评论内容；第 17～20 行代码和第 21～24 行代码的<article>标签用来划分由<section>标签定义的内容，将其分为两个部分。

运行例 2-15 的代码，效果如图 2-31 所示。

需要说明的是，<article>标签可以看作一种特殊的<section>标签，它比<section>标签更具独立性。<section>标签强调分段或分块，<article>标签强调独立性。如果一块内容比较独立、完整，应该使用<article>标签；如果想将一块内容分成多段，应该使用<section>标签。

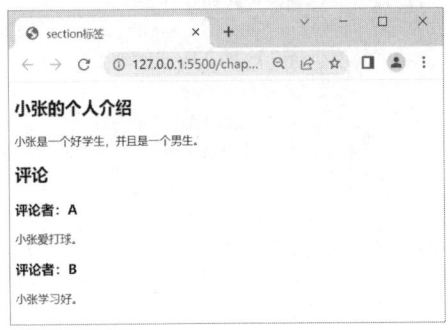

图2-31　例2-15代码的运行效果

2.5.6　<aside>标签

<aside>标签用来定义当前页面或者页面中主要内容的附属信息部分。它可以包含与当前页面或页面中主要内容相关的引用、侧边栏、广告、导航条等有别于主要内容的部分。<aside>标签的用法主要有以下两种。

- <aside>标签包含在<article>标签内，用于定义主要内容的附属信息部分。
- <aside>标签在<article>标签之外使用，用于定义页面或网站的附属信息部分，其常见的形式是侧边栏。

使用<aside>标签的示例代码如下。

```
1  <article>
2      <header>
3          <h1>标题</h1>
4      </header>
5      <section>文章主要内容</section>
6      <aside>文章的其他相关信息</aside>
7  </article>
8  <aside>侧边栏</aside>
```

在上述示例代码中，定义了两个<aside>标签，第 1 个<aside>标签（第 6 行代码）位于<article>标签中，用于添加文章的其他相关信息；第 2 个<aside>标签（第 8 行代码）用于定义页面的侧边栏内容。

2.5.7　<figure>标签和<figcaption>标签

<figure>标签用于定义独立的网页内容，例如图像、表格、照片、代码等。<figure>标签中的内容应该与网页内容相关，但如果删除<figure>标签中的内容，则不应对文档流产生影响。<figcaption>标签嵌套在<figure>标签中，用于为<figure>标签添加标题。一个<figure>标签内最多允许使用一个<figcaption>标签，并且<figcaption>标签应该放在<figure>标签的第 1 个或者最后一个子标签的位置。

下面通过一个案例对<figure>标签和<figcaption>标签的用法进行演示，如例 2-16 所示。

例 2-16　example16.html

```
1  <!DOCTYPE html>
2  <html lang="en">
3  <head>
4      <meta charset="UTF-8">
5      <meta http-equiv="X-UA-Compatible" content="IE=edge">
6      <meta name="viewport" content="width=device-width, initial-scale=1.0">
7      <title> figure 标签和 figcaption 标签</title>
8  </head>
```

```
9  <body>
10     <p>被称作"第四代体育馆"的"鸟巢"国家体育场是 2008 年北京奥运会的标志性建筑，它位于北京北四
环附近，包含在奥林匹克森林公园之中。它的占地面积为 20.4 万平方米，总建筑面积为 25.8 万平方米，拥有 9.1
万个固定座位，内设餐厅、运动员休息室、更衣室等。在 2008 年奥运会期间，开幕式、闭幕式、田径比赛、男子足
球决赛等赛事活动均在"鸟巢"举办。</p>
11     <figure>
12         <figcaption>北京鸟巢</figcaption>
13         <p>拍摄者：小高。拍摄时间：2022 年 12 月</p>
14         <img src="images/niaochao.png">
15     </figure>
16 </body>
17 </html>
```

在例 2-16 中，第 11～15 行代码使用<figure>标签定义内容；第 12 行代码使用<figcaption>标签定义一个
标题。

运行例 2-16 的代码，效果如图 2-32 所示。

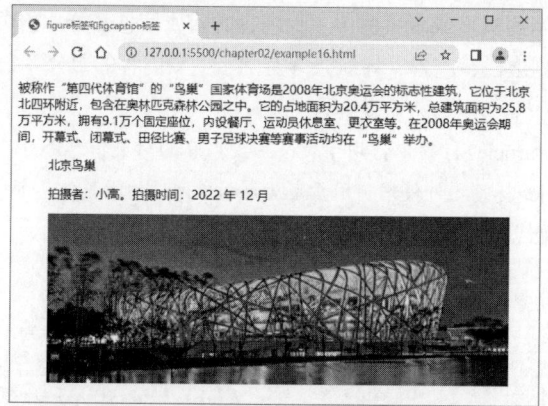

图2-32　例2-16代码的运行效果

注意：

本书中默认显示的引号不是规范的中文引号，可以通过代码改变中文引号样式。

2.5.8 <hgroup>标签

<hgroup>标签用于将多个标题（主标题、副标题或子标题）组成一个标题组，通常与<h1>～<h6>标题标
签组合使用。使用<hgroup>标签不会改变标题的样式，在使用<hgroup>标签时需要注意以下几点。

● 如果只有一个标题标签，则不建议使用<hgroup>标签。

● 当一个标题标签中包含其他标题标签、<section>标签或者<article>标签时，通常将<hgroup>标签和以
上标签放到<header>标签中。

下面通过一个案例对<hgroup>标签的用法进行演示，如例 2-17 所示。

例 2-17　example17.html

```
1  <!DOCTYPE html>
2  <html lang="en">
3  <head>
4      <meta charset="UTF-8">
5      <meta http-equiv="X-UA-Compatible" content="IE=edge">
6      <meta name="viewport" content="width=device-width, initial-scale=1.0">
```

```
7        <title>hgroup 标签</title>
8    </head>
9    <body>
10       <hgroup>
11           <h1>我的个人网站</h1>
12           <h2>我的个人作品</h2>
13       </hgroup>
14       <p>开心快乐每一天</p>
15   </body>
16   </html>
```

在例 2-17 中，第 10～13 行代码使用<hgroup>标签对一
级标题和二级标题进行分组。

运行例 2-17 的代码，效果如图 2-33 所示。

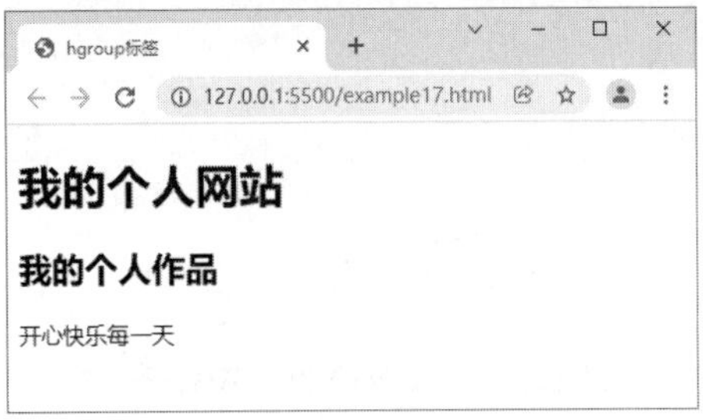

图2-33　例2-17代码的运行效果

2.6　页面交互标签

HTML5 中新增了一些页面交互标签，例如<details>标签、<summary>标签等。使用页面交互标签可以通过用户操作或图文展示给用户带来良好的体验，极大地丰富了网页内容的展现形式。本节将对 HTML5 中一些常用的页面交互标签进行详细讲解。

2.6.1　<details>标签和<summary>标签

使用<details>标签可以在网页中实现让一段文字或标题包含隐藏的信息。在使用<details>标签时，可以在其中嵌入<summary>标签。<summary>标签可以作为<details>标签的第 1 个子标签，用于为<details>标签定义标题。单击由<summary>标签定义的标题，会显示或隐藏<details>标签中的非标题内容。

下面通过一个案例对<details>标签和<summary>标签的用法进行演示，如例 2-18 所示。

例2-18　example18.html

```
1    <!DOCTYPE html>
2    <html lang="en">
3    <head>
4        <meta charset="UTF-8">
5        <meta http-equiv="X-UA-Compatible" content="IE=edge">
6        <meta name="viewport" content="width=device-width, initial-scale=1.0">
7        <title>details 标签和 summary 标签</title>
8    </head>
9    <body>
10       <details>
11           <summary>显示列表</summary>
12           <ul>
13               <li>列表 1</li>
14               <li>列表 2</li>
15           </ul>
16       </details>
17   </body>
18   </html>
```

在例 2-18 中，第 10～16 行代码使用<details>标签和<summary>标签创建了一个可折叠的列表。

运行例 2-18 的代码，效果如图 2-34 所示。

单击"显示列表"，效果如图 2-35 所示。

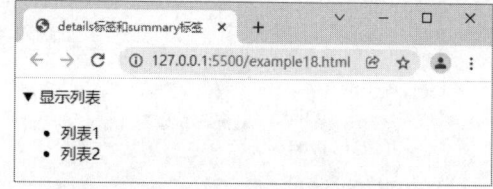

图2-34   例2-18代码的运行效果   图2-35   展开"显示列表"的效果

再次单击"显示列表"，会隐藏"列表 1"和"列表 2"。

2.6.2 \<progress\>标签

\<progress\>标签用来定义进度条，可以配合 JavaScript 代码实现进度条动画效果。\<progress\>标签的语法格式如下。

```
<progress 属性="属性值"></progress>
```

由上述语法格式可知，\<progress\>标签通过属性和属性值来设置进度条的进度。\<progress\>标签的属性有两个，分别为 value 和 max，具体介绍如下。

- value：已经完成的进度，其值为数字。
- max：全部完成的进度，其值为数字。

需要注意的是 value 和 max 属性的值必须大于 0，且 value 属性的值要小于等于 max 属性的值。在\<progress\>标签中可以放置文本内容，但放置的文本内容不会在浏览器中显示。

下面通过一个案例对\<progress\>标签的用法进行演示，如例 2-19 所示。

例 2-19   example19.html

```
1  <!DOCTYPE html>
2  <html lang="en">
3  <head>
4      <meta charset="UTF-8">
5      <meta http-equiv="X-UA-Compatible" content="IE=edge">
6      <meta name="viewport" content="width=device-width, initial-scale=1.0">
7      <title>progress 标签</title>
8  </head>
9  <body>
10     <h1>我的工作进度</h1>
11     <p><progress value="50" max="100" ></progress></p>
12 </body>
13 </html>
```

在例 2-19 中，第 11 行代码使用\<progress\>标签设置工作进度条。

运行例 2-19 的代码，效果如图 2-36 所示。

2.6.3 \<meter\>标签

\<meter\>标签用来定义给定范围内的数据，例如磁盘用量、考试及格率等。在网页中，\<meter\>标签的显示效果类似于进度条，但是\<meter\>标签不能用来定义进度条。定义进度条需要使用\<progress\>标签。\<meter\>标签的语法格式如下。

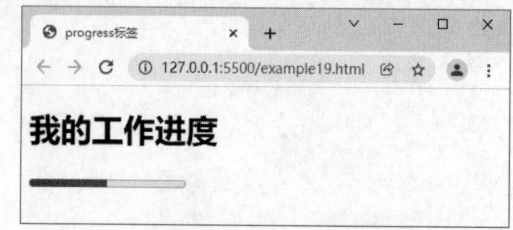

图2-36   例2-19代码的运行效果

```
<meter 属性="属性值"></meter>
```

由上述语法格式可知，<meter>标签通过属性和属性值来设置数据显示范围。<meter>标签的常用属性及其说明如表2-8 所示。

表2-8　<meter>标签的常用属性及其说明

属性	说明
value	实际数据。如果不指定该数据，那么<meter>标签中的第 1 个数字会被看作实际数据，如果<meter>标签内没有数字，那么实际数据默认为 0
min	数据范围的最小值
max	数据范围的最大值
low	数据衡量标准的最小值
high	数据衡量标准的最大值
optimum	最佳数值。如果该值大于 high 属性的值，则意味着数值越大越好；如果该值小于 low 属性的值，则意味着数值越小越好

下面通过一个学生成绩展示案例对<meter>标签的用法进行演示。在该案例中，试卷满分为 100 分，因此学生的成绩范围为 0（min）～100（max），及格分数为 60 分（low），优秀分数为 80 分（hight）。具体如例 2-20 所示。

例2-20　example20.html

```
1  <!DOCTYPE html>
2  <html lang="en">
3  <head>
4      <meta charset="UTF-8">
5      <meta http-equiv="X-UA-Compatible" content="IE=edge">
6      <meta name="viewport" content="width=device-width, initial-scale=1.0">
7      <title>meter 标签</title>
8  </head>
9  <body>
10     <h1>学生成绩列表</h1>
11     <p>
12         小红：<meter value="65" min="0" max="100" low="60" high="80" title="65 分"
   optimum="100">65</meter><br/>
13         小明：<meter value="80" min="0" max="100" low="60" high="80" title="80 分"
   optimum="100">80</meter><br/>
14         小李：<meter value="75" min="0" max="100" low="60" high="80" title="75 分"
   optimum="100">75</meter><br/>
15     </p>
16 </body>
17 </html>
```

在例 2-20 中，第 12～14 行代码使用<meter>标签定义成绩衡量标准。

运行例 2-20 的代码，效果如图 2-37 所示。

2.7　全局属性

在 HTML5 中，全局属性是指任何 HTML5 标签都可以使用的属性。HTML5 中的全局属性有 draggable、hidden、contenteditable 等，本节将对常用全局属性进

图2-37　例2-20代码的运行效果

行具体讲解。

2.7.1 draggable 属性

draggable 属性用来设置页面元素是否可以拖动。该属性有两个值——true 和 false，具体介绍如下。

- 当 draggable 属性的值为 true 时，表示元素选中之后可以进行拖动操作。
- 当 draggable 属性的值为 false 时，表示不能对元素进行拖动操作。draggable 属性的默认值为 false。

需要注意的是，draggable 属性必须配合 JavaScript 代码才能实现元素拖动。下面通过一个案例对 draggable 属性的用法进行演示，如例 2-21 所示。

例 2-21   example21.html

```
1  <!DOCTYPE html>
2  <html lang="en">
3  <head>
4      <meta charset="UTF-8">
5      <meta http-equiv="X-UA-Compatible" content="IE=edge">
6      <meta name="viewport" content="width=device-width, initial-scale=1.0">
7      <title>draggable 属性</title>
8  <style type="text/css">
9      #div1 {width:350px;height:250px;padding:10px;border:1px solid #aaaaaa;}
10 </style>
11 <script type="text/javascript">
12     function allowDrop(ev)
13     {
14     ev.preventDefault();
15     }
16     function drag(ev)
17     {
18     ev.dataTransfer.setData("Text",ev.target.id);
19     }
20     function drop(ev)
21     {
22     var data=ev.dataTransfer.getData("Text");
23     ev.target.appendChild(document.getElementById(data));
24     ev.preventDefault();
25     }
26 </script>
27 </head>
28 <body>
29 <div id="div1" ondrop="drop(event)" ondragover="allowDrop(event)"></div>
30 <img src="images/shuiguo.png" id="drag1" draggable="true" ondragstart="drag(event)">
31 </body>
32 </html>
```

在例 2-21 中，第 30 行代码通过 draggable="true"设置图像可拖动。此处其他代码的含义不必了解，本案例重点展示 draggable 属性的用法及作用。

运行例 2-21 的代码，效果如图 2-38 所示。

将拖动图像至图 2-38 所示的线框区域，效果如图 2-39 所示。

图2-38 例2-21代码的运行效果（1）

图2-39 例2-21代码的运行效果（2）

2.7.2 hidden 属性

hidden 属性用于隐藏页面元素，其值为 hidden，在 HTML5 中可以直接省略该值。当为页面元素设置 hidden 属性时，页面元素会被隐藏。

与 draggable 属性类似，hidden 属性可以配合 JavaScript 代码使用。使用 JavaScript 代码可以取消设置 hidden 属性，使页面元素变为可见状态，同时使页面元素中的内容显示出来。hidden 属性也可以直接应用到标签中，实现隐藏效果。例如，为<p>标签设置 hidden 属性，示例代码如下。

```
<p hidden>日啖荔枝三百颗，不辞长作岭南人。</p>
<p>日啖荔枝三百颗，不辞长作岭南人。</p>
```

在上述示例代码中，第 1 个<p>标签设置了 hidden 属性，第 2 个<p>标签未设置 hidden 属性。

运行上述示例代码，效果如图 2-40 所示。

从图 2-40 可以看到，页面中只显示一行文本，设置 hidden 属性的文本被隐藏了。

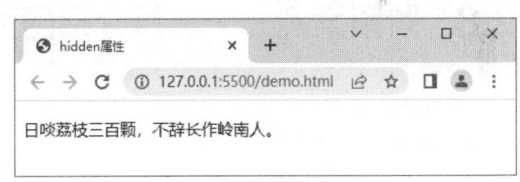

图2-40 示例代码的运行效果

2.7.3 contenteditable 属性

contenteditable 属性用于指定网页内容是否可以编辑。在 HTML5 之前的版本中如果想要编辑网页内容，需要编写比较复杂的 JavaScript 代码。但是在 HTML5 中，只要设置 contenteditable 属性即可。contenteditable 属性有两个值——true 和 false，其中 true 表示网页内容可编辑，false 表示网页内容不可编辑。

下面通过一个案例演示 contenteditable 属性的用法，如例 2-22 所示。

例 2-22 example22.html

```
1  <!DOCTYPE html>
2  <html lang="en">
3  <head>
4      <meta charset="UTF-8">
5      <meta http-equiv="X-UA-Compatible" content="IE=edge">
6      <meta name="viewport" content="width=device-width, initial-scale=1.0">
```

```
7      <title>contenteditable 属性</title>
8   </head>
9   <body>
10      <h3>可编辑列表</h3>
11      <ul contenteditable="true">
12          <li>列表 1</li>
13          <li>列表 2</li>
14          <li>列表 3</li>
15      </ul>
16  </body>
17  </html>
```

在例 2-22 中，第 11 行代码为<ul>标签设置 contenteditable 属性，将无序列表设置为可编辑状态。

运行例 2-22 的代码，效果如图 2-41 所示。

直接在浏览器中修改图 2-41 所示的列表项内容，修改内容后的效果如图 2-42 所示。

图2-41 例2-22代码的运行效果

图2-42 修改内容后的效果

注意:

如果网页内容为只读，那么即使使用 contenteditable 属性也不能编辑网页内容。

2.8 阶段案例——影片介绍网页

本节将运用 HTML5 标签和属性的相关知识，分步骤完成影片介绍网页的制作。影片介绍网页的效果如图 2-43 所示。

图2-43 影片介绍网页的效果

单击"热播电影"，会展开相应的下拉列表，如图 2-44 所示；再次单击"热播电影"，下拉列表收缩。

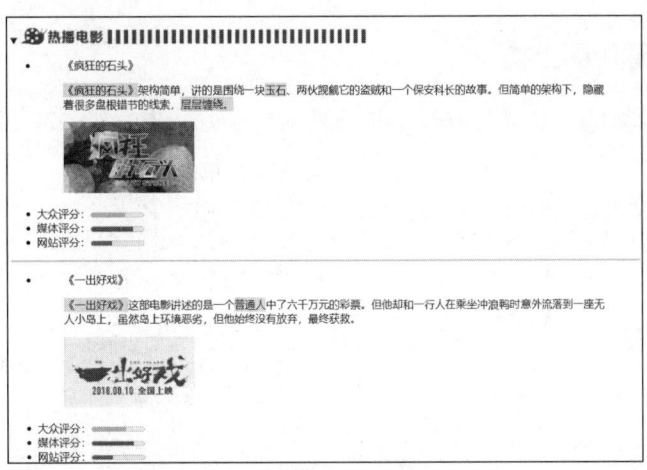

图2-44　"热播电影"下拉列表

单击"好评电影"，会展开相应的下拉列表，如图 2-45 所示；再次单击"好评电影"，下拉列表收缩。

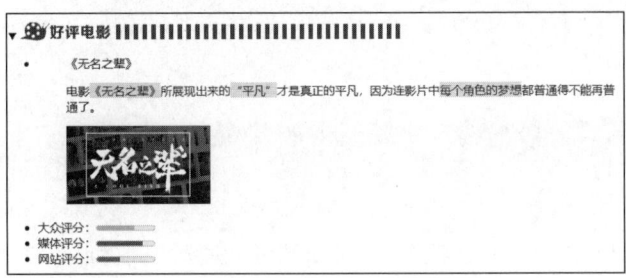

图2-45　"好评电影"下拉列表

2.8.1　分析效果图

本网页可以分为 3 个部分：头部、导航和内容，具体如图 2-46 所示。

图2-46　网页的结构

头部由<header>标签定义，并通过<img />标签插入图片。导航由<nav>标签定义，其内部嵌套无序列表标签<ul>。此外每一个导航链接都是一张图片，可以通过<img />标签插入导航图片。内容由<article>标签定义，"热播电影"和"好评电影"两部分可折叠，可以使用<details>标签和<summary>标签定义。每部电影的评分标准可以使用<meter>标签来定义。

2.8.2　搭建页面结构

根据 2.8.1 小节的分析，使用相应的 HTML5 标签来搭建页面结构，如例 2-23 所示。

例 2-23　example23.html

```
1  <!DOCTYPE html>
2  <html lang="en">
3  <head>
4  <meta charset="UTF-8">
5  <meta http-equiv="X-UA-Compatible" content="IE=edge">
6  <meta name="viewport" content="width=device-width, initial-scale=1.0">
7  <title>影片介绍网页</title>
8  </head>
9  <body>
10 <!--header begin-->
11 <header></header>
12 <!--header end-->
13 <!--nav begin-->
14 <nav></nav>
15 <!--nav end-->
16 <!--article begin-->
17 <article></article>
18 <!--article end-->
19 </body>
20 </html>
```

在例 2-23 中，第 11、14、17 行代码分别用于定义页面的头部、导航和内容部分。下面分步骤实现页面的制作。

1. 制作头部

在 example23.html 中添加头部的结构代码，具体代码如下。

```
1  <!--header begin-->
2  <header>
3      <h2 align="center">电影影评网</h2>
4      <p align="center">
5          <img src="images/banner.jpg">
6      </p>
7  </header>
8  <!--header end-->
```

在上述代码中，第 5 行代码用于插入影片介绍网页的 banner 图片。

保存并运行 example23.html 中的代码，头部的效果如图 2-47 所示。

图2-47　头部的效果

2. 制作导航链接

在 example23.html 中添加导航链接的相关代码，具体代码如下。

```
<!--nav begin-->
<nav>
    <P align="center">
        <img src="images/nav1.jpg">
        <img src="images/nav2.jpg">
        <img src="images/nav3.jpg">
        <img src="images/nav4.jpg">
        <img src="images/nav5.jpg">
    </P>
</nav>
<!--nav end-->
```

保存并运行 example23.html 中的代码，导航链接的效果如图 2-48 所示。

图2-48　导航链接的效果

3. 制作内容区域

在 example23.html 中添加内容区域的结构代码，具体代码如下。

```
1  <!--article begin-->
2  <article>
3      <details>
4          <summary ><img src="images/111.png"></summary>
5          <ul contenteditable="true" >
6              <li>
7                  <figure>
8                      <figcaption>《疯狂的石头》</figcaption>
9                      <p><mark>《疯狂的石头》</mark>架构简单，讲的是围绕一块<mark>玉石</mark>、
两伙觊觎它的盗贼和一个保安科长的故事。但简单的故事架构下，隐藏着很多盘根错节的线索，<mark>层层缠绕。
</mark>
10                     </p>
11                     <img src="images/444.jpg">
12                 </figure>
13             </li>
14             <li>
15                 大众评分：<meter value="65" min="0" max="100" low="60" high="80" title=
"65分" optimum="100">65</meter>
16             </li>
17             <li>
18                 媒体评分：<meter value="80" min="0" max="100" low="60" high="80" title=
"80分" optimum="100">80</meter>
19             </li>
20             <li>
21                 网站评分：<meter value="40" min="0" max="100" low="60" high="80" title=
"40分" optimum="100">40</meter>
22             </li>
23         </ul>
24         <hr size="3" color="#ccc">
```

```
25          <ul contenteditable="true" >
26              <li>
27                  <figure>
28                      <figcaption>《一出好戏》</figcaption>
29                      <p><mark>《一出好戏》</mark>这部电影讲述的是一个<mark>普通人</mark>中了六
千万元的彩票，但他却和一行人在乘坐冲浪鸭时意外流落到一座无人小岛上，虽然岛上环境恶劣，但他始终没有放弃，
最终获救。</p>
30                      <img src="images/555.jpg">
31                  </figure>
32              </li>
33              <li>
34                  大众评分：<meter value="65" min="0" max="100" low="60" high="80" title=
"65 分" optimum="100">65</meter>
35              </li>
36              <li>
37                  媒体评分：<meter value="80" min="0" max="100" low="60" high="80" title=
"80 分" optimum="100">80</meter>
38              </li>
39              <li>
40                  网站评分：<meter value="40" min="0" max="100" low="60" high="80"
title="40 分" optimum="100">40</meter>
41              </li>
42          </ul>
43  </details>
44  <details>
45      <summary><img src="images/222.png"></summary>
46      <ul contenteditable="true" >
47          <li>
48              <figure>
49                  <figcaption>《无名之辈》</figcaption>
50                  <p>电影<mark>《无名之辈》</mark>所展现出来的<mark>"平凡"</mark>才是真正
的平凡，因为连影片中<mark>每个角色的梦想</mark>都普通得不能再普通了。</p>
51                  <img src="images/666.jpg">
52              <figure>
53          </li>
54          <li>
55                  大众评分：<meter value="65" min="0" max="100" low="60" high="80" title=
"65 分" optimum="100">65</meter>
56          </li>
57          <li>
58                  媒体评分：<meter value="80" min="0" max="100" low="60" high="80"
title="80 分" optimum="100">80</meter>
59          </li>
60          <li>
61                  网站评分：<meter value="40" min="0" max="100" low="60" high="80" title=
"40 分" optimum="100">40</meter>
62          </li>
63      </ul>
64      <hr size="3" color="#ccc">
65  </details>
66 </article>
67 <!--article end-->
```

上述代码共添加了 3 部电影的相关信息，分别由<details>标签定义，标题部分由<summary>标签定义。

保存并运行 example23.html 中的代码，内容区域的效果如图 2-49 所示。

图2-49　内容区域的效果

单击"热播电影"，显示"热播电影"下拉列表，如图 2-50 所示。

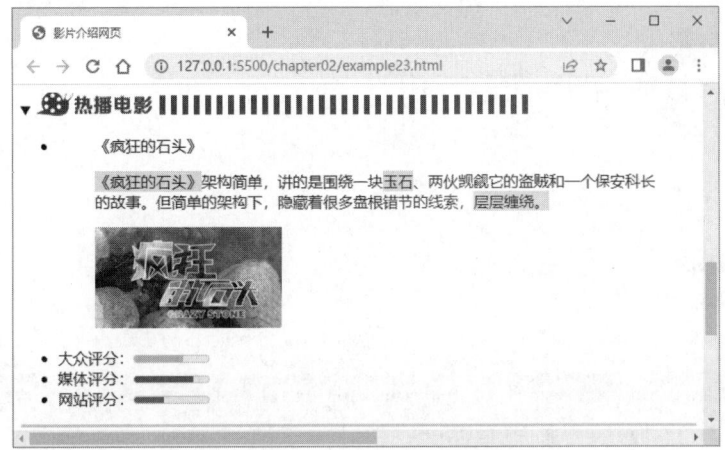

图 2-50　"热播电影"下拉列表

单击"好评电影"，显示"好评电影"下拉列表，如图 2-51 所示。

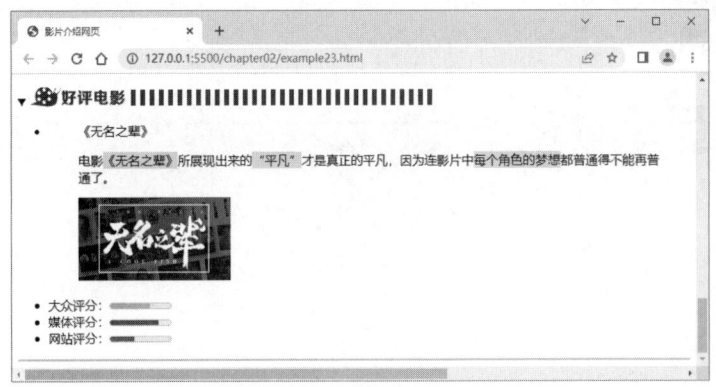

图 2-51　"好评电影"下拉列表

至此，本章的阶段案例完成。通过对本案例的学习，相信读者已经对 HTML5 的标签和属性有了进一步的认识，并能够运用所学知识实现一些简单的页面效果。

本章小结

本章重点介绍了 HTML5 的常用标签和属性，包括文本控制标签、图像标签、列表标签、超链接标签、结构标签、页面交互标签和全局属性；并通过"影片介绍网页"这个阶段案例进一步讲解了 HTML5 标签和属性的用法。

HTML5 的标签还有很多，在后文中将根据知识结构继续介绍。读者通过对本章的学习，能够加深对 HTML5 的理解，为后面的学习打下扎实的基础。

动手实践

学习完本章的内容，下面来动手实践一下。

请结合所给素材，运用 HTML5 标签和属性实现图 2-52 所示的效果。

我的心灵小屋

- 文章精选
- 内容收藏
- 心情列表

文章精选

《致橡树》

我如果爱你——绝不像攀援的凌霄花，借你的高枝炫耀自己；我如果爱你——绝不学痴情的鸟儿，为绿荫重复单调的歌曲；也不止像泉源，常年送来清凉的慰藉；也不止像险峰，增加你的高度，衬托你的威仪。甚至日光，甚至春雨。不，这些都还不够！我必须是你近旁的一株木棉，作为树的形象和你站在一起。根，紧握在地下；叶，相触在云里。每一阵风过，我们都互相致意，但没有人，听懂我们的言语。你有你的铜枝铁干，像刀，像剑，也像戟；我有我红硕的花朵，像沉重的叹息，又像英勇的火炬。我们分担寒潮、风雷、霹雳；我们共享雾霭、流岚、虹霓。仿佛永远分离，却又终身相依。这才是伟大的爱情，坚贞就在这里：爱——不仅爱你伟岸的身躯，也爱你坚持的位置，足下的土地。

▶ 显示更多

心灵成长值

今日：━━━━80%

图2-52　参考效果

第3章

CSS3入门

学习目标

★ 了解 CSS 的作用，能够列举 CSS 的应用示例。

★ 熟悉 CSS 的发展历史，能够厘清 CSS1、CSS2、CSS3 三者的关系。

★ 掌握 CSS 的样式规则，能够按照 CSS 样式规则正确编写 CSS 样式代码。

★ 掌握 CSS 样式表的引入方式，能够在网页中引入 CSS 样式。

★ 掌握 CSS 基础选择器的用法，能够使用 CSS 基础选择器设置不同的网页样式。

★ 掌握字体样式属性的用法，能够在网页中设置不同的字体样式。

★ 掌握文本外观属性的用法，能够在网页中设置不同的文本样式。

★ 熟悉列表样式属性的用法，能够清除网页中默认的列表项目符号。

★ 了解 CSS 的层叠性和继承性的特点，能够运用 CSS 的层叠性和继承性优化网页代码结构。

★ 掌握 CSS 优先级的特点，能够对 CSS 基础选择器进行优先级排序。

随着网页制作技术的不断发展，仅仅依靠 HTML 设置的样式已经无法满足网页设计的需求。CSS 能够在不改变原有 HTML 结构的情况下实现更加丰富的样式效果，例如更多样的字体、更绚丽的图形动画等，这极大地满足了网页设计的需求。本章将主要讲解 CSS3 的基础知识。

3.1 CSS 概述

本节将从认识 CSS 和 CSS 的发展历史两个方面对 CSS 进行简单介绍。

3.1.1 认识 CSS

CSS 以 HTML 为基础，能对网页进行多种样式操作，例如字体、颜色、背景的控制及网页整体的布局和排版等。图 3-1 为某教育网站的信息展示模块。

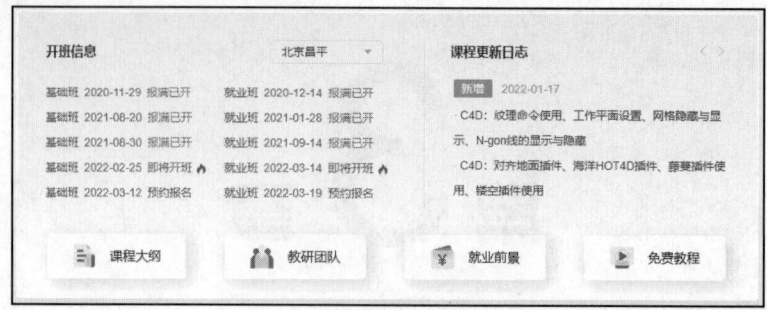

图3-1　某教育网站的信息展示模块

图 3-1 所示的文字的颜色、粗体、背景、行间距和页面布局等都可以通过 CSS 进行控制。CSS 非常灵活，既可以嵌入 HTML 文件中，也可以作为一个独立的外部文件。如果 CSS 作为独立的文件，则它必须以.css 为扩展名。

图 3-2 所示的代码为嵌入 HTML 文件中的 CSS 代码。

```
<!doctype html>
<html>
<head>
<meta charset="utf-8">
<title>我的第一个网页</title>
<style>
        p{
            font-size:36px;          CSS样式代码
            color:red;
            text-align:center;
        }
</style>
</head>
<body>
<p>这是我的第一个网页。</p>          HTML代码
</body>
</html>
```

图3-2　嵌入HTML文件中的CSS代码

在图 3-2 中，虽然 CSS 代码与 HTML 代码在同一个文件中，但 CSS 代码集中在 HTML 文件的头部，以实现网页结构与网页样式的分离。

如今大多数网页都是遵循 Web 标准开发的，即用 HTML 编写网页结构和内容，用 CSS 控制页面布局、文本或图片的显示样式。通过更改 CSS 样式代码，可以轻松控制网页的样式，而不用修改网页的结构。而且通过浏览器私有前缀，还可以针对不同的浏览器设置不同的 CSS 样式。

3.1.2　CSS 的发展历史

20 世纪 90 年代初，HTML 诞生，各种形式的修饰样式也随之出现。CSS 发展至今主要历经了 4 个版本，具体介绍如下。

- CSS1。1996 年 12 月，W3C 发布了第一个有关样式的标准 CSS1。这个版本包含颜色属性、文字属性等 CSS 样式属性。
- CSS2。1998 年 5 月，CSS2 正式推出，这个版本开始使用样式表结构。
- CSS2.1。2004 年 2 月，CSS2.1 正式推出。它在 CSS2 的基础上删除了许多浏览器不支持的属性。
- CSS3。早在 2001 年，W3C 就着手开发 CSS 第 3 版规范，也就是 CSS3。CSS3 是目前 CSS 的最新版本，在 CSS2.1 的基础上增加了很多强大的新功能，例如过渡、变形、动画等效果。使用 CSS3 不仅可以设计炫酷、美观的网页，而且可以提高网页性能。本书后续的所有页面样式都将使用 CSS3 进行设置。

3.2　CSS 基础

本节将从 CSS 样式规则、引入 CSS 样式表、CSS 基础选择器 3 个方面详细讲解 CSS 的基础知识。

3.2.1　CSS 样式规则

要想使用 CSS 对网页进行修饰，需要遵循 CSS 样式规则。CSS 样式规则如下。

选择器{属性 1:属性值 1; 属性 2:属性值 2; 属性 3:属性值 3;}

在上述样式规则中，选择器用于指定需要改变样式的 HTML 标签；大括号内部是一条或多条声明，每条声明由一个属性和属性值组成，属性和属性值以键值对的形式出现。其中，属性表示为指定标签设置的样式类型，属性值表示样式的最终效果。属性和属性值用英文冒号 ":" 连接，多个声明用英文分号 ";" 进行分隔。图 3-3 为 CSS 样式规则的结构示例。

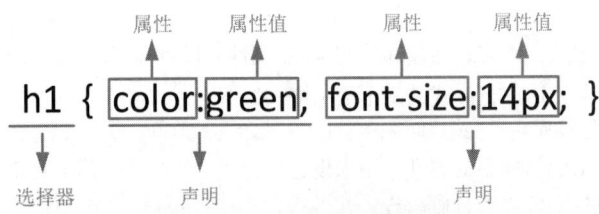

图3-3　CSS样式规则的结构示例

图 3-3 所示的代码就是一个完整的 CSS 样式。其中，h1 为选择器，表示 CSS 样式作用的 HTML 对象为 <h1>标签；color 和 font-size 为 CSS 属性，分别表示颜色和字号；green 和 14px 分别是 color 和 font-size 属性的值。该 CSS 样式实现的效果是页面中一级标题的字号为 14px、颜色为绿色，如图 3-4 所示。

需要说明的是，在编写 CSS 样式代码时，除了要遵循 CSS 样式规则外，还必须注意 CSS 代码结构的特点。CSS 代码结构具有以下特点。

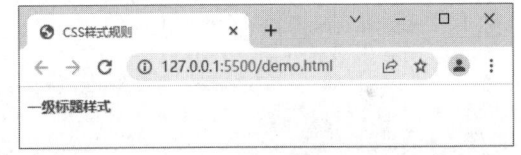

图3-4　CSS样式实现的效果

- CSS 样式中的选择器严格区分大小写，而声明不区分大小写，因此选择器和声明一般采用小写。

- 若有多个声明，则必须用英文分号 ";" 隔开，最后一个声明后的英文分号可以省略，但是为了便于增加新声明，最好保留最后一个声明后的英文分号。

- 如果属性值由多个单词组成且中间包含空格，则必须将这个属性值用英文引号 """" 引起来。示例代码如下。

```
p{font-family:"Times New Roman";}
```

- 在编写 CSS 代码时，为了增强代码的可读性，可使用注释语句对 CSS 代码进行解释说明。与 HTML 代码的注释一样，CSS 代码的注释也不会显示在浏览器窗口中。例如，为上面的样式代码添加如下注释。

```
p{font-family:"Times New Roman";}
/* 这是CSS注释文本，有助于理解代码，不会显示在浏览器窗口中 */
```

- 在 CSS 代码中，大括号及分号前后的空格可有可无。因此可以使用 "Tab" 键、"Enter" 键对 CSS 代码进行排版，即格式化 CSS 代码，这样可以增强代码的可读性。示例代码如下。

示例代码 1。

```
h1{color:green; font-size:14px; } /* 定义颜色属性值，定义字号属性值 */
```

示例代码 2。

```
h1{
    color:green;                    /* 定义颜色属性值  */
    font-size:14px;                 /* 定义字号属性值  */
}
```

上述两段代码是一样的，但是第 2 段代码的可读性更强。

需要注意的是，CSS 代码的属性值和单位之间是不允许出现空格的，否则浏览器解析代码时会出错。例如，下面这行代码的书写方式就是错误的。

```
h1{font-size:14 px;}                /* 14 和单位 px 之间有空格，浏览器解析代码时会出错 */
```

3.2.2　引入 CSS 样式表

要想使用 CSS 修饰网页，就需要在 HTML 文件中引入 CSS 样式表。引入 CSS 样式表的方式有 4 种，分别为行内式、内嵌式、链入式和导入式，具体介绍如下。

1. 行内式

行内式也被称为内联样式，该方式通过标签的 style 属性来设置标签的样式。行内式只对样式所在的标签和嵌套在其中的子标签起作用。行内式的基本语法格式如下。

```
<标签名 style="属性1:属性值1; 属性2:属性值2; 属性3:属性值3;">内容</标签名>
```

在上述语法格式中，style 是标签的属性，用来设置行内式，实际上任何 HTML 标签都拥有 style 属性。属性和属性值的书写规范与 CSS 样式规则一样。

下面通过一个案例来展示如何在 HTML 文件中使用行内式 CSS 样式，如例 3-1 所示。

例 3-1　example01.html

```
1  <!DOCTYPE html>
2  <html lang="en">
3  <head>
4      <meta charset="UTF-8">
5      <meta http-equiv="X-UA-Compatible" content="IE=edge">
6      <meta name="viewport" content="width=device-width, initial-scale=1.0">
7      <title>行内式</title>
8  </head>
9  <body>
10     <h2 style="font-size:20px; color:red;">古之学者必有师。师者，所以传道受业解惑也。</h2>
11 </body>
12 </html>
```

在例 3-1 中，第 10 行代码通过<h2>标签的 style 属性设置行内式 CSS 样式，此处设置二级标题的字号和颜色。

运行例 3-1 的代码，效果如图 3-5 所示。

需要注意的是，虽然使用行内式 CSS 代码能够设置样式，但行内式 CSS 代码是写在 HTML 的结构标签中的，这样并没有做到结构与样式的分离，所以很少使用这种方式。

图3-5　例3-1代码的运行效果

2. 内嵌式

内嵌式是指将 CSS 代码集中写在 HTML 文件的头部标签<head>中，并且用<style>标签定义。内嵌式的基本语法格式如下。

```
<style type="text/css">
    选择器{属性 1:属性值 1; 属性 2:属性值 2; 属性 3:属性值 3;}
</style>
```

　　在上述语法格式中，<style>标签一般位于<head>标签中的<title>标签之后。也可以把<style>标签放在 HTML 文件的其他位置。由于浏览器是从上到下解析代码的，把 CSS 代码放在 HTML 文件头部有利于 CSS 样式代码的提前下载和解析，从而避免网页内容下载后没有样式修饰的版式问题。设置 type 属性的值为 "text/css"，能够让浏览器识别<style>标签包含的是 CSS 代码。在 CSS3 中，type 属性可以省略。

　　下面通过一个案例来展示如何在 HTML 文件中使用内嵌式 CSS 样式，如例 3-2 所示。

例 3-2　example02.html

```
1  <!DOCTYPE html>
2  <html lang="en">
3  <head>
4      <meta charset="UTF-8">
5      <meta http-equiv="X-UA-Compatible" content="IE=edge">
6      <meta name="viewport" content="width=device-width, initial-scale=1.0">
7      <title>内嵌式</title>
8      <style type="text/css">
9          h2{text-align:center;}        /*定义标题标签中对齐*/
10         p{                            /*定义段落标签的样式*/
11             font-size:16px;
12             color:red;
13             text-decoration:underline;
14         }
15     </style>
16 </head>
17 <body>
18     <h2>《劝学》片段</h2>
19     <p>青，取之于蓝，而青于蓝；冰，水为之，而寒于水。木直中绳，𫐐以为轮，其曲中规。虽有槁暴，不复挺者，𫐐使之然也。故木受绳则直，金就砺则利，君子博学而日参省乎己，则知明而行无过矣。</p>
20 </body>
21 </html>
```

　　在例 3-2 中，第 8～15 行代码使用<style>标签定义内嵌式 CSS 样式，其中第 9 行代码用于设置<h2>标签的对齐方式，第 10～14 行代码用于设置<p>标签中文本的字号、颜色和下划线。

　　运行例 3-2 的代码，效果如图 3-6 所示。

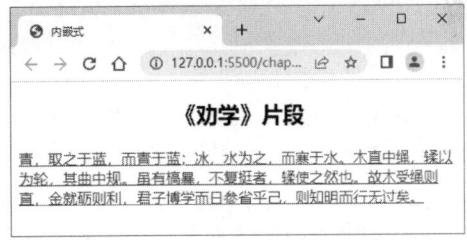

图 3-6　例 3-2 代码的运行效果

　　内嵌式 CSS 样式只对其所在的 HTML 页面有效，因此，在仅设计一个页面时，使用内嵌式 CSS 样式是个不错的选择。但若要制作一个网站，则不建议使用内嵌式 CSS 样式，因为它不能充分发挥 CSS 代码的重用优势。

3. 链入式

　　链入式也叫外链式，是指将所有的样式代码放在一个或多个以.css 为扩展名的外部样式表文件中，通过<link />标签将外部样式表文件链接到 HTML 文件中。链入式的基本语法格式如下。

```
<head>
    <link href="CSS 文件的路径" type="text/css" rel="stylesheet" />
</head>
```

　　在上述语法格式中，<link />标签要放在头部标签<head>中，并且必须指定<link />标签的 3 个属性，具体介绍如下。

- href：用于定义链接的外部样式表文件的路径，文件路径可以是相对路径，也可以是绝对路径。
- type：用于定义链接的文件的类型，在这里需要将其指定为 "text/css"，表示链接的外部文件为 CSS

样式表。在 CSS3 中，type 属性可以省略。

● rel：用于定义当前文件与被链接文件之间的关系，在这里需要将其指定为"stylesheet"，表示被链接的文件是一个样式表文件。

下面通过一个案例分步骤演示如何引入链入式 CSS 样式，具体步骤如下。

（1）创建 HTML 文件

在 VS Code 中创建一个 HTML 文件，并在该文件中添加一个标题和一个段落文本，如例 3-3 所示。

例 3-3　example03.html

```
1  <!DOCTYPE html>
2  <html lang="en">
3  <head>
4      <meta charset="UTF-8">
5      <meta http-equiv="X-UA-Compatible" content="IE=edge">
6      <meta name="viewport" content="width=device-width, initial-scale=1.0">
7      <title>链入式</title>
8  </head>
9  <body>
10     <h2>《师说》片段</h2>
11     <p>人非生而知之者，孰能无惑？惑而不从师，其为惑也，终不解矣。生乎吾前，其闻道也固先乎吾，吾从而
师之；生乎吾后，其闻道也亦先乎吾，吾从而师之。</p>
12 </body>
13 </html>
```

将例 3-3 的 example03.html 文件保存在 chapter03 文件夹中。

（2）创建样式表

在 VS Code 中创建一个 CSS 文件并命名为 style03.css，将其保存在 chapter03 文件夹中。CSS 代码如下。

```
h2{ text-align:center;}
p{                                          /*定义文本样式*/
    font-size:16px;
    color:red;
    text-decoration:underline;
}
```

（3）链接 CSS 样式表

在例 3-3 的头部标签<head>中添加<link />标签，将 style.css 外部样式表文件链接到 example03.html 文件中，具体代码如下。

```
<link href="style03.css" type="text/css" rel="stylesheet" />
```

保存 example03.html 文件，运行代码，效果如图 3-7 所示。

链入式 CSS 样式最大的优势是同一个 CSS 样式表可以被不同的 HTML 文件链接使用，同时一个 HTML 文件也可以通过多个<link />标签链接多个 CSS 样式表。

在实际的网页制作中，链入式 CSS 样式是使用频率最高且最实用的引入方式。通过它可将 HTML 代码与 CSS 代码分离为两个或多个文件，实现结构与样式的完全分离，使网页的前期制作和后期维护都十分方便。

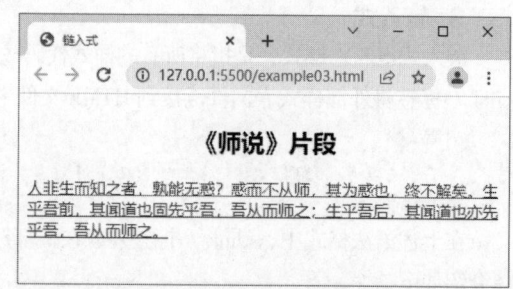

图3-7　例3-3代码的运行效果

4. 导入式

导入式与链入式相同,是指在 HTML 头部应用<style>标签,并在<style>标签内使用@import 语句导入外部样式表文件。导入式的基本语法格式如下。

```
<style type="text/css" >
    @import url(CSS 文件路径);或 @import "CSS 文件路径";
    存放其他的内嵌 CSS 样式
</style>
```

在上述语法格式中,@import 语句有两种书写形式,这两种形式均可用于导入 CSS 样式。此外,<style>标签内还可以存放其他的内嵌 CSS 样式,但@import 语句需要位于其他内嵌 CSS 样式的上方,示例代码如下。

```
<style type="text/css">
    @import "style03.css";
    p{color:blue;}
</style>
```

上述代码等价于以下代码。

```
<style type="text/css">
    @import url(style03.css);
    p{color:blue;}
</style>
```

虽然导入式和链入式 CSS 样式的功能基本相同,但是大多数网站都是采用链入式 CSS 样式的。其主要原因是导入式 CSS 样式和链入式 CSS 样式的加载时间和顺序不同。当一个页面被加载时,<link />标签引用的 CSS 样式表会同时被加载,而@import 语句引用的 CSS 样式表会等到页面全部加载完后再加载。因此,当网速比较慢时,若使用导入式 CSS 样式,可能会先显示没有 CSS 样式修饰的网页,造成不好的用户体验,而使用链入式 CSS 样式能够避免这个问题。

3.2.3　CSS 基础选择器

要想将 CSS 样式应用于特定的 HTML 标签,首先需要找到该标签。在 CSS 中,执行这一任务的样式对象被称为选择器。CSS 中的基础选择器有标签选择器、类选择器、id 选择器、通配符选择器、交集选择器、并集选择器和后代选择器,具体介绍如下。

1. 标签选择器

标签选择器按 HTML 标签名分类,用于为页面中的某一类标签指定统一的 CSS 样式,其基本语法格式如下。

```
标签名{属性1:属性值1; 属性2:属性值2; 属性3:属性值3;}
```

在上述语法格式中,所有的 HTML 标签名都可以作为标签选择器,例如 body、h1、p、strong 等。用标签选择器定义的样式对页面中指定类型的所有标签都有效。

例如,使用 p 选择器定义 HTML 页面中所有段落的样式,示例代码如下。

```
p{font-size:12px; color:#666; font-family:"微软雅黑";}
```

上述 CSS 样式代码用于设置 HTML 页面中所有段落的样式,其中字号为 12px、颜色为#666、字体为微软雅黑。标签选择器最大的优点是使用它能快速为页面中同类型的标签统一指定样式,但是它不能用于设计差异化样式。

2. 类选择器

类选择器使用 "."(英文点号)进行标示,其后紧跟类名,其基本语法格式如下。

```
.类名{属性1:属性值1; 属性2:属性值2; 属性3:属性值3; }
```

在上述语法格式中,类名为 HTML 标签的 class 属性值,大多数 HTML 标签都有 class 属性。类选择器最大的优势是可用于为标签定义单独的样式。

下面通过一个案例讲解类选择器的使用方法，如例 3–4 所示。

例 3-4   example04.html

```
1  <!DOCTYPE html>
2  <html lang="en">
3  <head>
4      <meta charset="UTF-8">
5      <meta http-equiv="X-UA-Compatible" content="IE=edge">
6      <meta name="viewport" content="width=device-width, initial-scale=1.0">
7      <title>类选择器</title>
8      <style type="text/css">
9          .red{color:red;}
10         .green{color:green;}
11         .font22{font-size:22px;}
12         p{
13             text-decoration:underline;
14             font-family:"微软雅黑";
15         }
16     </style>
17 </head>
18 <body>
19     <h2 class="red">二级标题文本</h2>
20     <p class="green font22">段落一文本内容</p>
21     <p class="red font22">段落二文本内容</p>
22     <p>段落三文本内容</p>
23 </body>
24 </html>
```

在例 3–4 中，第 19 行代码和第 21 行代码分别为标题标签<h2>和第 2 个段落标签<p>设置相同的类名 red；第 20 行代码和第 21 行代码分别为第 1 个段落标签和第 2 个段落设置相同的类名 font22，而且第 20 行代码单独为第 1 个段落标签设置类名 green；第 9～15 行代码统一为这些标签添加样式。

运行例 3–4 的代码，效果如图 3–8 所示。

在图 3–8 中，"二级标题文本"和"段落二文本内容"均显示为红色，由此可见不同标签可以使用同一个类名来指定相同的样式。此外，在一个标签中可以应用多个类，以设置差异化的样式。在 HTML 标签中，多个类名需要用空格隔开。

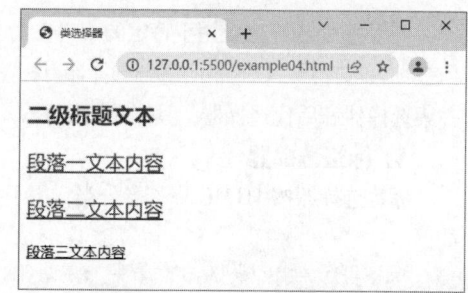

图3-8   例3-4代码的运行效果

注意：

类名的第 1 个字符不能使用数字，并且严格区分大小写，一般采用小写的英文字符。

3. id 选择器

id 选择器使用"#"进行标示，其后紧跟 id，其基本语法格式如下。

```
#id{属性 1:属性值 1; 属性 2:属性值 2; 属性 3:属性值 3;}
```

在上述语法格式中，id 为 HTML 标签的 id 属性值，大多数 HTML 标签都有 id 属性，标签的 id 是唯一的，对应文件中某一个具体的标签。

下面通过一个案例讲解 id 选择器的使用方法，如例 3–5 所示。

例 3-5　example05.html

```
1  <!DOCTYPE html>
2  <html lang="en">
3  <head>
4      <meta charset="UTF-8">
5      <meta http-equiv="X-UA-Compatible" content="IE=edge">
6      <meta name="viewport" content="width=device-width, initial-scale=1.0">
7      <title>id 选择器</title>
8      <style type="text/css">
9          #bold{font-weight:bold;}
10         #font24{font-size:24px;}
11     </style>
12 </head>
13 <body>
14     <p id="bold">段落 1 设置粗体文字。</p>
15     <p id="font24">段落 2 设置字号为 24px。</p>
16     <p id="font24">段落 3 设置字号为 24px。</p>
17     <p id="bold font24">段落 4 设置粗体文字，设置字号为 24px。</p>
18 </body>
19 </html>
```

例 3-5 为 4 个<p>标签同时设置 id 属性，并通过相应的 id 选择器设置粗体文字和字号。其中，第 15 行代码和第 16 行代码的<p>标签的 id 属性值相同；第 17 行代码的<p>标签有两个 id 属性值。

运行例 3-5 的代码，效果如图 3-9 所示。

从图 3-9 可以看出，第 2 行和第 3 行文本的字号都较大，由此可见同一个 id 可以应用于多个标签，浏览器并不报错，但是这种做法是不允许的。因为 JavaScript 等脚本语言调用 id 时会因为重复的 id 而出错。此外，最后一行文本没有应用任何 CSS 样式，这意味着 id 选择器不可以像类选择器那样定义多个值，类似 "id="bold font24"" 的写法是错误的。

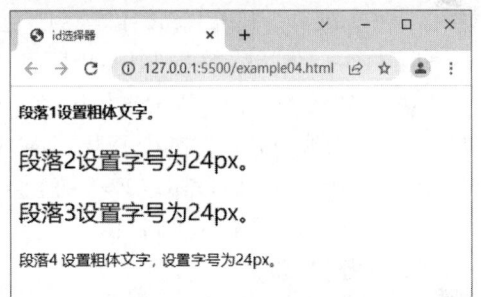

图3-9　例3-5代码的运行效果

4. 通配符选择器

通配符选择器用 "*" 进行标示。它是所有选择器中作用范围最广的选择器，且能用于匹配页面中所有的标签，其基本语法格式如下。

```
*{属性 1:属性值 1; 属性 2:属性值 2; 属性 3:属性值 3;}
```

例如，使用通配符选择器定义 CSS 样式，清除所有 HTML 标签的默认边距，代码如下。

```
*{
    margin: 0;                /* 定义外边距 */
    padding: 0;               /* 定义内边距 */
}
```

但在实际网页开发中不建议使用通配符选择器定义 CSS 样式，因为使用通配符选择器定义的 CSS 样式作用于所有的 HTML 标签，而不管标签是否需要设置 CSS 样式，这样会降低代码的执行效率。

5. 交集选择器

交集选择器也被称为标签指定式选择器，可用于为某些标签单独指定样式，是一种复合选择器（复合选择器由两个或两个以上的选择器构成）。交集选择器由两个选择器构成，其中第 1 个为标签选择器，第 2 个为类选择器或 id 选择器。交集选择器的两个选择器之间不能有空格，例如 h3.special 或 p#one。

下面通过一个案例讲解交集选择器的用法，如例 3-6 所示。

例 3-6　example06.html

```
1  <!DOCTYPE html>
2  <html lang="en">
3  <head>
4      <meta charset="UTF-8">
5      <meta http-equiv="X-UA-Compatible" content="IE=edge">
6      <meta name="viewport" content="width=device-width, initial-scale=1.0">
7      <title>交集选择器</title>
8      <style type="text/css">
9          p{ color:silver;}
10         .special{ color:black;}
11         p.special{ color:gray;}    /*交集选择器*/
12     </style>
13 </head>
14 <body>
15     <p>段落文本（银灰色）</p>
16     <p class="special">段落文本（灰色）</p>
17     <h3 class="special">标题文本（黑色）</h3>
18 </body>
19 </html>
```

在例 3-6 中，第 9~11 行代码分别使用标签选择器 p、类选择器.special 和交集选择器 p.special 定义 CSS 样式，其中，第 11 行代码用于设置文本为灰色。

运行例 3-6 的代码，效果如图 3-10 所示。

从图 3-10 可以看出，第 2 段文本为灰色，第 3 段文本为黑色。由此可见通过交集选择器 p.special 定义的样式仅仅适用于<p class="special">，而不会影响使用了由.special 定义的样式的其他标签。

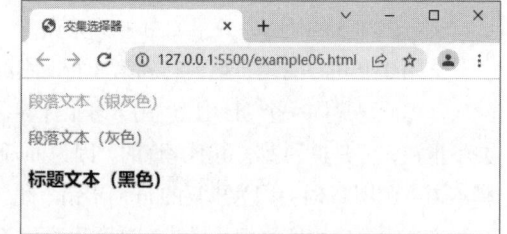

图3-10　例3-6代码的运行效果

6. 并集选择器

使用并集选择器可以为多个标签统一设置相同的样式，从而避免代码的冗余。并集选择器也是一个复合选择器，是由多个选择器通过英文逗号“,”连接而成的。任何形式的选择器（包括标签选择器、类选择器和 id 选择器等）都可以作为并集选择器的一部分。如果不同标签包含相同的样式，则可以使用并集选择器对这些相同的样式进行统一设置。

页面中有两个标题和三个段落，它们的字号和颜色相同，其中一个标题和两个段落文本有下划线效果，使用并集选择器定义以上 CSS 样式，如例 3-7 所示。

例 3-7　example07.html

```
1  <!DOCTYPE html>
2  <html lang="en">
3  <head>
4      <meta charset="UTF-8">
5      <meta http-equiv="X-UA-Compatible" content="IE=edge">
6      <meta name="viewport" content="width=device-width, initial-scale=1.0">
7      <title>并集选择器</title>
8      <style type="text/css">
9          h2,h3,p{color:gray; font-size:14px;}    /*由不同标签选择器组成的并集选择器*/
10         h3,.special,#one{text-decoration:underline;}    /*由标签选择器、类选择器、id 选择器
```

组成的并集选择器*/
```
11        </style>
12    </head>
13    <body>
14        <h2>2 级标题文本</h2>
15        <h3>3 级标题文本</h3>
16        <p class="special">段落文本 1</p>
17        <p>段落文本 2</p>
18        <p id="one">段落文本 3</p>
19    </body>
20    </html>
```

在例 3-7 中，第 9 行代码使用由不同标签选择器连接而成的并集选择器"h2,h3,p"控制所有标题和段落的字号和颜色；第 10 行代码使用由标签选择器、类选择器、id 选择器连接而成的并集选择器"h3,.special,#one"定义文本的下划线效果。

运行例 3-7 的代码，效果如图 3-11 所示。

由图 3-11 可以看出，所有的标题文本和段落文本均为灰色，字号大小相同。其中 3 级标题文本、段落文本 1、段落文本 3 都具有下划线效果。可见使用并集选择器能实现与标签选择器、类选择器、id 选择器相同的样式效果，并且使用并集选择器时编写的 CSS 代码更简洁、直观。

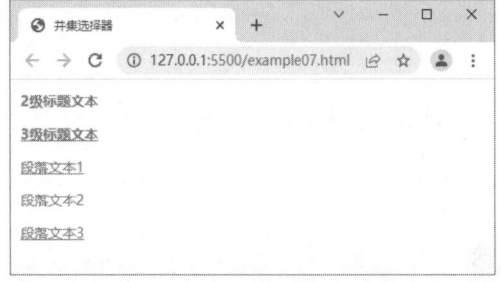

图3-11 例3-7代码的运行效果

7. 后代选择器

后代选择器可以用来控制内部嵌套标签的样式。在后代选择器中，外层标签写在前面，内层标签写在后面，外层标签和内层标签用空格分隔。当标签发生嵌套时，内层标签就称为外层标签的后代。

当<p>标签内嵌套<strong>标签时，可以使用后代选择器对<strong>标签进行控制，如例 3-8 所示。

例3-8 example08.html
```
1    <!DOCTYPE html>
2    <html lang="en">
3    <head>
4        <meta charset="UTF-8">
5        <meta http-equiv="X-UA-Compatible" content="IE=edge">
6        <meta name="viewport" content="width=device-width, initial-scale=1.0">
7        <title>后代选择器</title>
8        <style type="text/css">
9            p strong{color:red;}        /*后代选择器*/
10           strong{color:blue;}
11       </style>
12   </head>
13   <body>
14       <p>天下难事，<strong>必作于易。</strong></p>
15       <strong>天下大事，必作于细。</strong>
16   </body>
17   </html>
```

在例 3-8 中，第 14～15 行代码定义了两个<strong>标签，其中，第 14 行代码将一个<strong>标签嵌套在<p>标签中；第 9～10 行代码分别使用后代选择器 p strong 和标签选择器 strong 定义 CSS 样式。

运行例 3-8 的代码，效果如图 3-12 所示。

由图 3-12 可以看出，通过后代选择器 p strong 定义的样式仅仅适用于嵌套在<p>标签中的<strong>标签，其他的<strong>标签不受影响。

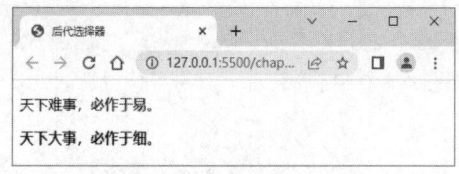

图3-12　例3-8代码的运行效果

后代选择器中标签的数量不受限制，如果需要加入多个标签，只需在标签之间加上空格并按序排列即可。例如，在例 3-8 第 14 行代码的<strong>标签中嵌套一个<em>标签，要想控制这个<em>标签，可以使用后代选择器 p strong em。

3.3　字体样式属性

为了更方便地控制网页中文字的样式，CSS 提供了一系列的字体样式属性。本节将对 CSS 的字体样式属性进行详细讲解。

3.3.1　font-size: 字号

font-size 属性用于设置字号，其值可以为像素值、百分比或倍率等。font-size 属性值常用的单位及说明如表 3-1 所示。

表 3-1　font-size 属性值常用的单位及说明

单位	说明
em	倍率单位
px	像素单位，是网页设计中常用的单位
%	百分比单位

在表 3-1 所示的属性值单位中，推荐使用像素单位 px。例如，将网页中所有段落文本的字号设置为 12px，可以使用下面的 CSS 样式代码。

```
p{font-size:12px;}
```

3.3.2　font-family: 字体

font-family 属性用于设置字体。网页中常用的字体有宋体、微软雅黑、黑体等。例如，将网页中所有段落文本的字体设置为微软雅黑，可以使用下面的 CSS 样式代码。

```
p{font-family:"微软雅黑";}
```

通过 font-family 属性可以同时指定多个字体，各字体用英文逗号","隔开。如果浏览器不支持第一种字体，则会尝试使用下一种字体，直到匹配到合适的字体。例如，同时指定三种字体，示例代码如下。

```
body{font-family:"华文彩云","宋体","黑体";}
```

当运行上述代码时，浏览器会先尝试使用"华文彩云"字体，如果计算机上没有安装该字体，则浏览器尝试使用"宋体"。以此类推，当 font-family 属性指定的字体计算机上都没有安装时，浏览器就会使用计算机默认的字体。

使用 font-family 属性设置字体时，需要注意以下几点。

● 各种字体必须使用英文逗号","分隔。

● 中文字体名需要用英文引号""""引起来，但英文字体名不需要。当需要设置英文字体时，英文字体名必须位于中文字体名之前，示例代码如下。

```
body{font-family:Arial,"微软雅黑","宋体","黑体";}    /*正确的书写方式*/
```

```
body{font-family:"微软雅黑","宋体","黑体",Arial;}    /*错误的书写方式*/
```

● 如果字体名中包含空格、#、$等，则该字体名必须用英文引号""""引起来，例如"font-family:"Times New Roman";"。

● 尽量使用计算机的默认字体，以保证网页中的文字在任何浏览器中都能正确显示。

3.3.3　font-weight: 文字粗细

font-weight 属性用于定义文字的粗细，其属性值及描述如表 3-2 所示。

表 3-2　font-weight 属性值及描述

属性值	描述
normal	默认属性值，用于定义标准样式的文字
bold	用于定义粗体文字
bolder	用于定义（比粗体）更粗的文字
lighter	用于定义（比粗体）更细的文字
100~900（100 的整数倍）	用于定义由细到粗的文字。其中 400 对应的文字效果等同于 normal 对应的文字效果，700 对应的文字效果等同于 bold 对应的文字效果，数值越大，文字越粗

在实际工作中，常用的属性值为 normal 和 bold。

3.3.4　font-variant: 变体

font-variant 属性用于设置英文字符的变体以及小型大写字母，该属性仅对英文字符有效。font-variant 属性的常用值如下。

● normal：默认值，用于使浏览器显示标准的字体。

● small-caps：用于使浏览器显示小型大写字母，即将所有的小写字母均转换为大写字母，但是转换后的字母比正常的大写字母小。

图 3-13 中用矩形框标示的字母就是使用 font-variant 属性设置的小型大写字母。

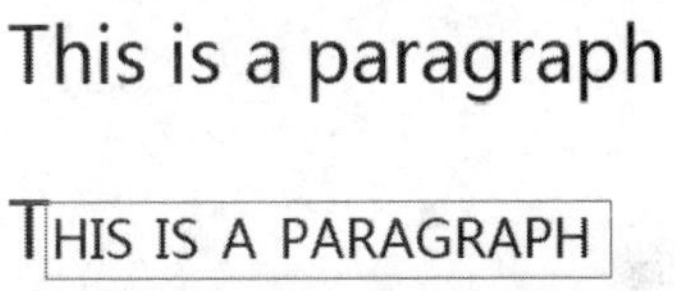

This is a paragraph

THIS IS A PARAGRAPH

图3-13　小型大写字母

3.3.5　font-style: 字体风格

font-style 属性用于定义字体风格，例如斜体、倾斜和正常字体，其可用值如下。

● normal：默认值，用于使浏览器显示标准的字体。

● italic：用于使浏览器显示斜体的样式。

● oblique：用于使浏览器显示倾斜的字体样式。

使用 italic 和 oblique 定义的文字效果没有本质区别，但 italic 使用的是文字本身的斜体属性，而 oblique 可以对没有斜体属性的文字做倾斜处理。实际工作中常使用 italic。

3.3.6　font: 综合设置字体样式

font 属性用于对字体样式进行综合设置，其基本语法格式如下。

```
选择器{font:font-style font-weight font-size/line-height font-family;}
```

使用 font 属性时，各个属性值必须按上述语法格式中的顺序书写，且以空格隔开。其中 line-height 是指行高，将在 3.4 节"文本外观属性"中具体介绍。下面是单独设置字体样式的代码。

```
p{
    font-family:Arial,"宋体";
    font-size:30px;
    font-style:italic;
    font-weight:bold;
    font-variant:small-caps;
    line-height:40px;
}
```

上述代码等价于以下代码。

```
p{font:italic small-caps bold 30px/40px Arial,"宋体";}
```

在设置字体样式属性时，不需要设置的属性可以省略（取默认值），但必须保留 font-size 属性和 font-family 属性，否则 font 属性将不起作用。

下面使用 font 属性对字体样式进行综合设置，如例 3-9 所示。

例 3-9　example09.html

```
1  <!DOCTYPE html>
2  <html lang="en">
3  <head>
4      <meta charset="UTF-8">
5      <meta http-equiv="X-UA-Compatible" content="IE=edge">
6      <meta name="viewport" content="width=device-width, initial-scale=1.0">
7      <title>font 综合设置字体样式</title>
8      <style type="text/css">
9          .one{ font:italic 18px/30px "隶书";}
10         .two{ font:italic 18px/30px;}
11     </style>
12 </head>
13 <body>
14     <p class="one">段落1：把做好每件事情的着力点放在每一个环节、每一个步骤上，不心浮气躁，不好高骛远。</p>
15     <p class="two">段落2：把做好每件事情的着力点放在每一个环节、每一个步骤上，不心浮气躁，不好高骛远。</p>
16 </body>
17 </html>
```

在例 3-9 中，第 14～15 行代码设置了两个段落文本；第 9～10 行代码分别使用 font 属性设置段落文本的样式，其中，第 10 行代码没有设置 font-family 属性。

运行例 3-9 的代码，效果如图 3-14 所示。

从图 3-14 可以看出，使用 font 属性设置的样式并没有对段落 2 生效，这是因为没有为段落 2 设置字体属性 font-family。

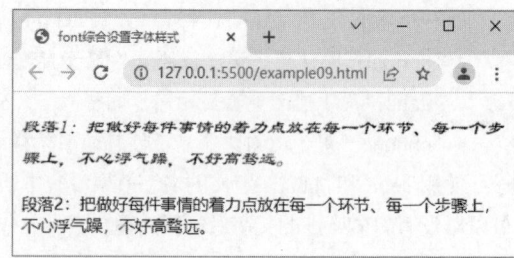

图3-14　例3-9代码的运行效果

3.3.7　@font-face 规则

@font-face 是 CSS3 的新增规则，用于定义服务器字体。通过@font-face 规则，可以在计算机中使用未安装的字体。使用@font-face 规则定义服务器字体的基本语法格式如下。

```
@font-face{
    font-family:字体名称;
    src:字体路径;
}
```

在上述语法格式中，font-family 属性用于指定字体名称；src 属性用于指定字体文件的路径。需要注意的是，通过 font-family 定义的字体名称要与标签调用的字体名称保持一致，这样设置的服务器字体才能生效。

下面通过一个案例来演示 @font-face 规则的具体用法，如例 3-10 所示。

例 3-10　example10.html

```
1  <!DOCTYPE html>
2  <html lang="en">
3  <head>
4      <meta charset="UTF-8">
5      <meta http-equiv="X-UA-Compatible" content="IE=edge">
6      <meta name="viewport" content="width=device-width, initial-scale=1.0">
7      <title>@font-face 规则</title>
8      <style type="text/css">
9          @font-face{
10             font-family:jianzhi;        /*服务器字体名称*/
11             src:url(FZJZJW.TTF);        /*服务器字体路径*/
12         }
13         p{
14             font-family:jianzhi;        /*设置字体样式*/
15             font-size:32px;
16         }
17     </style>
18 </head>
19 <body>
20     <p>为莘莘学子改变命运而讲课</p>
21     <p>为千万学生少走弯路而著书</p>
22 </body>
23 </html>
```

在例 3-10 中，第 9~12 行代码用于定义服务器字体；第 13~16 行代码通过标签选择器定义字体样式。

运行例 3-10 的代码，效果如图 3-15 所示。

从图 3-15 可以看出，当定义并设置服务器字体后，页面就可以正常显示剪纸字体。需要注意的是，服务器字体定义完成后，还需要设置 font-family 属性。

总结例 3-10，可以得出使用服务器字体的步骤如下。

（1）下载字体，并将其存储到相应的文件夹中。

（2）使用 @font-face 规则定义服务器字体。

（3）设置 font-family 属性。

3.4　文本外观属性

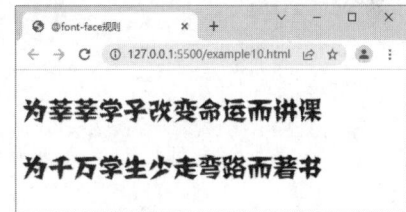

图3-15　例3-10代码的运行效果

CSS 提供了一系列的文本外观属性，用于设置丰富的文本外观样式，具体介绍如下。

3.4.1　color：文本颜色

color 属性用于定义文本的颜色，其值有如下 3 种。

● 颜色的英文名称。例如 red、green、blue 等。

● 十六进制颜色值。例如 #F00、#FF6600、#29D794 等。在实际工作中，十六进制颜色值是较常用的，且十六进制颜色值中的英文字母不区分大小写。

● RGB 颜色值。例如，红色可以表示为 rgb(255,0,0) 或 rgb(100%,0%,0%)。

> **注意：**
>
> 如果使用 RGB 的百分比颜色值，即使取值为 0 也不能省略%，必须写为 0%。

> **多学一招：十六进制颜色值的缩写**

十六进制颜色值是由以#开头的 6 位十六进制数值组成的，每两位数值为一个颜色分量，分别表示颜色的红、绿、蓝 3 个颜色分量。当 3 个颜色分量的两位十六进制数值都相同时，可使用 CSS 缩写。例如，#FF6600 可缩写为#F60，#FF0000 可缩写为#F00，#FFFFFF 可缩写为#FFF。

3.4.2　letter-spacing：字间距

letter-spacing 属性用于定义字间距，字间距就是字符与字符之间的空白距离。letter-spacing 属性的值可为不同单位的数值，例如以 px、em 为单位的数值。

字间距可以为负数，表示缩小字间距。letter-spacing 属性的默认值为 normal。例如，分别为<h2>标签和<h3>标签定义不同的字间距，代码如下。

```
h2{letter-spacing:20px;}
h3{letter-spacing:-0.5em;}
```

3.4.3　word-spacing：单词间距

word-spacing 属性用于定义英文单词的间距，对中文字符无效。与 letter-spacing 一样，word-spacing 属性的值可为不同单位的数值。单词间距可以为负值，表示缩小单词间距。word-spacing 属性的默认值为 normal。

使用 word-spacing 属性和 letter-spacing 属性均可对英文进行设置。不同的是 letter-spacing 属性用于定义字母的间距，而 word-spacing 属性用于定义英文单词的间距。

下面通过一个案例来讲解 word-spacing 属性和 letter-spacing 属性的不同，如例 3-11 所示。

例 3-11　example11.html

```
1  <!DOCTYPE html>
2  <html lang="en">
3  <head>
4    <meta charset="UTF-8">
5    <meta http-equiv="X-UA-Compatible" content="IE=edge">
6    <meta name="viewport" content="width=device-width, initial-scale=1.0">
7    <title>word-spacing 属性和 letter-spacing 属性</title>
8    <style type="text/css">
9      .letter{letter-spacing:20px;}
10     .word{word-spacing:20px;}
11   </style>
12 </head>
13 <body>
14   <p class="letter">letter spacing(字母间距)</p>
15   <p class="word">word spacing word spacing(单词间距)</p>
16 </body>
17 </html>
```

在例 3-11 中，第 14~15 行代码设置了两个段落文本；第 9~10 行代码分别为段落文本设置了 letter-spacing 属性和 word-spacing 属性。

运行例 3-11 的代码，效果如图 3-16 所示。

图3-16　例3-11代码的运行效果

3.4.4 line-height: 行间距

line-height 属性用于设置行间距。行间距就是行与行之间的距离，即字符的垂直间距。在图 3-17 中，有背景颜色的区域的高度为文本的行间距。

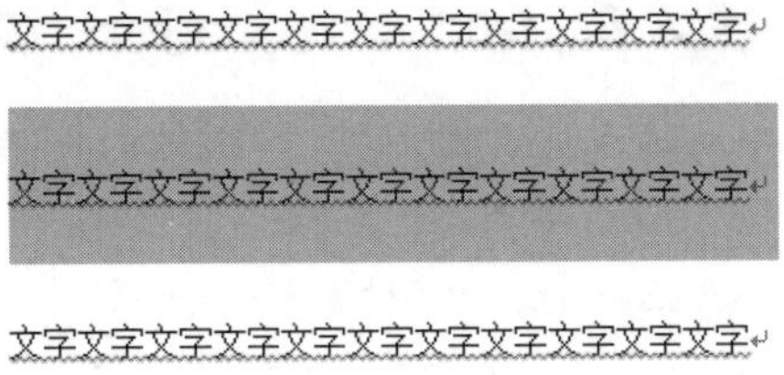

line-height 属性值常用的单位有 3 种，分别为像素单位 px、倍率单位 em 和百分比单位%，实际工作中使用较多的是像素单位 px。

下面通过一个案例来演示 line-height 属性的使用方法，如例 3-12 所示。

图3-17 文本的行间距

例 3-12 example12.html

```html
1  <!DOCTYPE html>
2  <html lang="en">
3  <head>
4      <meta charset="UTF-8">
5      <meta http-equiv="X-UA-Compatible" content="IE=edge">
6      <meta name="viewport" content="width=device-width, initial-scale=1.0">
7      <title>line-height</title>
8      <style type="text/css">
9          .one{
10             font-size:16px;
11             line-height:18px;
12         }
13         .two{
14             font-size:12px;
15             line-height:2em;
16         }
17         .three{
18             font-size:14px;
19             line-height:150%;
20         }
21     </style>
22 </head>
23 <body>
24     <p class="one">岂曰无衣? 与子同袍。王于兴师，修我戈矛。与子同仇。</p>
25     <p class="two">岂曰无衣? 与子同泽。王于兴师，修我矛戟。与子偕作。</p>
26     <p class="three">岂曰无衣? 与子同裳。王于兴师，修我甲兵。与子偕行。</p>
27 </body>
28 </html>
```

在例 3-12 中，分别使用像素单位 px、倍率单位 em 和百分比单位%设置了 3 个段落的行间距。

运行例 3-12 的代码，效果如图 3-18 所示。

3.4.5 text-transform: 文本转换

text-transform 属性用于控制英文字母的大小写转换，其可用值如下。

- none：不进行转换，为默认值。
- capitalize：将首字母转换为大写字母。

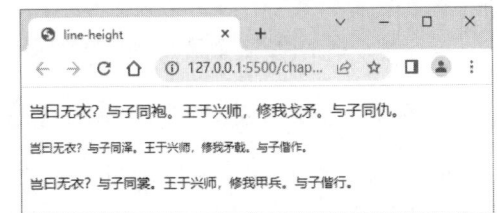

图3-18 例3-12代码的运行效果

- uppercase：将全部字母转换为大写字母。
- lowercase：将全部字母转换为小写字母。

3.4.6 text-decoration: 文本装饰

text-decoration 属性用于设置文本的下划线、上划线、删除线等装饰效果，其可用值如下。
- none：没有文本装饰效果，为默认值。
- underline：用于设置下划线效果。
- overline：用于设置上划线效果。
- line-through：用于设置删除线效果。

text-decoration 属性可以有多个属性值，用于给文本添加多种效果。例如，要想使文字同时有下划线和删除线效果，可以将 underline 和 line-through 同时赋给 text-decoration 属性。

下面通过一个案例来演示 text-decoration 属性的用法，如例 3-13 所示。

例 3-13　example13.html

```
1  <!DOCTYPE html>
2  <html lang="en">
3  <head>
4      <meta charset="UTF-8">
5      <meta http-equiv="X-UA-Compatible" content="IE=edge">
6      <meta name="viewport" content="width=device-width, initial-scale=1.0">
7      <title>text-decoration</title>
8      <style type="text/css">
9          .one{text-decoration:underline;}
10         .two{text-decoration:overline;}
11         .three{text-decoration:line-through;}
12         .four{text-decoration:underline line-through;}
13     </style>
14 </head>
15 <body>
16     <p class="one">设置下划线（underline）</p>
17     <p class="two">设置上划线（overline）</p>
18     <p class="three">设置删除线（line-through）</p>
19     <p class="four">同时设置下划线和删除线（underline line-through）</p>
20 </body>
21 </html>
```

在例 3-13 中，第 16~19 行代码定义了 4 个段落文本；第 9~12 行代码分别使用 text-decoration 属性设置了不同的文本装饰效果，其中第 12 行代码同时设置了 underline 和 line-through 两个属性值，即添加两种文本装饰效果。

运行例 3-13 的代码，效果如图 3-19 所示。

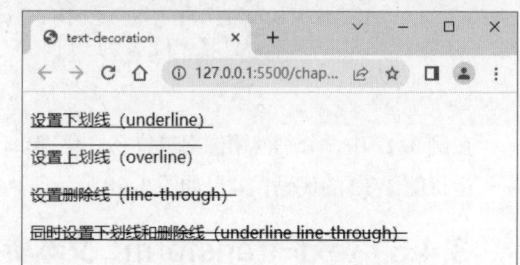

图3-19　例3-13代码的运行效果

3.4.7 text-align: 水平对齐方式

text-align 属性用于设置文本的水平对齐方式。类似于 HTML5 中的 align 对齐属性，text-align 属性可用的值有 3 个，具体如下。

- left：左对齐，为默认值。

- right：右对齐。
- center：居中对齐。

例如，设置二级标题居中对齐，可使用如下 CSS 代码。

```
h2{text-align:center;}
```

text-align 属性仅适用于块元素，对行内元素无效，块元素和行内元素将在后文具体介绍。如果需要设置图像水平居中，可以为图像添加一个父标签，然后对父标签应用 text-align 属性。

3.4.8　text-indent：首行缩进

text-indent 属性用于设置首行文本的缩进，其值可为不同单位的数值，例如以 px、em 或%为单位的数值，通常使用以 em 为单位的数值。设置首行缩进时，允许使用负值。

下面通过一个案例来讲解 text-indent 属性的使用方法，如例 3-14 所示。

例 3-14　example14.html

```
1  <!DOCTYPE html>
2  <html lang="en">
3  <head>
4      <meta charset="UTF-8">
5      <meta http-equiv="X-UA-Compatible" content="IE=edge">
6      <meta name="viewport" content="width=device-width, initial-scale=1.0">
7      <title>text-indent</title>
8      <style type="text/css">
9          p{font-size:14px;}
10         .one{text-indent:2em;}
11         .two{text-indent:50px;}
12     </style>
13 </head>
14 <body>
15     <p class="one">段落1：真正有价值的一生，总是需要你行动，去做无数件别人不屑尝试的小事。那些一直在一步一步往前走的人，终会收获更好的人生。</p>
16     <p class="two">段落2：真正有价值的一生，总是需要你行动，去做无数件别人不屑尝试的小事。那些一直在一步一步往前走的人，终会收获更好的人生。</p>
17 </body>
18 </html>
```

在例 3-14 中，第 10 行代码要实现的效果是无论字号多大，段落 1 的首行文本都会缩进两个字符；第 11 行代码要实现的效果是段落 2 的首行文本缩进 50px，该缩进同样与字号无关。

运行例 3-14 的代码，效果如图 3-20 所示。

从图 3-20 可以看出，段落 1 和段落 2 均实现了缩进效果。需要注意的是，text-indent 属性仅适用于块元素，对行内元素无效。

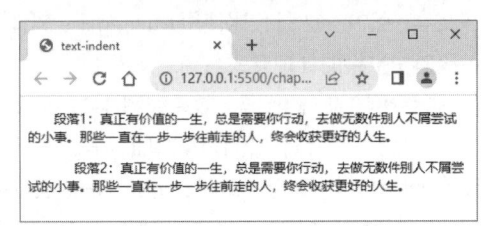

图3-20　例3-14代码的运行效果

3.4.9　white-space：空格处理

使用 HTML 制作网页时，不论源代码中有多少个空格，浏览器中只会显示一个空格。在 CSS 中，使用 white-space 属性可设置空格的处理方式。white-space 属性的可用值如下。

- normal：默认值，文本中的空格、换行无效，只显示一个空格，当文本满行（指文本到达模块区域边界）后自动换行。

- pre：文本将按照原书写格式显示，保留空格、换行。

- nowrap：空格、换行无效，强制文本不换行，除非使用换行标签
；若文本超出浏览器边界，浏览器会自动增加滚动条。

下面通过一个案例来演示 white-space 属性的用法，如例 3-15 所示。

例 3-15   example15.html

```
1  <!DOCTYPE html>
2  <html lang="en">
3  <head>
4      <meta charset="UTF-8">
5      <meta http-equiv="X-UA-Compatible" content="IE=edge">
6      <meta name="viewport" content="width=device-width, initial-scale=1.0">
7      <title>white-space</title>
8      <style type="text/css">
9          .one{white-space:normal;}
10         .two{white-space:pre;}
11         .three{white-space:nowrap;}
12     </style>
13 </head>
14 <body>
15     <p class="one">段落1：这个           段落中        有很多
16     空格。</p>
17     <p class="two">段落2：这个           段落中        有很多
18     空格。此段落应用 white-space:pre;。</p>
19     <p class="three">段落3：这是一个较长的段落。这是一个较长的段落。这是一个较长的段落。这是一个
较长的段落。这是一个较长的段落。这是一个较长的段落。这是一个较长的段落。这是一个较长的段落。这是一个较长
的段落。这是一个较长的段落。</p>
20 </body>
21 </html>
```

在例 3-15 中，第 15～19 行代码定义了 3 个段落文本，其中段落 1 和段落 2 中包含很多空格，段落 3 有较多文本；第 9～11 行代码使用 white-space 属性分别设置各段落中空格的处理方式。

运行例 3-15 的代码，效果如图 3-21 所示。

从图 3-21 可以看出，使用 "white-space:pre;" 属性值的段落 2 保留了空格和换行效果，使用 "white-space:nowrap;" 属性值的段落 3 未换行，并且浏览器窗口中出现了滚动条。

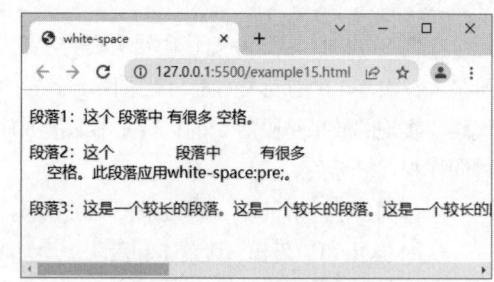

图3-21   例3-15代码的运行效果

3.4.10 text-shadow: 阴影效果

text-shadow 是 CSS3 的新增属性，使用该属性可以为页面中的文本添加阴影效果。设值 text-shadow 属性的基本语法格式如下。

选择器{text-shadow:h-shadow v-shadow blur color;}

在上述语法格式中，h-shadow 用于设置水平阴影的距离；v-shadow 用于设置垂直阴影的距离；blur 用于设置模糊半径；color 用于设置阴影颜色。各属性值用空格分隔。

下面通过一个案例演示 text-shadow 属性的用法，如例 3-16 所示。

例 3-16 example16.html

```
1  <!DOCTYPE html>
2  <html lang="en">
3  <head>
4      <meta charset="UTF-8">
5      <meta http-equiv="X-UA-Compatible" content="IE=edge">
6      <meta name="viewport" content="width=device-width, initial-scale=1.0">
7      <title>text-shadow</title>
8      <style type="text/css">
9      p{
10         font-size: 50px;
11         text-shadow:10px 10px 10px red;   /*设置文字阴影的水平距离、垂直距离、模糊半径和颜色*/
12     }
13     </style>
14 </head>
15 <body>
16     <p>Hello CSS3</p>
17 </body>
18 </html>
```

在例 3-16 中，第 11 行代码用于为文字添加阴影效果，设置阴影的水平距离和垂直距离均为10px，并设置模糊半径为 10px、阴影颜色为红色。

运行例 3-16 的代码，效果如图 3-22 所示。

通过图 3-22 可以看出，文本右下方出现了模糊的红色阴影效果。需要说明的是，设置阴影的水平距离或垂直距离为负值可以改变阴影的投射方向。

图3-22 例3-16代码的运行效果

注意：

阴影的水平距离或垂直距离参数值可以设置为负值，但阴影的模糊半径参数值只能设置为正值，并且数值越大，阴影向外模糊的范围也就越大。

多学一招：设置阴影叠加效果

使用 text-shadow 属性能够给文字添加多个阴影，从而产生阴影叠加的效果。设置阴影叠加效果的方法很简单，只需为文本设置多组阴影参数，并用英文逗号“,”隔开即可。例如，为图 3-22 所示的文本设置红色和绿色阴影叠加效果，可以将例 3-16 中第 9～12 行代码更改为以下代码。

```
p{
    font-size:32px;
    text-shadow:10px 10px 10px red,20px
20px 20px green;   /*红色和绿色的阴影叠加*/
}
```

上述代码为文本依次设置了红色阴影和绿色阴影。运行以上代码，阴影叠加效果如图 3-23 所示。

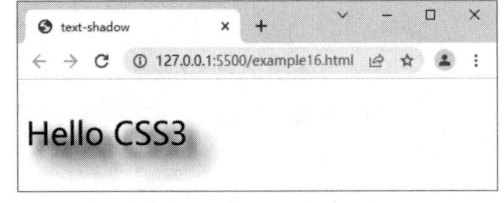

图3-23 阴影叠加效果

3.4.11 text-overflow：处理溢出的文本

text-overflow 属性同样为 CSS3 的新增属性，用于处理溢出的文本。设置 text-overflow 属性的基本语法格式如下。

选择器{text-overflow:属性值;}

在上述语法格式中，text-overflow 属性的常用取值有 clip 和 ellipsis 两个，具体介绍如下。

- clip：用于修剪溢出的文本，不显示 "..." 符号。
- ellipsis：用 "..." 符号替代溢出的文本，"..." 符号的位置在最后一个字符处。

下面通过一个案例来演示 text-overflow 属性的用法，如例 3-17 所示。

例 3-17   example17.html

```
1  <!DOCTYPE html>
2  <html lang="en">
3  <head>
4      <meta charset="UTF-8">
5      <meta http-equiv="X-UA-Compatible" content="IE=edge">
6      <meta name="viewport" content="width=device-width, initial-scale=1.0">
7      <title>text-overflow</title>
8      <style type="text/css">
9         p{
10             width:200px;
11             height:100px;
12             border:1px solid #000;
13             white-space:nowrap;        /*强制文本不换行*/
14             overflow:hidden;           /*修剪溢出的文本*/
15             text-overflow:ellipsis;   /*用 "..." 符号替换溢出的文本*/
16         }
17     </style>
18  </head>
19  <body>
20     <p>把从一段很长的文本溢出的内容隐藏，出现 "..." 符号</p>
21  </body>
22  </html>
```

在例 3-17 中，第 13 行代码用于强制文本不换行；第 14 行代码用于修剪溢出的文本；第 15 行代码用于将溢出的文本替换为 "..." 符号。

运行例 3-17 的代码，效果如图 3-24 所示。

通过图 3-24 可以看出，当文本内容溢出时，会显示 "..." 符号。需要注意的是，要实现以上效果，"white-space:nowrap;" "overflow:hidden;" "text-overflow:ellipsis;" 这 3 个样式必须同时使用，缺一不可。

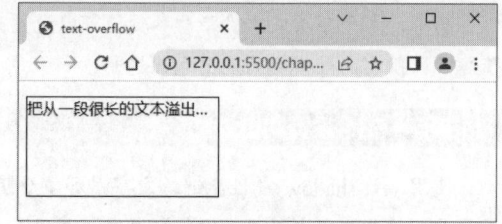

图3-24   例3-17代码的运行效果

总结例 3-17，可以得出用 "..." 符号标示溢出文本的具体步骤如下。

（1）为包含文本的元素定义宽度。

（2）通过 "white-space:nowrap;" 强制文本不换行。

（3）通过 "overflow:hidden;" 隐藏溢出的文本。

（4）通过 "text-overflow:ellipsis;" 显示 "..." 符号。

3.4.12   word-wrap 属性

word-wrap 属性是 CSS3 的新增属性，用于实现长单词和 URL 的自动换行。word-wrap 属性的取值有两个，具体介绍如表 3-3 所示。

表 3-3　word-wrap 属性的值及描述

属性值	描述
normal	默认值，只在允许的断字点换行
break-word	在长单词或 URL 内部换行

下面通过一个案例演示 word-wrap 属性的用法，如例 3-18 所示。

例 3-18　example18.html

```
1  <!DOCTYPE html>
2  <html lang="en">
3  <head>
4      <meta charset="UTF-8">
5      <meta http-equiv="X-UA-Compatible" content="IE=edge">
6      <meta name="viewport" content="width=device-width, initial-scale=1.0">
7      <title>word-wrap</title>
8      <style type="text/css">
9          p{
10             width:100px;
11             height:100px;
12             border:1px solid #000;
13         }
14         .break_word{word-wrap:break-word;}    /*在 URL 内部换行*/
15     </style>
16 </head>
17 <body>
18     <span>word-wrap:normal;</span>
19     <p>网页平面 UI 设计学院 http://icd.XXXXXXX.cn/</p>
20     <span>word-wrap:break-word;</span>
21     <p class="break_word">网页平面 UI 设计学院 http://icd.XXXXXXXX.cn/</p>
22 </body>
23 </html>
```

在例 3-18 中，第 19 行代码和第 21 行代码定义了两个包含 URL 的段落，它们的宽度、高度相同；第 14 行代码设置 "word-wrap:break-word;" 样式，可实现 URL 内部换行。

运行例 3-18 的代码，效果如图 3-25 所示。

通过图 3-25 可以看出，当 word-wrap 属性的值为 normal 时，URL 会溢出边框；当 word-wrap 属性的值为 break-word 时，URL 会沿边框自动换行。

图 3-25　例 3-18 代码的运行效果

3.5　列表样式属性

定义无序或有序列表时，可以通过标签的属性控制列表项目符号，但该方式不符合结构与样式分离的网页设计原则，为此 CSS 提供了一系列的列表样式属性，以单独控制列表项目符号。本节将对这些列表样式属性进行详细讲解。

3.5.1　list-style-type 属性

在 CSS 中，list-style-type 属性用于控制列表项目符号的类型，其取值有多个。list-style-type 属性的取值和描述如表 3-4 所示。

表 3-4　list-style-type 属性的取值和描述

属性值	描述	属性值	描述
disc	实心圆形（无序列表使用）	none	不使用列表项目符号（无序列表和有序列表通用）
circle	空心圆形（无序列表使用）	cjk-ideographic	简单的表意数字（有序列表使用）
square	实心方块（无序列表使用）	georgian	传统的乔治亚编号（有序列表使用）
decimal	阿拉伯数字（有序列表使用）	decimal-leading-zero	以 0 开头的阿拉伯数字（有序列表使用）
lower-roman	小写罗马数字（有序列表使用）	upper-roman	大写罗马数字（有序列表使用）
lower-alpha	小写英文字母（有序列表使用）	upper-alpha	大写英文字母（有序列表使用）
lower-latin	小写拉丁字母（有序列表使用）	upper-latin	大写拉丁字母（有序列表使用）
hebrew	传统的希伯来编号（有序列表使用）	armenian	传统的亚美尼亚编号（有序列表使用）

下面通过一个具体的案例来演示 list-style-type 属性的用法，如例 3-19 所示。

例 3-19　example19.html

```
1  <!DOCTYPE html>
2  <html lang="en">
3  <head>
4      <meta charset="UTF-8">
5      <meta http-equiv="X-UA-Compatible" content="IE=edge">
6      <meta name="viewport" content="width=device-width, initial-scale=1.0">
7      <title>list-style-type</title>
8      <style type="text/css">
9          ul{ list-style-type:square;}
10         ol{ list-style-type:decimal;}
11     </style>
12 </head>
13 <body>
14     <h3>红色</h3>
15     <ul>
16         <li>大红</li>
17         <li>朱红</li>
18         <li>嫣红</li>
19     </ul>
20     <h3>蓝色</h3>
21     <ol>
22         <li>群青</li>
23         <li>普蓝</li>
```

```
24          <li>湖蓝</li>
25      </ol>
26 </body>
27 </html>
```

在例 3-19 中，第 15～19 行代码用于定义一个无序列表；第 21～25 行代码用于定义一个有序列表。通过"list-style-type:square;"将无序列表项目符号设置为实心方块，通过"list-style-type:decimal;"将有序列表项目符号设置为阿拉伯数字。

运行例 3-19 的代码，效果如图 3-26 所示。

图3-26　例3-19代码的运行效果

注意：

由于各个浏览器对 list-style-type 属性的解析不同，因此，在实际网页制作过程中不推荐使用 list-style-type 属性。

3.5.2　list-style-image 属性

有时一些常规的列表项目符号不能满足网页制作的需求，为此 CSS 提供了 list-style-image 属性。使用 list-style-image 属性可以为各个列表项设置列表项目图像，以使列表的样式更加美观。list-style-image 属性的值为图像的 URL。

下面通过一个案例讲解 list-style-image 属性的用法，如例 3-20 所示。

例 3-20　example20.html

```
1  <!DOCTYPE html>
2  <html lang="en">
3  <head>
4      <meta charset="UTF-8">
5      <meta http-equiv="X-UA-Compatible" content="IE=edge">
6      <meta name="viewport" content="width=device-width, initial-scale=1.0">
7      <title>list-style-image</title>
8      <style type="text/css">
9          ul{list-style-image:url(images/1.png);}
10     </style>
11 </head>
12 <body>
13     <h2>认真严谨</h2>
14     <ul>
15         <li>从小事做起</li>
16         <li>从细节做起</li>
17         <li>从平凡做起</li>
18     </ul>
19 </body>
20 </html>
```

在例 3-20 中，第 9 行代码通过 list-style-image 属性为列表项添加列表项目图像。

运行例 3-20 的代码，效果如图 3-27 所示。

通过图 3-27 可以看出，列表项目图像和列表项没有对齐，这是因为 list-style-image 属性对列表项目图像的控制能力不强。因此，在实际工作中不建议使用 list-style-image 属性，常通过为<li>标签设置背景图像的方式添加列表项目图像。

图3-27　例3-20代码的运行效果

3.5.3 list-style-position 属性

在设置列表项目符号时，有时需要设置列表项目符号的位置，即列表项目符号相对于列表文本的位置。在 CSS 中，list-style-position 属性用于设置列表项目符号的位置，其取值有 inside 和 outside 两个，具体介绍如下。

- inside：使列表项目符号位于列表文本内。
- outside：使列表项目符号位于列表文本外，为默认值。

下面通过一个具体的案例来演示 list-style-position 属性的用法，如例 3-21 所示。

例 3-21　example21.html

```
1  <!DOCTYPE html>
2  <html lang="en">
3  <head>
4      <meta charset="UTF-8">
5      <meta http-equiv="X-UA-Compatible" content="IE=edge">
6      <meta name="viewport" content="width=device-width, initial-scale=1.0">
7      <title>list-style-position</title>
8      <style type="text/css">
9          .in{list-style-position:inside;}
10         .out{list-style-position:outside;}
11         li{border:1px solid #CCC;}
12     </style>
13 </head>
14 <body>
15     <h2>中秋节</h2>
16     <ul class="in">
17         <li>中秋节，又称月夕、秋节、仲秋节。</li>
18         <li>中秋节在农历八月十五。</li>
19         <li>2008 年，中秋节被列为国家法定节假日。</li>
20     </ul>
21     <ul class="out">
22         <li>端午节</li>
23         <li>除夕</li>
24         <li>清明节</li>
25         <li>重阳节</li>
26     </ul>
27 </body>
28 </html>
```

在例 3-21 中，第 16~26 行代码用于定义两个无序列表；第 8~12 行代码使用内嵌式 CSS 样式表对列表项目符号的位置进行设置。其中，第 9 行代码通过 "list-style-position: inside;" 使第 1 个无序列表的项目符号位于列表文本内，第 10 行代码通过 "list-style-position:outside;" 使第 2 个无序列表的项目符号位于列表文本外。为了使效果更加明显，第 11 行代码通过标签选择器 li 为两个列表设置边框样式。

运行例 3-21 的代码，效果如图 3-28 所示。

通过图 3-28 可以看出，第 1 个无序列表的列表项目符号位于列表文本内，第 2 个无序列表的列表项目符号位于列表文本外。

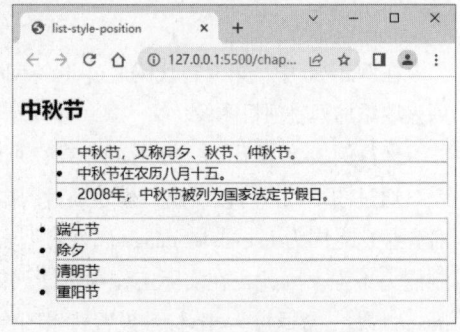

图 3-28　例 3-21 代码的运行效果

3.5.4 list-style 属性

在 CSS 中，可以将与列表相关的样式都综合定义在一个复合属性 list-style 中。使用 list-style 属性综合设置列表样式的语法格式如下。

```
list-style:列表项目符号 列表项目符号的位置 列表项目图像;
```

使用复合属性 list-style 时，各个样式通常按上述语法格式中的顺序排列，各个样式以空格隔开，不需要的样式可以省略。下面通过一个案例来演示 list-style 属性的用法，如例 3-22 所示。

例 3-22 example22.html

```
1  <!DOCTYPE html>
2  <html lang="en">
3  <head>
4      <meta charset="UTF-8">
5      <meta http-equiv="X-UA-Compatible" content="IE=edge">
6      <meta name="viewport" content="width=device-width, initial-scale=1.0">
7      <title>list-style</title>
8      <style type="text/css">
9          ul{list-style:circle inside;}
10         .one{list-style:outside url(images/1.png);}
11     </style>
12 </head>
13 <body>
14     <ul>
15         <li class="one">永和九年，岁在癸丑，暮春之初，会于会稽山阴之兰亭，修禊事也。</li>
16         <li>群贤毕至，少长咸集。</li>
17         <li>此地有崇山峻岭，茂林修竹，又有清流激湍，映带左右，引以为流觞曲水，列坐其次。</li>
18     </ul>
19 </body>
20 </html>
```

在例 3-22 中，第 14~18 行代码用于定义一个无序列表；第 9~10 行代码通过复合属性 list-style 分别设置 <ul>标签和第 1 个<li>标签的样式。

运行例 3-22 的代码，效果如图 3-29 所示。

需要说明的是，在实际的网页制作过程中，为了更高效地控制列表项目符号，通常将 list-style 属性的值定义为 none，然后通过为<dd>标签设置背景图像的方式添加列表项目图像，如例 3-23 所示。

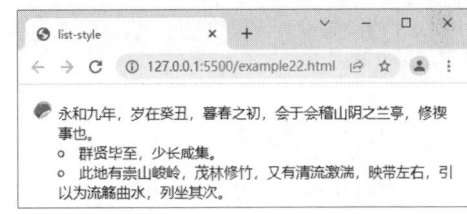

图3-29 例3-22代码的运行效果

例 3-23 example23.html

```
1  <!DOCTYPE html>
2  <html lang="en">
3  <head>
4      <meta charset="UTF-8">
5      <meta http-equiv="X-UA-Compatible" content="IE=edge">
6      <meta name="viewport" content="width=device-width, initial-scale=1.0">
7      <title>通过设置背景图像的方式来添加列表项目图像</title>
8      <style type="text/css">
9      dd{
10         list-style:none;        /*清除列表的默认样式*/
11         height:26px;
```

```
12          line-height:26px;
13          background:url(images/2.png) no-repeat left center; /*为<dd>标签设置背景图像*/
14          padding-left:25px;
15        }
16    </style>
17  </head>
18  <body>
19    <h2>熊猫</h2>
20    <dl>
21        <dt><img src="images/xiongmao.jpg"></dt>
22        <dd>黑眼圈</dd>
23        <dd>肥胖腰</dd>
24        <dd>圆滚滚</dd>
25    </dl>
26  </body>
27  </html>
```

在例 3-23 中，第 20～25 行代码用于定义一个列表；第 10 行
代码通过 "list-style:none;" 清除列表的默认样式；第 13 行代码通
过为<dd>标签设置背景图像的方式来添加列表项图像；第 21 行
代码用于在<dt>标签内部添加一张熊猫图片。

运行例 3-23 的代码，效果如图 3-30 所示。

通过图 3-30 可以看出，每个列表项前都添加了列表项目图像。
如果需要调整列表项目图像，只需要更改<dd>标签的背景属性即可。
关于背景属性的详细用法，将在后文中讲解，这里了解即可。

图3-30　例3-23代码的运行效果

3.6　CSS 的层叠性和继承性

层叠性和继承性是 CSS 的基本特征。在网页制作中，合理利
用 CSS 的层叠性和继承性能够简化代码结构，提高网页代码的运行速度。下面将对 CSS 的层叠性和继承性
进行详细讲解。

3.6.1　层叠性

层叠性是指 CSS 样式具有相互叠加的特性。例如，使用内嵌式 CSS 样式表定义<p>标签的字号为 12px，
使用链入式 CSS 样式表定义<p>标签的颜色为红色，那么<p>标签的段落文本的字号为 12px、颜色为红色，
也就是这两种样式叠加后的效果。

下面通过一个案例具体讲解 CSS 的层叠性，如例 3-24 所示。

例 3-24　example24.html

```
1  <!DOCTYPE html>
2  <html lang="en">
3  <head>
4      <meta charset="UTF-8">
5      <meta http-equiv="X-UA-Compatible" content="IE=edge">
6      <meta name="viewport" content="width=device-width, initial-scale=1.0">
7      <title>CSS 层叠性</title>
8      <style type="text/css">
9          p{font-size:18px; font-family:"微软雅黑";}
10         .special{font-style:italic;}
```

```
11          #one{font-weight:bold;}
12      </style>
13 </head>
14 <body>
15      <p>离离原上草，一岁一枯荣。</p>
16      <p class="special" id="one">野火烧不尽，春风吹又生。</p>
17 </body>
18 </html>
```

在例 3-24 中，第 15~16 行代码用于定义两个<p>标签；第 9 行代码通过标签选择器统一设置段落的字号和字体；第 10~11 行代码通过类选择器和 id 选择器分别为第 2 个<p>标签单独设置字体风格、加粗效果。

运行例 3-24 的代码，效果如图 3-31 所示。

通过图 3-31 可以看出，第 2 段文本的样式包括由标签选择器 p 定义的"微软雅黑"字体、由 id 选择器#one 定义的加粗效果、由类选择器.special 定义的字体倾斜效果，由此可见这 3 个选择器定义的 CSS 样式产生了叠加。

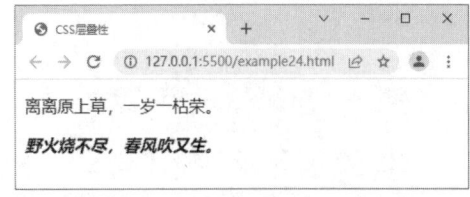

图3-31　例3-24代码的运行效果

3.6.2　继承性

继承性是指子标签会继承父标签的某些样式。例如，定义主体标签<body>的文本颜色为黑色，那么页面中所有的文本都为黑色。这是因为页面的其他标签都嵌套在<body>标签中，是<body>标签的子标签，这些子标签继承了父标签<body>的属性。

继承性非常有用，通过它不必为每个子标签单独添加与父标签相同的样式。如果相关的属性是可继承的属性，只需将它应用于父标签即可，示例代码如下。

```
p,div,h1,h2,h3,h4,ul,ol,dl,li{color:black;}
```

上述代码等价于如下代码。

```
body{color:black;}
```

使用标签选择器 body 可以实现相同的样式，且代码更加简洁。

恰当地使用 CSS 的继承性可以简化代码。但是如果在网页中使用大量继承样式，判断样式的来源就会变得很困难。所以，在实际工作中，网页中的全局样式通常使用继承样式。例如，字体、字号、颜色、行距等可以通过标签选择器 body 统一设置。

需要说明的是，并不是所有的 CSS 样式属性都可以继承，例如，下面这些样式属性就不具有继承性，需要使用 CSS 基础选择器单独设置。

- 边框属性。
- 外边距属性。
- 内边距属性。
- 背景属性。
- 定位属性。
- 浮动属性。
- 宽度属性。
- 高度属性。

注意：

标题标签有时不会采用由标签选择器 body 设置的字号，因为标题标签自带默认字号样式，如果由标签选择器 body 设置的字号过小，就会被标题标签的默认字号样式覆盖。

3.7　CSS 优先级

在定义 CSS 样式时，经常出现多个样式应用在同一标签上的情况，此时 CSS 会根据样式的权重优先显示权重最大的样式。CSS 优先级是指 CSS 样式的权重。CSS 为每个基础选择器都指定了不同的权重，方便开发者添加样式代码。下面通过一段示例代码对 CSS 优先级进行分析，CSS 样式代码如下。

```
p{color:red;}              /*标签样式*/
.blue{color:green;}        /*类样式*/
#header{color:blue;}       /*id 样式*/
```

CSS 样式代码对应的 HTML 结构如下。

```
<p id="header" class="blue">
    帮帮我，我到底显示什么颜色？
</p>
```

上述示例代码使用不同的 CSS 选择器为同一个标签设置文本颜色，这时浏览器会根据 CSS 选择器的优先级规则解析 CSS 样式。为了便于判断优先级，CSS 为每一种基础选择器都分配了一个权重。

可以通过虚拟数值的方式为 CSS 选择器匹配权重。假设标签选择器的权重为 1，类选择器的权重则为 10，id 选择器的权重则为 100。这样 id 选择器#header 就具有最高的优先级，因此文本显示为蓝色。

对于由多个选择器构成的复合选择器（并集选择器除外），其权重可以理解为基础选择器权重的叠加，示例 CSS 代码如下。

```
p strong{color:black}          /*权重为:1+1*/
strong .blue{color:green;}     /*权重为:1+10*/
.father strong{color:yellow}   /*权重为:10+1*/
p.father strong{color:orange;} /*权重为:1+10+1*/
p.father .blue{color:gold;}    /*权重为:1+10+10*/
#header strong{color:pink;}    /*权重为:100+1*/
#header strong.blue{color:red;} /*权重为:100+1+10*/
```

以上 CSS 代码对应的 HTML 结构如下。

```
<p class="father" id="header" >
    <strong class="blue">文本的颜色</strong>
</p>
```

在以上 CSS 代码中，#header strong.blue 选择器的权重最大，文本将显示为红色。此外，在考虑权重时，还需要注意以下特殊的情况。

（1）继承样式的权重为 0

在嵌套结构中，不管父元素样式的权重有多大，当它被子元素继承时，它的权重都为 0，也就是说子元素定义的样式会覆盖父元素的样式，示例 CSS 样式代码如下。

```
strong{color:red;}
#header{color:green;}
```

以上 CSS 样式代码对应的 HTML 结构如下。

```
<p id="header" class="blue">
    <strong>继承样式不如自定义的样式的权重大</strong>
</p>
```

在上述代码中，虽然#header 选择器的权重为 100，但被<strong>标签继承时它的权重为 0。虽然 strong 选择器的权重仅为 1，但它大于继承样式的权重，所以页面中的文本显示为红色。

（2）行内样式优先

应用 style 属性的标签，其行内样式的权重非常大。因此行内样式的优先级比上面提到的选择器都高。

（3）当权重相同时，CSS 的优先级遵循就近原则

靠近标签的样式具有最高的优先级，或者说，当 CSS 样式代码写在头部时排在最下面的样式的优先级最高。例如，以下代码是外部定义的 CSS 代码。

```
/*CSS 文档, 文件名为 style_red.css*/
#header{color:red;}                    /*外部样式*/
```

以上 CSS 样式代码对应的 HTML 结构代码如下。

```
1  <title>CSS 优先级</title>
2  <link rel="stylesheet" href="style_red.css" type="text/css"/>  /*引入外部定义的CSS样式代码*/
3  <style type="text/css">
4      #header{color:gray;}        /*内嵌式样式*/
5  </style>
6  </head>
7  <body>
8  <p id="header">权重相同时, 就近优先</p>
9  </body>
```

在上述示例代码中，第 2 行代码引入外链式 CSS 样式，它用于设置文本颜色为红色；第 3～5 行代码通过内嵌式 CSS 样式设置文本颜色为灰色。

上述代码被解析后，段落文本会显示为灰色，即内嵌式样式优先。这是因为内嵌式样式比外链式样式更靠近 HTML 标签。因此，如果同时引用两个外部样式表，则排在下面的样式表具有更高的优先级。将以上内嵌式样式更改为如下形式。

```
p{color:gray;}                        /*内嵌式样式*/
```

此时，外链式的 id 选择器和内嵌式的标签选择器的权重不同，#header 选择器的权重更高，文字会显示为外部样式定义的红色。

（4）使用 "!important" 命令的标签会被赋予最高的优先级

当使用 "!important" 命令后，将不再考虑权重和位置关系，使用 "!important" 的标签具有最高的优先级，示例 CSS 样式代码如下。

```
#header{color:red!important;}
```

应用以上样式的段落文本会显示为红色，因为使用 "!important" 命令的样式拥有最高的优先级。需要注意的是，"!important" 命令必须位于属性值和英文分号之间，否则无效。

复合选择器的权重为组成它的基础选择器权重的叠加，但是这种叠加并不是简单的数字相加。下面通过一个案例来具体说明，如例 3-25 所示。

例 3-25　example25.html

```
1  <!DOCTYPE html>
2  <html lang="en">
3  <head>
4      <meta charset="UTF-8">
5      <meta http-equiv="X-UA-Compatible" content="IE=edge">
6      <meta name="viewport" content="width=device-width, initial-scale=1.0">
7      <title>复合选择器权重的叠加</title>
8      <style type="text/css">
9      .inner{text-decoration:line-through;}     /*类选择器用于定义删除线, 权重为10*/
10     div div div div div div div div div div div{text-decoration:underline;}
11     /*后代选择器用于定义下划线, 权重为 11 个 1 的叠加*/
12     </style>
13 </head>
```

```
14 <body>
15   <div>
16     <div><div><div><div><div><div><div><div><div>
17       <div class="inner">文本的样式</div>
18     </div></div></div></div></div></div></div></div></div>
19   </div>
20 </body>
21 </html>
```

在例 3-25 中，第 15～19 行代码共使用 11 对<div>标签，它们层层嵌套。其中第 17 行代码为最里层的<div>标签定义类名 "inner"；第 9～10 行代码使用类选择器和后代选择器分别定义最里层<div>标签的样式。

那么浏览器中文本的样式到底如何呢？如果仅仅将基础选择器的权重相加，后代选择器（包含 11 层<div>标签）的权重为 11，大于类选择器.inner 的权重 10，文本将添加下划线。

运行例 3-25 的代码，效果如图 3-32 所示。

在图 3-32 中，文本并没有像预期的那样添加下划线，而添加了由类选择器.inner 定义的删除线。由此可

图3-32　例3-25代码的运行效果

见，复合选择器的权重无论为多少个标签选择器权重的叠加，都不会大于类选择器的权重。同理，复合选择器的权重无论为多少个类选择器和标签选择器权重的叠加，都不会大于 id 选择器的权重。

3.8　阶段案例——宣传软文

为了使读者能更好地认识 CSS，本节将通过案例的形式分步骤制作宣传软文页面，效果如图 3-33 所示。

3.8.1　分析效果图

1. 结构分析

由图 3-33 可知，宣传软文由一个标题、多个段落构成，可以使用标题标签<h2>、段落标签<p>进行定义。为了实现文本的特殊显示效果，需要使用不同类名的<strong>标签对文本进行单独控制。

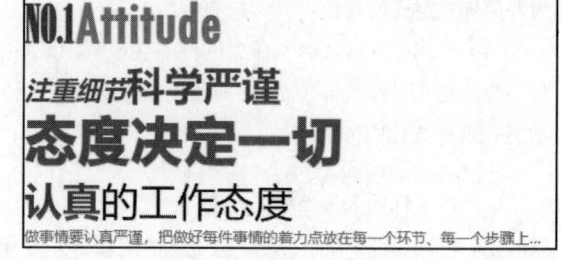

图3-33　宣传软文页面的效果

2. 样式分析

仔细观察图 3-33 可以发现，页面中的文本使用了多种字体，所以需要先下载相应字体，并使用@font-face 规则定义服务器字体，然后应用字体样式属性控制段落文本的字号、粗细和颜色等样式。需要注意的是，最后一行文本中有 "…" 符号，表示溢出的文本，可以使用 "text-overflow:ellipsis;" 样式来实现。

3.8.2　搭建页面结构

分析完效果图后，下面使用相应的 HTML 标签搭建页面结构，如例 3-26 所示。

例 3-26　example26.html

```
1 <!DOCTYPE html>
2 <html lang="en">
3 <head>
4   <meta charset="UTF-8">
5   <meta http-equiv="X-UA-Compatible" content="IE=edge">
```

```
6        <meta name="viewport" content="width=device-width, initial-scale=1.0">
7        <title>宣传软文</title>
8    </head>
9    <body>
10       <p><strong>NO.1</strong><strong>Attitude</strong></p>
11       <p><strong>注重细节</strong><strong>科学严谨</strong></p>
12       <h2><strong>态度决定一切</strong></h2>
13       <p><strong>认真</strong>的工作态度</p>
14       <p> 做事情要认真严谨, 把做好每件事情的着力点放在每一个环节、每一个步骤上, 不心浮气躁, 不好高骛
远, 从最简单、最平凡、最普通的事情做起。</p>
15   </body>
16   </html>
```

在例 3–26 中, 第 10~14 行代码使用 <h2> 标签、<p> 标签定义标题、段落, 并且为了控制段落中需要特殊显示的文本, 在相应的位置嵌入了 <strong> 标签。

运行例 3–26 的代码, 页面效果如图 3–34 所示。

3.8.3 定义 CSS 样式

图 3–34 所示的是没有任何样式修饰的宣传软文页面。要想实现图 3–33 所示的效果, 需要使用 CSS 对文本进行控制。下面使用实际工作中常用的链入式方式引入 CSS 样式表, 具体步骤如下。

（1）新建一个 CSS 文件并命名为 style26.css, 将其保存在 chapter03 文件夹中。

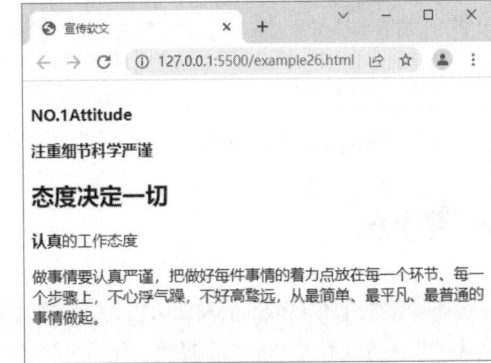

图3–34 例3–26代码的运行效果

（2）在 example26.html 文件的 <head> 头部标签内、<title> 标签之后添加如下的 CSS 代码, 引入外部样式表 style26.css。

```
<link rel="stylesheet" href="style26.css" type="text/css" />
```

（3）为页面中需要单独控制的标签添加相应的类名, 具体代码如下。

```
<!DOCTYPE html>
<html lang="en">
<head>
    <meta charset="UTF-8">
    <meta http-equiv="X-UA-Compatible" content="IE=edge">
    <meta name="viewport" content="width=device-width, initial-scale=1.0">
    <title>宣传软文</title>
    <link rel="stylesheet" href="style26.css" type="text/css" />
</head>
<body>
    <p class="one"><strong class="a">NO.1</strong><strong class="b">Attitude</strong></p>
    <p class="two"><strong class="a">注重细节</strong><strong class="b">科学严谨
</strong></p>
    <h2><strong class="b">态度决定一切</strong></h2>
    <p class="three"><strong>认真</strong>的工作态度</p>
    <p class="four"> 做事情要认真严谨, 把做好每件事情的着力点放在每一个环节、每一个步骤上, 不心浮
气躁, 不好高骛远, 从最简单、最平凡、最普通的事情做起。</p>
</body>
</html>
```

（4）添加 CSS 样式代码, 具体代码如下。

```
1  @charset "UTF-8";
2  /* CSS Document */
3  *{margin:0; padding:0;}
```

```
 4  @font-face{font-family:ONYX; src:url(font/ONYX.TTF);}
 5  @font-face{font-family:TCM; src:url(font/TCCM____.TTF);}
 6  @font-face{font-family:BOOM; src:url(font/BOOMBOX.TTF);}
 7  @font-face{font-family:LTCH; src:url(font/LTCH.TTF);}
 8  .one .a{font-family:ONYX; font-size:48px; color:#333;}
 9  .one .b{font-family:TCM; font-size:58px; color:#4c9372;}
10  .two .a{font-family:BOOM; font-size:24px; font-weight:bold; font-style:oblique;
color:#333;}
11  .two .b{font-family:BOOM; font-size:36px; font-weight:bold; color:#333;}
12  h2 .a{font-family:BOOM; font-size:60px;}
13  h2 .b{font-family:LTCH; font-size:50px; color:#e1005a;}
14  .three{font-family:"微软雅黑"; font-size:36px;}
15  .three strong{color:#e1005a;}
16  .four{width:500px; font-family:" 微软雅黑 "; font-size:14px; color:#747474;white-
space:nowrap; overflow:hidden; text-overflow:ellipsis;}
```

在上述代码中，第 3 行代码应用通配符选择器清除浏览器
的默认样式。

运行案例代码，宣传软文页面的效果如图 3-35 所示。

本章小结

图3-35   宣传软文页面的效果

本章首先介绍了 CSS 的发展历史、CSS 样式规则、CSS 样
式表的引入方式和 CSS 基础选择器，然后讲解了 CSS 常用的字
体样式属性、文本外观属性、列表样式属性、层叠性、继承性
和优先级，最后使用 CSS 和 HTML 制作了一个宣传软文页面。

通过对本章的学习，读者能够充分理解 CSS 的结构与样式分离的特性及 CSS 样式的优先级规则，可以
熟练地使用 CSS 控制页面的文本外观样式。

动手实践

学习完本章的内容，下面来动手实践一下。

结合所给素材，运用 CSS 基础选择器、CSS 相关属性等实现图 3-36 所示的图文混排页面。

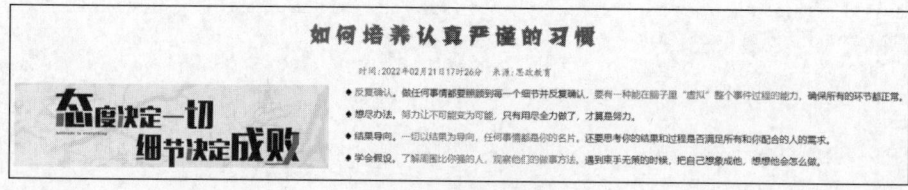

图3-36   图文混排页面

第4章

CSS3选择器

★ 熟悉属性选择器的用法，了解不同属性选择器的功能。

★ 掌握关系选择器的用法，能够使用关系选择器选择父标签中嵌套的子标签。

★ 掌握结构化伪类选择器的用法，能够使用不同功能的结构化伪类选择器精准控制标签样式。

★ 掌握状态化伪类选择器的用法，能够使用状态化伪类选择器设置导航样式。

★ 掌握伪元素选择器的用法，能够使用伪元素选择器为标签添加样式。

选择器是 CSS3 中的一个重要内容，在第 3 章中已经介绍过一些常用的选择器，但 CSS3 中还有一些选择器，使用这些选择器可以大幅提高编写和修改样式表的效率，本章将详细介绍这些选择器。

4.1 属性选择器

使用属性选择器可以根据标签的属性及属性值来选择对应标签，从而为标签设置差异化的 CSS 样式。CSS3 中有多种属性选择器，例如 E[attribute]选择器、E[attribute=value]选择器、E[attribute~=value]选择器等。本节将对属性选择器进行详细讲解。

4.1.1 E[attribute]选择器

E[attribute]选择器用于选择标签名称为 E（代指标签名称），并且设置了 attribute（代指属性名称）属性的标签。其中，E 可以省略，如果省略则表示匹配满足条件的任意标签。例如，div[id]用于匹配包含 id 属性的\<div\>标签。

下面通过一个案例对 E[attribute]选择器的用法进行演示，如例 4-1 所示。

例 4-1　example01.html

```
1  <!DOCTYPE html>
2  <html lang="en">
3  <head>
4      <meta charset="UTF-8">
5      <meta http-equiv="X-UA-Compatible" content="IE=edge">
6      <meta name="viewport" content="width=device-width, initial-scale=1.0">
```

```
7        <title>E[attribute]选择器</title>
8        <style>
9           [id]{
10              font-size:36px;
11              color:#f00;
12          }
13       </style>
14   </head>
15   <body>
16       <p id="one">啊，朋友！</p>
17       <h2 id="two">黄河以它英雄的气魄，</h2>
18       <p class="two">出现在亚洲的原野。</p>
19   </body>
20   </html>
```

在例 4-1 中，第 16～18 行代码用于定义两个<p>标签和一个<h2>标签，其中第 16 行代码中的<p>标签设置 id 属性值为 one，第 17 行代码中的<h2>标签设置 id 属性值为 two，第 18 行代码中的<p>标签设置 class 属性值为 two；第 9～12 行代码为设置 id 属性的标签添加字号和颜色样式。

运行例 4-1 的代码，效果如图 4-1 所示。

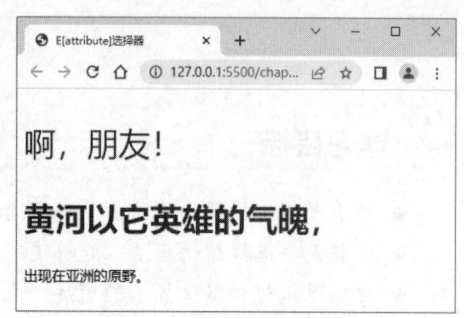

图4-1　例4-1代码的运行效果

4.1.2　E[attribute=value]选择器

E[attribute=value]选择器用于选择标签名称为 E（代指标签名称），并且设置了 attribute（代指属性名称）属性和 value（代指属性值）属性值的标签。同 E[attribute]选择器一样，E[attribute=value]选择器中的 E 也可以省略。例如，[align=center]用于匹配包含 align 属性且属性值为 center 的全部标签。

下面通过一个案例对 E[attribute=value]选择器的用法进行演示，如例 4-2 所示。

例4-2　example02.html

```
1    <!DOCTYPE html>
2    <html lang="en">
3    <head>
4        <meta charset="UTF-8">
5        <meta http-equiv="X-UA-Compatible" content="IE=edge">
6        <meta name="viewport" content="width=device-width, initial-scale=1.0">
7        <title>E[attribute=value]选择器</title>
8        <style>
9           [align=center]{
10              font-size:36px;
11          }
12       </style>
13   </head>
14   <body>
15       <p align="center">得道者多助，失道者寡助。</p>
16       <p align="center">寡助之至，亲戚畔之。</p>
17       <p align="right">多助之至，天下顺之。</p>
18   </body>
19   </html>
```

在例 4-2 中，第 15～17 行代码用于定义 3 个<p>标签，其中第 15～16 行代码中的<p>标签设置 align 属性值为 center，第 17 行代码中的<p>标签设置 align 属性值为 right。第 9～11 行代码用于为 align 属性值为 center 的标签添加 CSS 样式。

运行例 4-2 的代码，效果如图 4-2 所示。

从图 4-2 可以看出，第 1 段文本和第 2 段文本呈大字号
显示。由此可见，代码中所有 align 属性值为 center 的标签
都应用了设置的 CSS 样式。

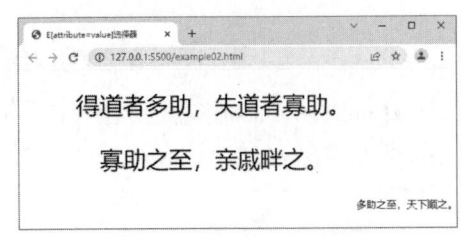

图4-2　例4-2代码的运行效果

4.1.3　E[attribute~=value]选择器

E[attribute~=value]选择器用于选择标签名称为 E（代指
标签名称），并且设置了 attribute（代指属性名称）属性，而
且包含 value（代指属性值）属性值的标签。E[attribute=value]选择器只有在标签中的属性和属性值与
E[attribute=value]选择器中的属性和属性值完全一致时，才可选中标签；但对 E[attribute~=value]选择器来说，
只要标签包含 E[attribute~=value]选择器的属性值即可被选中。

下面通过一个案例对 E[attribute~=value]选择器的用法进行演示，如例 4-3 所示。

例4-3　example03.html

```
1  <!DOCTYPE html>
2  <html lang="en">
3  <head>
4      <meta charset="UTF-8">
5      <meta http-equiv="X-UA-Compatible" content="IE=edge">
6      <meta name="viewport" content="width=device-width, initial-scale=1.0">
7      <title>E[attribute~=value]选择器</title>
8      <style>
9          [class~=a]{
10             font-size:36px;
11             color:green;
12         }
13     </style>
14 </head>
15 <body>
16     <p class="a">《赤　壁》</p>
17     <p class="a b">杜牧</p>
18     <p class="a-b">折戟沉沙铁未销，自将磨洗认前朝。东风不与周郎便，铜雀春深锁二乔。</p>
19 </body>
20 </html>
```

在例 4-3 中，第 16~18 行代码用于定义 3 个<p>
标签，其中第 16 行代码为<p>标签设置类名 a，第 17
行代码为<p>标签设置两个类名 a 和 b，第 18 行代码
为<p>标签设置类名为 a-b；第 9~12 行代码为类名为
a 的标签添加 CSS 样式。

运行例 4-3 的代码，效果如图 4-3 所示。

从图 4-3 可以看出，第 1 段文本和第 2 段文本的
样式正是代码设置的样式。由此可见，代码中所有类
名包含 a 的标签都应用了设置的样式。需要注意的是，

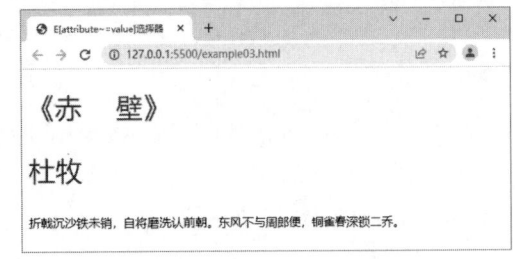

图4-3　例4-3代码的运行效果

虽然第 18 行代码中<p>标签的类名含有 a 字母，但 E[attribute~=value]选择器只对完整的属性值生效。

4.1.4　E[attribute|=value]选择器

E[attribute|=value]选择器的用法与 E[attribute~=value]选择器的类似，不同的是使用 E[attribute|=value]选择器能够选择带有 value 属性值或以 value–开头的属性值的标签。下面替换例 4–3 的第 9～12 行代码，替换代码如下。

```
1  [class|=a]{
2      font-size:36px;
3      color:green;
4  }
```

在上述代码中，第 1 行代码表示使用 E[attribute|=value]选择器选择属性值为 a 或以 a–开头的标签。

保存并运行例 4–3 的代码，效果如图 4–4 所示。

从图 4–4 可以看出，第 1 段文本和第 3 段文本的样式正是代码设置的样式，但设置两个类名的第 2 段文本并没有添加样式。由此可见，E[attribute|=value]选择器只选择属性值为 a 或以 a–开头的标签。

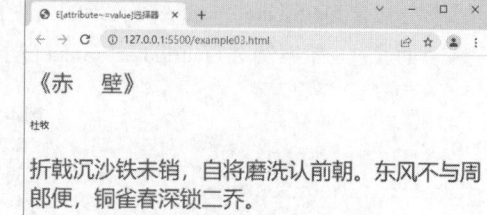

图4-4　修改代码后例4-3的运行效果

4.1.5　E[attribute^=value]选择器

E[attribute^=value]选择器是 CSS3 中新增的选择器。该选择器用于选择标签名称为 E（代指标签名称），并且设置了 attribute（代指属性名称）属性，而且属性值前缀为 value（代指属性值）的标签。例如，div[id^=section]用于匹配包含 id 属性，且 id 属性值以 section 字符串开头的<div>标签。

下面通过一个案例对 E[attribute ^=value]选择器的用法进行演示，如例 4–4 所示。

例4-4　example04.html

```
1   <!DOCTYPE html>
2   <html lang="en">
3   <head>
4       <meta charset="UTF-8">
5       <meta http-equiv="X-UA-Compatible" content="IE=edge">
6       <meta name="viewport" content="width=device-width, initial-scale=1.0">
7       <title>E[attribute^=value]选择器</title>
8       <style type="text/css">
9           p[id^=one]{
10              color:pink;
11              font-family:"微软雅黑";
12              font-size:20px;
13          }
14      </style>
15  </head>
16  <body>
17      <p id="one">
18          山不在高，有仙则名。水不在深，有龙则灵。斯是陋室，惟吾德馨。
19      </p>
20      <p id="two">
21          苔痕上阶绿，草色入帘青。谈笑有鸿儒，往来无白丁。
22      </p>
23      <p id="one1">
24          可以调素琴，阅金经。无丝竹之乱耳，无案牍之劳形。南阳诸葛庐，西蜀子云亭。
25      </p>
26      <p id="two1">
```

```
27      孔子云：何陋之有?
28      </p>
29  </body>
30  </html>
```

在例4-4中，第9～13行代码借助属性选择器 p[id^=one]为所有 id 属性值的前缀为 one 的<p>标签设置样式。

运行例 4-4 的代码，效果如图 4-5 所示。

从图 4-5 可以看出，第 1 段文字和第 3 段文字的样式正是代码设置的样式。由此可见，p[id^=one]选择器用于选择所有 id 属性值前缀为 one 的标签。

4.1.6　E[attribute$=value]选择器

E[attribute$=value]选择器是 CSS3 中新增的选择器。该选择器的用法与 E[attribute^=value]选择器的类似，用于选择标签名称为 E（代指标签名称），并且设置了 attribute（代指属性名称）属性，而且属性值后缀为 value（代指属性值）的标签。例如，div[id$=section]用于匹配包含 id 属性，且 id 属性值以 section 字符串结尾的<div>标签。

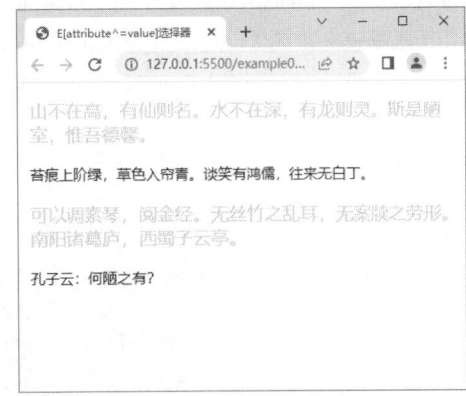

图4-5　例4-4代码的运行效果

下面通过一个案例对 E[attribute$=value]选择器的用法进行演示，如例 4-5 所示。

例 4-5　example05.html

```
1  <!DOCTYPE html>
2  <html lang="en">
3  <head>
4      <meta charset="UTF-8">
5      <meta http-equiv="X-UA-Compatible" content="IE=edge">
6      <meta name="viewport" content="width=device-width, initial-scale=1.0">
7      <title>E[attribute$=value]选择器</title>
8      <style type="text/css">
9          p[id$=main]{
10              color:#0cf;
11              font-family:"宋体";
12              font-size:32px;
13          }
14      </style>
15  </head>
16  <body>
17      <p id="old1">水陆草木之花，可爱者甚蕃。</p>
18      <p id="old2">晋陶渊明独爱菊。自李唐来，世人甚爱牡丹。</p>
19      <p id="oldmain">予独爱莲之出淤泥而不染，濯清涟而不妖，中通外直，不蔓不枝，香远益清，亭亭净植，
</p>
20      <p id="newmain">可远观而不可亵玩焉。</p>
21  </body>
22  </html>
```

在例 4-5 中，第 9～13 行代码借助 E[attribute$=value]选择器 p[id$=main]为 id 属性值后缀为 main 的<p>标签设置样式。

运行例 4-5 的代码，效果如图 4-6 所示。

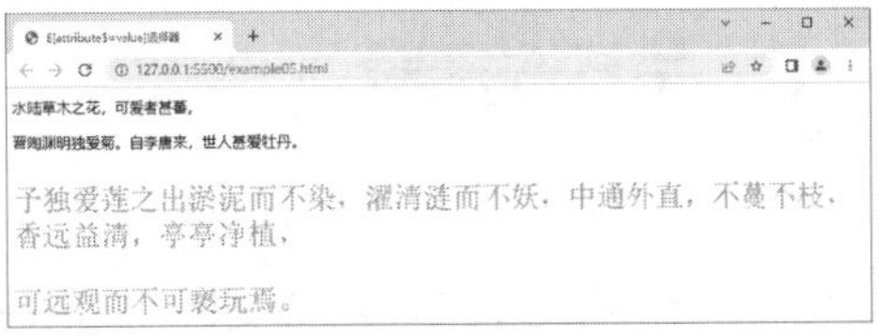

从图 4-6 可以看出，第 3 段文字和第 4 段文字的样式与代码中设置的字体、颜色、字号等样式一致，由此

图4-6　例4-5代码的运行效果

可见，p[id$=main]选择器用于选择所有 id 属性值后缀为 main 的标签。

4.1.7 E[attribute*=value]选择器

E[attribute*=value]选择器是 CSS3 中新增的选择器。该选择器用于选择标签名称为 E（代指标签名称），并且设置了 attribute（代指属性名称）属性，而且属性值包含 value（代指属性值）的标签。例如，div[id*=section]用于匹配包含 id 属性，且 id 属性值包含 section 字符串的<div>标签。

下面通过一个案例对 E[attribute*=value]选择器的用法进行演示，如例 4-6 所示。

例4-6 example06.html

```
1  <!DOCTYPE html>
2  <html lang="en">
3  <head>
4    <meta charset="UTF-8">
5    <meta http-equiv="X-UA-Compatible" content="IE=edge">
6    <meta name="viewport" content="width=device-width, initial-scale=1.0">
7    <title>E[attribute*=value]选择器</title>
8    <style type="text/css">
9      p[id*=de]{
10          color:#0ca;
11          font-family: "宋体";
12          font-size:20px;
13      }
14   </style>
15 </head>
16 <body>
17   <p id="demo1">予谓菊，花之隐逸者也；</p>
18   <p id="main1">牡丹，花之富贵者也；</p>
19   <p id="newdemo">莲，花之君子者也。</p>
20   <p id="olddemo">噫！菊之爱，陶后鲜有闻。莲之爱，同予者何人？牡丹之爱，宜乎众矣。</p>
21 </body>
22 </html>
```

在例 4-6 中，第 9～13 行代码借助属性选择器 p[id*=de]为 id 属性值中包含字符串 de 的<p>标签设置样式。

运行例 4-6 的代码，效果如图 4-7 所示。

从图 4-7 可以看出，第 1 段文字、第 3 段文字和第 4 段文字的样式正是代码设置的样式，由此可见，p[id*= de]选择器用于选择所有 id 属性值包含 de 的标签。

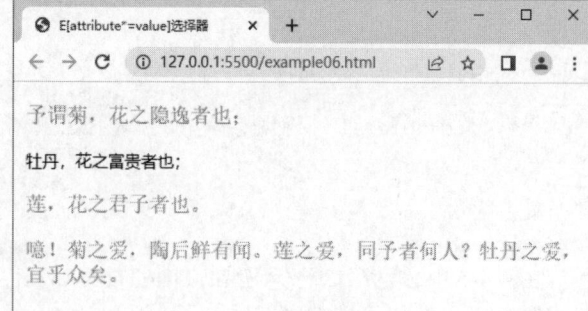

图4-7 例4-6代码的运行效果

4.2 关系选择器

关系选择器与第3章介绍的复合选择器类似，但使用关系选择器可以更精确地控制标签样式。CSS3 中的关系选择器主要包括子元素选择器和兄弟选择器，本节将详细讲解这两种关系选择器。

4.2.1　子元素选择器

子元素选择器主要用来选择父标签的子标签，由符号 ">" 连接标签名称。例如，要选择<h1>标签中的子标签<strong>，可以将子元素选择器写为：h1>strong。

下面通过一个案例对子元素选择器的用法进行演示，如例 4-7 所示。

例 4-7　example07.html

```
1  <!DOCTYPE html>
2  <html lang="en">
3  <head>
4      <meta charset="UTF-8">
5      <meta http-equiv="X-UA-Compatible" content="IE=edge">
6      <meta name="viewport" content="width=device-width, initial-scale=1.0">
7      <title>子元素选择器</title>
8      <style type="text/css">
9          h2>strong{
10             color:red;
11             font-size:20px;
12             font-family:"微软雅黑";
13         }
14     </style>
15 </head>
16 <body>
17     <h2>前不见<strong>古人</strong>，后不见<strong>来者</strong>。</h2>
18     <h2>念天地之悠悠，<em><strong>独怆</strong></em>然而涕下。</h2>
19 </body>
20 </html>
```

在例 4-7 中，第 17 行代码的<strong>标签为<h2>标签的子标签；第 18 行代码的<strong>标签为<h2>标签的孙标签。

运行例 4-7 的代码，效果如图 4-8 所示。

从图 4-8 可以看出，第 1 段文本有两种不同的颜色，正是代码设置的样式。由此可见，子元素选择器只对父标签中的子标签生效。

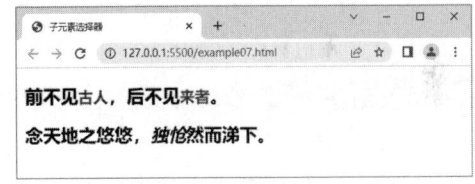

图4-8　例4-7代码的运行效果

4.2.2　兄弟选择器

兄弟选择器可用于选择位于同一个父标签中的指定标签之后的具有并列关系的子标签。在 CSS3 中，兄弟选择器分为邻近兄弟选择器和普通兄弟选择器两种，具体介绍如下。

1. 邻近兄弟选择器

在邻近兄弟选择器中，使用 "+" 符号连接前后两个选择器。选择器中的两个子标签从属于同一个父标签，而且被选择的子标签必须紧跟指定的标签。

下面通过一个案例对邻近兄弟选择器的用法进行演示，如例 4-8 所示。

例 4-8　example08.html

```
1  <!DOCTYPE html>
2  <html lang="en">
3  <head>
4      <meta charset="UTF-8">
5      <meta http-equiv="X-UA-Compatible" content="IE=edge">
```

```
6        <meta name="viewport" content="width=device-width, initial-scale=1.0">
7        <title>邻近兄弟选择器</title>
8        <style type="text/css">
9          p+h2{
10             color:green;
11             font-family:"宋体";
12             font-size:20px;
13           }
14       </style>
15   </head>
16   <body>
17       <h2>《赠汪伦》</h2>
18       <p>李白乘舟将欲行，</p>
19       <h2>忽闻岸上踏歌声。</h2>
20       <h2>桃花潭水深千尺，</h2>
21       <h2>不及汪伦送我情。</h2>
22   </body>
23   </html>
```

在例 4-8 中，第 9～13 行代码用于为<p>标签后紧邻的第 1 个邻近兄弟标签<h2>定义样式。从代码中可以看出，<p>标签后的第一个邻近兄弟标签的所在位置为第 19 行代码，因此第 19 行代码的文字内容将显示为第 9～13 行代码定义的样式。

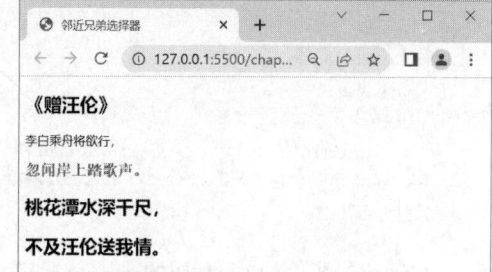

运行例 4-8 的代码，效果如图 4-9 所示。

从图 4-9 中可以看出，第 3 段文字为绿色、宋体，由此可见，邻近兄弟选择器只对紧跟指定标签的标签生效。

图4-9　例4-8代码的运行效果

2. 普通兄弟选择器

在普通兄弟选择器中，使用"～"符号来连接前后两个选择器。选择器中的两个子标签从属于同一个父标签，而且被选择的子标签需要位于指定标签之后。

下面通过一个案例对普通兄弟选择器的用法进行演示，如例 4-9 所示。

例4-9　example09.html

```
1   <!DOCTYPE html>
2   <html lang="en">
3   <head>
4       <meta charset="UTF-8">
5       <meta http-equiv="X-UA-Compatible" content="IE=edge">
6       <meta name="viewport" content="width=device-width, initial-scale=1.0">
7       <title>普通兄弟选择器</title>
8       <style type="text/css">
9         p~h2{
10            color:pink;
11            font-family:"微软雅黑";
12            font-size:20px;
13          }
14      </style>
15   </head>
16   <body>
17       <h2>《断章》</h2>
18       <p>你站在桥上看风景</p>
19       <h2>看风景的人在楼上看你</h2>
20       <h2>明月装饰了你的窗子</h2>
```

```
21      <h2>你装饰了别人的梦</h2>
22  </body>
23  </html>
```

在例 4–9 中，第 9～13 行代码用于为<p>标签后的所有兄弟标签<h2>定义样式。从代码中可以看出，<p>标签后的兄弟标签所在的位置为第 19～21 行代码，因此第 19～21 行代码的文字内容将显示为第 9～13 行代码定义的样式。

运行例 4–9 的代码，效果如图 4–10 所示。

从图 4–10 中可以看出，<p>标签后的所有兄弟标签<h2>都应用了代码设定的样式。

图4–10　例4–9代码的运行效果

4.3　结构化伪类选择器

使用结构化伪类选择器，可以根据 HTML 文件结构选择对应的标签，直接设置样式。CSS3 中增加了许多新的结构化伪类选择器，方便开发者精准地控制标签样式。常用的结构化伪类选择器有:root 选择器、:not 选择器、:only-child 选择器、:first-child 选择器、:last-child 选择器等。本节将对这些常用的结构化伪类选择器进行具体介绍。

4.3.1　:root 选择器

:root 选择器用于匹配文件根标签，在 HTML 中，根标签是指<html>标签。因此使用:root 选择器定义的样式对所有页面标签都生效。

下面通过一个案例对:root 选择器的用法进行演示，如例 4–10 所示。

例 4-10　example10.html

```
1   <!DOCTYPE html>
2   <html lang="en">
3   <head>
4       <meta charset="UTF-8">
5       <meta http-equiv="X-UA-Compatible" content="IE=edge">
6       <meta name="viewport" content="width=device-width, initial-scale=1.0">
7       <title>:root 选择器</title>
8       <style type="text/css">
9           :root{font-size:40px;}
10          h2{font-size:20px;}
11      </style>
12  </head>
13  <body>
14      <h2>《赠汪伦》</h2>
15      <p>李白乘舟将欲行，忽闻岸上踏歌声。桃花潭水深千尺，不及汪伦送我情。</p>
16  </body>
17  </html>
```

在例 4–10 中，第 9 行代码使用:root 选择器将页面中所有的文本字号设置为 40px；第 10 行代码使用标签选择器将<h2>标签中的文本字号设置为 20px，以覆盖第 9 行代码中设置的字号。

运行例 4–10 的代码，效果如图 4–11 所示。

如果不设置<h2>标签中文本的字号，仅使用:root 选择器设置的字号，即删除第 10 行代码，保存并运行例 4–10 的代码，效果如图 4–12 所示。

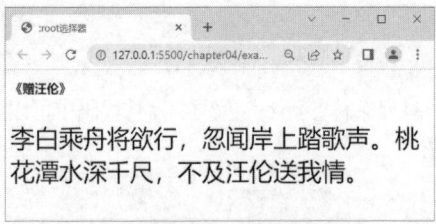
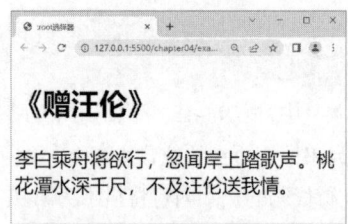

图4-11　例4-10代码的运行效果（1）　　　　图4-12　例4-10代码的运行效果（2）

4.3.2　:not 选择器

使用:not选择器用于匹配除设置的标签或属性之外的标签。例如，h3:not(.one)用于选择没有类名.one 的 <h3>标签。下面通过一个案例具体演示:not 选择器的用法，如例 4-11 所示。

例 4-11　example11.html

```html
1  <!DOCTYPE html>
2  <html lang="en">
3  <head>
4      <meta charset="UTF-8">
5      <meta http-equiv="X-UA-Compatible" content="IE=edge">
6      <meta name="viewport" content="width=device-width, initial-scale=1.0">
7      <title>:not 选择器</title>
8      <style type="text/css">
9          p:not(.one){
10             color: orange;
11             font-size: 20px;
12             font-family: "宋体";
13         }
14     </style>
15 </head>
16 <body>
17     <h3>《约客》</h3>
18     <p>黄梅时节家家雨，</p>
19     <p class="one">青草池塘处处蛙。</p>
20     <p>有约不来过夜半，</p>
21     <strong>闲敲棋子落灯花。</strong>
22 </body>
23 </html>
```

在例 4-11 中，第 9～13 行代码使用 p:not(.one)选择器为 class 属性值不为.one 的<p>标签设置样式。

运行例 4-11 的代码，效果如图 4-13 所示。

从图 4-13 中可以看出，第 2 段文字和第 4 段文字的样式正是代码设置的样式；第 3 段文字虽然使用选择器定义的样式，但仍显示为黑色。由此可见，p:not(.one)选择器生效。需要注意的是，如果要排除标签，需要单独定义要排除标签的样式，否则:not 选择器会为全部标签添加样式。下面通过一个案例来具体演示，如例 4-12 所示。

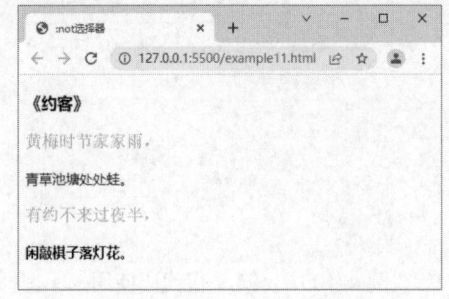

图4-13　例4-11代码的运行效果

例 4-12　example12.html

```html
1  <!DOCTYPE html>
2  <html lang="en">
3  <head>
```

```
4      <meta charset="UTF-8">
5      <meta http-equiv="X-UA-Compatible" content="IE=edge">
6      <meta name="viewport" content="width=device-width, initial-scale=1.0">
7      <title>:not 选择器</title>
8      <style type="text/css">
9          :not(p){
10             color: orange;
11             font-size: 20px;
12             font-family: "宋体";
13         }
14     </style>
15 </head>
16 <body>
17     <h3>《约客》</h3>
18     <p>黄梅时节家家雨，</p>
19     <p class="one">青草池塘处处蛙。</p>
20     <p>有约不来过夜半，</p>
21     <strong>闲敲棋子落灯花。</strong>
22 </body>
23 </html>
```

在例 4–12 中，第 9 行代码中的:not(p)用于选择除<p>标签之外的其他标签。

运行例 4–12 的代码，效果如图 4–14 所示。

从图 4–14 可以看出，所有段落文字的颜色正是代码设置的颜色，由此可见，:not 选择器为所有的标签都添加了样式。此时需要单独添加被:not 选择器排除的<p>标签的样式。在例 4–12 的第 8 行和第 9 行代码之间添加如下代码。

```
p{
    color: #000;
    font-size: 12px;
}
```

保存并运行例 4–12 的代码，效果如图 4–15 所示。

图4-14　例4-12代码的运行效果（1）

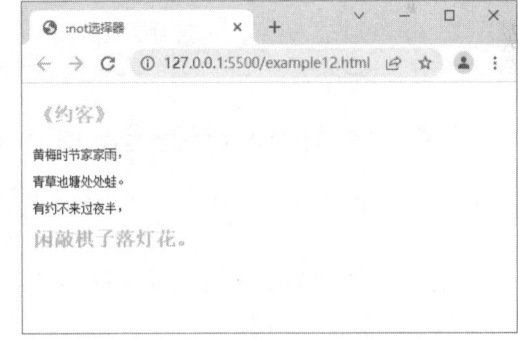

图4-15　例4-12代码的运行效果（2）

从图 4–15 可以看出，第 2~4 段的文本为黑色、字号稍小，由此可见，:not 选择器生效，排除了对应标签。

4.3.3　:only-child 选择器

:only-child 选择器用于选择父标签中的唯一子标签，也就是说，如果某个父标签仅有一个子标签，使用:only-child 选择器可以选择这个子标签。

下面通过一个案例对:only-child 选择器的用法进行演示，如例 4–13 所示。

例 4-13   example13.html

```
1  <!DOCTYPE html>
2  <html lang="en">
3  <head>
4      <meta charset="UTF-8">
5      <meta http-equiv="X-UA-Compatible" content="IE=edge">
6      <meta name="viewport" content="width=device-width, initial-scale=1.0">
7      <title>:only-child 选择器</title>
8      <style type="text/css">
9          strong:only-child{color:red;}
10     </style>
11 </head>
12 <body>
13     <p>
14         <strong>《泊秦淮》</strong>
15         <strong>杜牧</strong>
16     </p>
17     <p>
18         <strong>烟笼寒水月笼沙，</strong>
19     </p>
20     <p>
21         <strong>夜泊秦淮近酒家。</strong>
22         <strong>商女不知亡国恨，</strong>
23         <strong>隔江犹唱后庭花。</strong>
24     </p>
25 </body>
26 </html>
```

在例 4-13 中，第 9 行代码使用 strong:only-
child 选择器选择<p>标签的唯一子标签<strong>标
签，并设置<strong>标签的文本颜色为红色。

运行例 4-13 的代码，效果如图 4-16 所示。

在图 4-16 中，第 2 段文本的样式正是代码设
置的样式，由此可见，:only-child 选择器选择的
是只有一个子标签的标签。

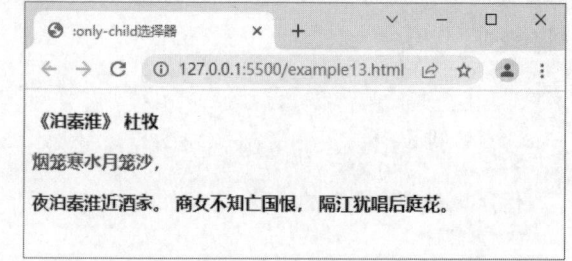

图4-16   例4-13代码的运行效果

4.3.4 :first-child 选择器和:last-child 选择器

:first-child 选择器和:last-child 选择器的用法类似。:first-child 选择器用于选择父标签中的第 1 个子标
签，:last-child 选择器用于选择父标签中的最后一个子标签。

下面通过一个案例来演示:first-child 选择器和:last-child 选择器的使用方法，如例 4-14 所示。

例 4-14   example14.html

```
1  <!DOCTYPE html>
2  <html lang="en">
3  <head>
4      <meta charset="UTF-8">
5      <meta http-equiv="X-UA-Compatible" content="IE=edge">
6      <meta name="viewport" content="width=device-width, initial-scale=1.0">
7      <title>:first-child 选择器和:last-child 选择器</title>
8      <style type="text/css">
9          p:first-child{
10             color:pink;
11             font-size:16px;
12             font-family:"宋体";
```

```
13          }
14      p:last-child{
15          color:blue;
16          font-size:16px;
17          font-family:"微软雅黑";
18          }
19    </style>
20 </head>
21 <body>
22 <div>
23    <p>第一篇 毕业了</p>
24    <p>第二篇 关于考试</p>
25    <p>第三篇 夏日飞舞</p>
26    <p>第四篇 惆怅的心</p>
27    <p>第五篇 畅谈美丽</p>
28 </div>
29 </body>
30 </html>
```

在例 4-14 中，第 9～13 行代码使用 p:first-child
选择器为第 1 个<p>标签设置样式；第 14～18 行代码
使用 p:last-child 选择器为最后一个<p>标签设置样式。

运行例 4-14 的代码，效果如图 4-17 所示。

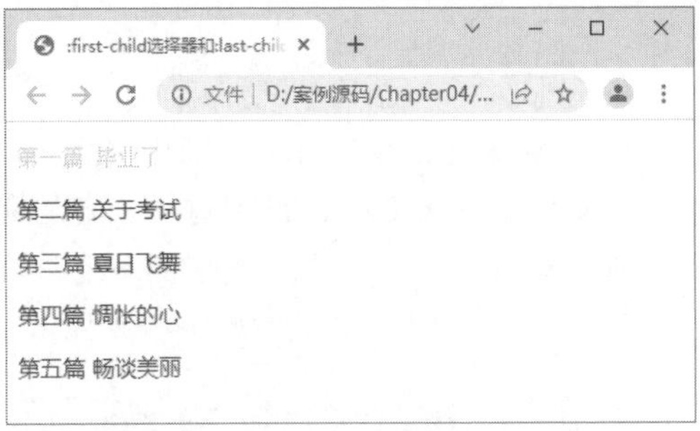

图4-17　例4-14代码的运行效果

4.3.5　:nth-child(n)选择器和:nth-last-child(n)选择器

使用:first-child 选择器和:last-child 选择器可以分别选择父标签中的第 1 个子标签和最后一个子标签，但是如果想要选择其他位置的子标签，例如第 2 个或倒数第 2 个子标签，:first-child 选择器和:last-child 选择器无法实现。为此，CSS3 引入了:nth-child(n)选择器和:nth-last-child(n)选择器，它们分别是:first-child 选择器和:last-child 选择器的扩展，可用于选择父标签中任意位置的子标签。

在:nth-child(n)选择器和:nth-last-child(n)选择器中，n 是自定义的，其取值为阿拉伯数字，用于选择对应位置的子标签。例如，:nth-child(2)用于选择父标签中的第 2 个子标签。

下面在例 4-14 的基础上对:nth-child(n)选择器和:nth-last-child(n)选择器的用法进行演示，如例 4-15 所示。

例4-15　example15.html

```
1 <!DOCTYPE html>
2 <html lang="en">
3 <head>
4     <meta charset="UTF-8">
5     <meta http-equiv="X-UA-Compatible" content="IE=edge">
6     <meta name="viewport" content="width=device-width, initial-scale=1.0">
7     <title>:nth-child(n)选择器和:nth-last-child(n)选择器</title>
8     <style type="text/css">
9         p:nth-child(2){
10             color:pink;
11             font-size:16px;
12             font-family:"宋体";
13         }
14         p:nth-last-child(2){
15             color:blue;
16             font-size:16px;
17             font-family:"微软雅黑";
```

```
18          }
19    </style>
20  </head>
21  <body>
22    <div>
23        <p>第一篇 毕业了</p>
24        <p>第二篇 关于考试</p>
25        <p>第三篇 夏日飞舞</p>
26        <p>第四篇 惆怅的心</p>
27        <p>第五篇 畅谈美丽</p>
28    </div>
29  </body>
30  </html>
```

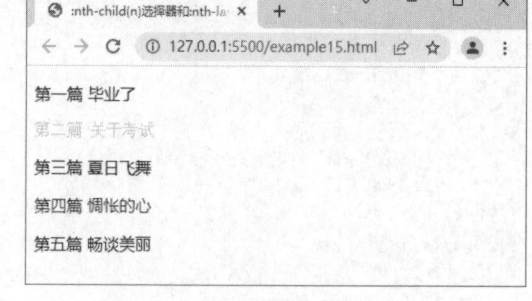

在例 4-15 中，第 9～18 行代码分别使用选择器
p:nth-child(2)和 p:nth-last-child(2)选择父标签的第 2 个
子标签和倒数第 2 个子标签，并为它们设置文本样式。

运行例 4-15 的代码，效果如图 4-18 所示。

图4-18   例4-15代码的运行效果

4.3.6   :first-of-type 选择器和:last-of-type 选择器

:first-of-type 选择器和:last-of-type 选择器均用于匹配父标签中特定类型的子标签。其中:first-of-type 选择器
用于匹配父标签中第 1 个特定类型的子标签，:last-of-type 选择器用于匹配父标签中最后一个特定类型的子标签。

下面通过一个案例对:first-of-type 选择器和:last-of-type 选择器的用法做具体演示，如例 4-16 所示。

例 4-16   example16.html

```
1   <!DOCTYPE html>
2   <html lang="en">
3   <head>
4      <meta charset="UTF-8">
5      <meta http-equiv="X-UA-Compatible" content="IE=edge">
6      <meta name="viewport" content="width=device-width, initial-scale=1.0">
7      <title>:first-of-type 选择器和:last-of-type 选择器</title>
8      <style type="text/css">
9         h2:last-of-type {color:#f09;}
10        p:first-of-type{color:#12ff65;}
11     </style>
12  </head>
13  <body>
14    <h2>李白</h2>
15    <p>字太白，号青莲居士，唐代伟大的浪漫主义诗人。</p>
16    <h2>杜甫</h2>
17    <p>字子美，自号少陵野老，唐代伟大的现实主义诗人。</p>
18    <h2>孟浩然</h2>
19    <p>字浩然，号孟山人，唐代著名的山水田园派诗人。</p>
20    <h2>李贺</h2>
21    <p>字长吉，  唐朝中期的浪漫主义诗人。</p>
22  </body>
23  </html>
```

在例 4-16 中，第 14～21 行代码用于设置多个<h2>标签和<p>标签；第 9 行代码使用选择器 h2:last-of-type
为最后一个<h2>标签添加样式；第 10 行代码使用选择器 p:first-of- type 为第 1 个<p>标签添加样式。

运行例 4-16 的代码，效果如图 4-19 所示。

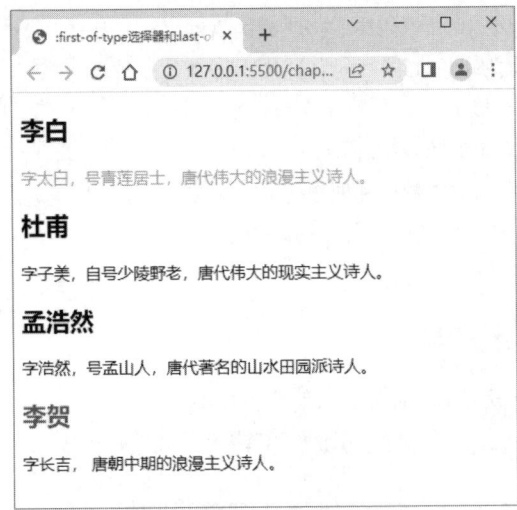

图4-19　例4-16代码的运行效果

4.3.7　:nth-of-type(*n*)选择器和:nth-last-of-type(*n*)选择器

:nth-of-type(*n*)选择器和:nth-last-of-type(*n*)选择器用于匹配父标签中特定类型的第 *n* 个子标签和倒数第 *n* 个子标签，*n* 的取值为阿拉伯数字。

下面通过一个案例对:nth-of-type(*n*)选择器和:nth-last-of-type(*n*)选择器的用法进行演示，如例4–17 所示。

例 4-17　example17.html

```
1  <!DOCTYPE html>
2  <html lang="en">
3  <head>
4      <meta charset="UTF-8">
5      <meta http-equiv="X-UA-Compatible" content="IE=edge">
6      <meta name="viewport" content="width=device-width, initial-scale=1.0">
7      <title>:nth-of-type(n)选择器和:nth-last-of-type(n)选择器</title>
8      <style type="text/css">
9          h2:nth-of-type(odd){color:#f09;}     <!--设置奇数行标题样式-->
10         h2:nth-of-type(even){color:#12ff65;}<!--设置偶数行标题样式-->
11         p:nth-last-of-type(2){font-weight:bold;}
12     </style>
13 </head>
14 <body>
15     <h2>李白</h2>
16     <p>字太白，号青莲居士，唐代伟大的浪漫主义诗人。</p>
17     <h2>杜甫</h2>
18     <p>字子美，自号少陵野老，唐代伟大的现实主义诗人。</p>
19     <h2>孟浩然</h2>
20     <p>字浩然，号孟山人，唐代著名的山水田园派诗人。</p>
21     <h2>李贺</h2>
22     <p>字长吉，唐朝中期的浪漫主义诗人。</p>
23 </body>
24 </html>
```

在例 4–17 中，第 9 行代码用于将所有奇数行的<h2>标签的文字颜色设置为红色；第 10 行代码用于将所有偶数行的<h2>标签的文字颜色设置为绿色；第 11 行代码用于将倒数第 2 个<p>标签的文字加粗显示。

运行例 4–17 的代码，效果如图 4–20 所示。

从图 4–20 中可以看出，所有奇数行和偶数行的标题文本的颜色均与代码设置的一致；倒数第 2 个<p>标签中的文字粗体显示，与选择器设置的样式相符。

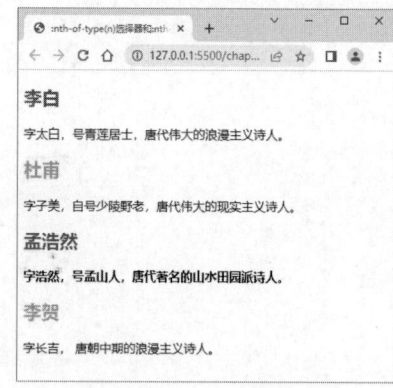

图4–20　例4–17代码的运行效果

4.3.8　:empty 选择器

:empty选择器用来选择没有子标签或内容为空的所有标签。下面通过一个案例对:empty 选择器的用法进行演示，如例 4–18 所示。

例 4–18　example18.html

```
1  <!DOCTYPE html>
2  <html lang="en">
3  <head>
4      <meta charset="UTF-8">
5      <meta http-equiv="X-UA-Compatible" content="IE=edge">
6      <meta name="viewport" content="width=device-width, initial-scale=1.0">
7      <title>:empty选择器</title>
8      <style type="text/css">
9          p{
10             width:150px;
11             height:30px;
12         }
13         :empty{background-color: #999;}
14     </style>
15 </head>
16 <body>
17     <p>草树知春不久归，</p>
18     <p>百般红紫斗芳菲。</p>
19     <p>杨花榆荚无才思，</p>
20     <p></p>
21     <p>惟解漫天作雪飞。</p>
22 </body>
23 </html>
```

在例 4–18 中，第 20 行代码用于定义空标签<p>；第 13 行代码使用:empty 选择器将页面中空标签的背景颜色设置为灰色。

运行例 4–18 的代码，效果如图 4–21 所示。

从图 4–21 中可以看出，没有内容的<p>标签添加了灰色背景。

4.3.9　:target 选择器

:target 选择器用于突出显示当前活动的页面元素。只有单击页面中的超链接，并且跳转到由:target 选择器控制的元素后，由:target 选择器设置的样式才会起作用。

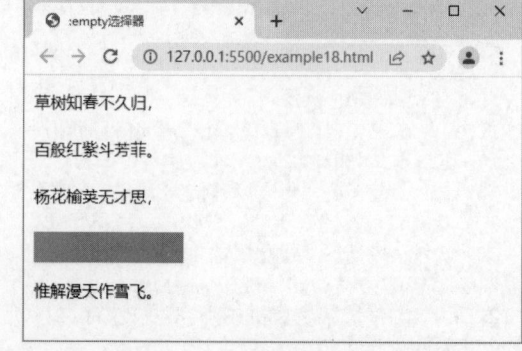

图4–21　例4–18代码的运行效果

下面通过一个案例对:target 选择器的用法进行演示，如例 4-19 所示。

例 4-19 example19.html

```
1  <!DOCTYPE html>
2  <html lang="en">
3  <head>
4    <meta charset="UTF-8">
5    <meta http-equiv="X-UA-Compatible" content="IE=edge">
6    <meta name="viewport" content="width=device-width, initial-scale=1.0">
7    <title>:target 选择器</title>
8    <style type="text/css">
9      :target{background-color:#e5eecc;}
10   </style>
11 </head>
12 <body>
13   <h1>这是标题</h1>
14   <p><a href="#news1">跳转至内容 1</a></p>
15   <p><a href="#news2">跳转至内容 2</a></p>
16   <p>请单击上面的超链接，:target 选择器会突出显示当前活动的 HTML 锚。</p>
17   <p id="news1"><b>内容 1</b></p>
18   <p id="news2"><b>内容 2</b></p>
19 </body>
20 </html>
```

在例 4-19 中，第 9 行代码用于为:target 选择器指定背景颜色。当单击超链接时，链接的内容会被添加背景颜色。

运行例 4-19 的代码，效果如图 4-22 所示。

当单击"跳转至内容 1"超链接时，效果如图 4-23 所示。

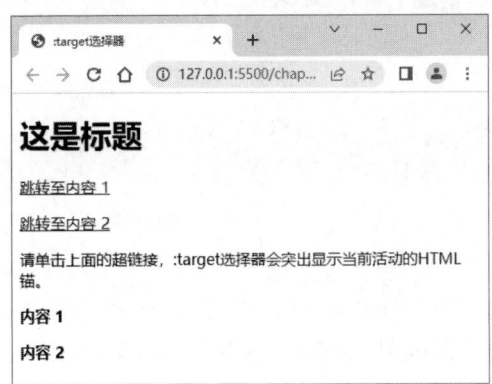

图4-22 例4-19代码的运行效果（1）

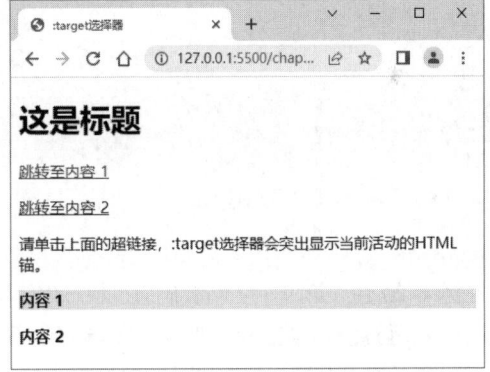

图4-23 例4-19代码的运行效果（2）

从图 4-23 中可以看出，链接内容添加了背景颜色。

4.4 状态化伪类选择器

状态化伪类选择器主要用于超链接和鼠标操作配合的场景，使超链接在单击前、单击后和鼠标指针悬停时显示不同的样式。在 CSS 中，常用的状态化伪类选择器主要有 4 种，分别为:link、:visited、:hover、:active，具体介绍如表 4-1 所示。

表4-1　4 种状态化伪类选择器及其描述

状态化伪类选择器	描述
a:link{ CSS 样式; }	设置超链接的默认样式
a:visited{ CSS 样式; }	设置超链接被访问之后的样式
a:hover{ CSS 样式; }	设置鼠标指针悬停时超链接的样式
a:active{ CSS 样式; }	设置单击时超链接的样式

下面通过一个案例来演示 4 种状态化伪类选择器的用法，如例 4-20 所示。

例 4-20　example20.html

```
1  <!DOCTYPE html>
2  <html lang="en">
3  <head>
4      <meta charset="UTF-8">
5      <meta http-equiv="X-UA-Compatible" content="IE=edge">
6      <meta name="viewport" content="width=device-width, initial-scale=1.0">
7      <title>4 种状态化伪类选择器</title>
8      <style type="text/css">
9          a:link,a:visited{
10             color:#000;                /*设置超链接默认颜色和被访问之后的颜色为黑色*/
11             text-decoration:none;   /*取消超链接的下划线效果*/
12         }
13         a:hover{
14             color:#093;                /*设置鼠标指针悬停时超链接颜色为绿色*/
15             text-decoration:underline;  /*设置鼠标指针悬停时超链接显示下划线*/
16         }
17         a:active{color:#FC0;}         /*设置单击时超链接颜色为黄色*/
18     </style>
19 </head>
20 <body>
21     <a href="#">公司首页</a>
22     <a href="#">公司简介</a>
23     <a href="#">产品介绍</a>
24     <a href="#">联系我们</a>
25 </body>
26 </html>
```

在例 4-20 中，第 9～17 行代码通过状态化伪类选择器定义超链接不同状态的显示样式。其中，第 11 行代码用于清除超链接默认的下划线；第 15 行代码用于在鼠标指针悬停时为超链接添加下划线。

运行例 4-20 的代码，效果如图 4-24 所示。

从图 4-24 可以看出，超链接的文本为黑色，无下划线效果。当鼠标指针悬停在超链接文本上时，文本变为绿色并且具有下划线效果，如图 4-25 所示。

图4-24　例4-20代码的运行效果（1）

图4-25　例4-20代码的运行效果（2）

当单击超链接文本时，文本颜色会发生变化并且具有下划线效果，如图 4-26 所示。

需要说明的是，在实际工作中，通常只需要使用 a:link、a:visited 和 a:hover 定义超链接默认、访问后和鼠标悬停时的显示样式，并且经常对 a:link 和 a:visited 应用相同的样式，使默认和访问后的超链接样式保持一致。

图4-26　例4-20代码的运行效果（3）

注意：

在使用超链接的 4 种状态化伪类选择器时，它们的排列顺序是有要求的，通常按照 a:link、a:visited、a:hover 和 a:active 的顺序书写，否则定义的样式可能不起作用。

4.5　伪元素选择器

伪元素选择器主要用来模拟 HTML 标签的效果，相当于在 HTML 标签中创建一个有内容的虚拟容器，在不改变 HTML 标签结构的情况下，为其设置对应的样式。本节将重点介绍伪元素选择器中常用的:before 选择器和:after 选择器。

4.5.1　:before 选择器

:before 选择器用于在被选择的标签的前面插入内容。在使用:before 选择器时必须配合 content 属性来指定要插入的具体内容，其基本语法格式如下。

```
标签名称:before
{
    content:文字/url();
}
```

在上述语法格式中，被选择的标签位于":before"之前，"{}"中的 content 属性用来指定要插入的具体内容，要插入的内容既可以是文字也可以是图片的 URL。

下面通过一个案例对:before 选择器的用法进行演示，如例 4-21 所示。

例4-21　example21.html

```
1  <!DOCTYPE html>
2  <html lang="en">
3  <head>
4      <meta charset="UTF-8">
5      <meta http-equiv="X-UA-Compatible" content="IE=edge">
6      <meta name="viewport" content="width=device-width, initial-scale=1.0">
7      <title>:before 选择器</title>
8      <style type="text/css">
9          p:before{
10             content:"初，权谓吕蒙曰：";
11             color:#c06;
12             font-size:20px;
13             font-family:"微软雅黑";
14             font-weight:bold;
15         }
16     </style>
```

```
17 </head>
18 <body>
19     <p>"卿今当涂掌事,不可不学!"蒙辞以军中多务。权曰:"孤岂欲卿治经为博士邪!但当涉猎,见往事耳。卿言多务,孰若孤?孤常读书,自以为大有所益。"</p>
20 </body>
21 </html>
```

在例 4-21 中，第 9~15 行代码使用选择器 p:before 在段落文本前面添加内容。其中，第 10 行代码使用 content 属性来指定要添加的具体内容；为了使插入效果更醒目，第 11~14 行代码设置了文本样式。

运行例 4-21 的代码，效果如图 4-27 所示。

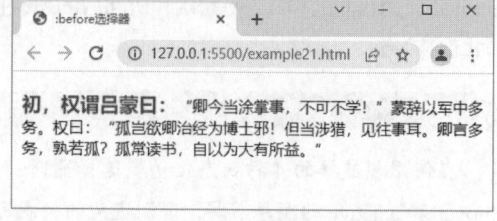

4.5.2　:after 选择器

图4-27　例4-21代码的运行效果

:after 选择器用于在被选择的标签的后面插入内容，其使用方法与:before 选择器相同。下面通过一个案例对:after 选择器的用法进行演示，如例 4-22 所示。

例 4-22　example22.html

```
1  <!DOCTYPE html>
2  <html lang="en">
3  <head>
4      <meta charset="UTF-8">
5      <meta http-equiv="X-UA-Compatible" content="IE=edge">
6      <meta name="viewport" content="width=device-width, initial-scale=1.0">
7      <title>:after 选择器</title>
8      <style type="text/css">
9          strong:after{content:url(images/1.png);}
10     </style>
11 </head>
12 <body>
13     <strong>天文学</strong>
14 </body>
15 </html>
```

在例 4-22 中，第 9 行代码用于在段落之后添加一张图片。

运行例 4-22 的代码，效果如图 4-28 所示。

需要注意的是，CSS3 中规范了伪元素选择器的写法，即用两个英文冒号表示伪元素选择器，因此将:before 改写为::before，将:after 改写为::after。虽然它们都表示伪元素选择器，也都可以使用，但就目前情况来说，:before 和:after 的兼容性更好，::before 和::after 的写法更规范。不过在 HTML5 和 CSS3 的页面开发中，建议遵循 CSS3 的规范，使用双英文冒号的写法表示伪元素选择器。

图4-28　例4-22代码的运行效果

多学一招：伪类和伪元素

在 HTML 的学习过程中，经常出现伪类和伪元素的概念。那么伪类和伪元素是什么呢？可以把伪类简单理解为不能被 CSS 获取的抽象信息。例如，在图 4-29 中，如果想要选择小明，可以直接通过名字（基础选择器）选择，也可以通过位置——第 2 排第 3 列（伪类）选择。

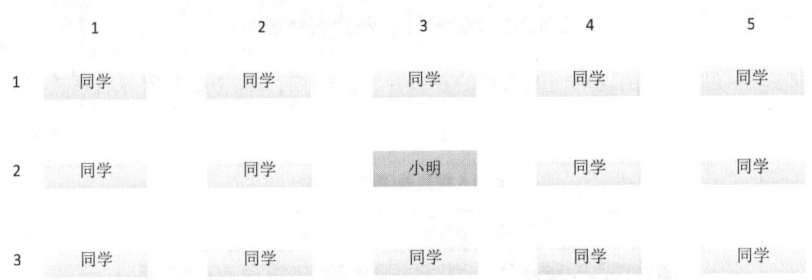

图4-29　伪类示意图

如果想获取某个元素，可以通过基础选择器直接获取，但要想获取特定条件的元素（例如偶数行元素），就无法使用常规的 CSS 选择器，此时可使用伪类。例如，想要获取若干列表项的第 1 个元素，可以通过":first-child"来实现，":first-child"就是一个伪类。使用伪类可以弥补 CSS 选择器的不足。

伪元素是依托现有元素创建的一个虚拟元素，可以为这个虚拟元素添加内容或样式。例如，为文本的第 1 个字母添加<span>标签，HTML 代码如下。

```
<p>
    <span class="first-letter">H</span>ello, World
</p>
```

可以通过指定类选择器的方式为 HTML 文档中的第 1 个字母添加样式代码，具体代码如下。

```
.first-letter {
    color: red;
}
```

如果使用伪元素，就不用设置专门的标签，将 HTML 代码改写为如下形式。

```
<p>
    Hello, World
</p>
```

对应的 CSS 代码如下。

```
p:first-letter {
  color: red;
}
```

在上述 CSS 代码中，":first-letter"就是一个伪元素，相当于为 H 字母设置了一个虚拟的标签。

4.6　阶段案例——风云人物列表页面

本节将通过案例的形式分步骤制作一个风云人物列表页面，该页面的默认效果如图 4-30 所示。

图4-30　风云人物列表页面的默认效果

当鼠标指针悬浮于导航超链接上时，导航超链接的文本颜色会发生变化，且添加下划线效果，如图 4-31 所示。

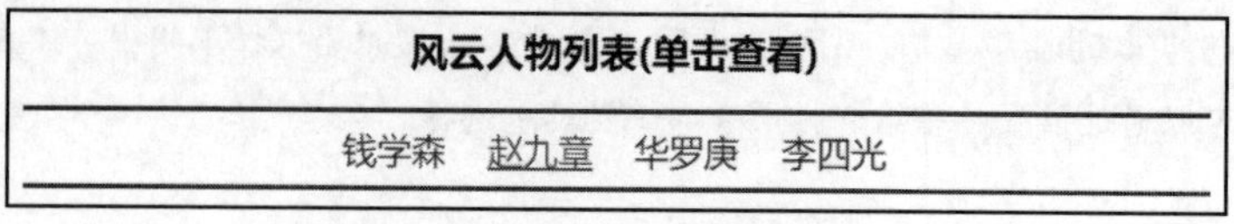

风云人物列表(单击查看)
钱学森　<u>赵九章</u>　华罗庚　李四光

图4-31　鼠标指针悬浮时的超链接样式

当单击导航超链接后，会出现对应的人物的相关介绍。例如，单击第 1 个导航超链接，效果如图 4-32 所示。

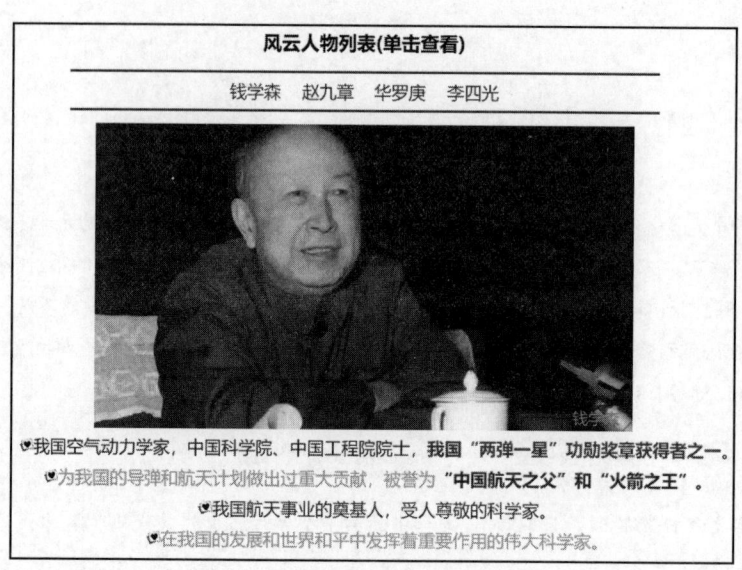

图4-32　单击第1个导航超链接后的效果

4.6.1　分析效果图

1. 结构分析

图 4-32 所示的页面由标题、导航栏和内容这 3 个部分组成，其结构示意图如图 4-33 所示。

图4-33　结构示意图

在页面中，可以使用标题标签<h2>定义标题，通过在<nav>标签内部嵌套<a>标签搭建导航结构，然后用定义列表标签<dl>定义内容部分，并为导航和内容设置锚点链接。某些需要特殊显示的文本可以通过嵌套<em>标签来定义。

2. 样式分析

仔细观察图 4-33，可以发现页面中的标题、导航栏和内容均水平居中显示，这些样式可以使用 CSS 定义。

首先定义导航栏中<a>标签的样式，包括默认、访问后和鼠标指针悬停时的样式。

然后定义内容部分，将页面加载完成时内容部分的显示状态设为隐藏，并统一设置内容部分的文字样式，每行文字前的小图标通过伪元素选择器定义；为了突出显示内容部分的文字，可以使用结构化伪类选择器和<em>标签。

最后通过:target 选择器将超链接的内容设置为显示，从而实现单击导航超链接时显示对应的内容。

4.6.2　搭建页面结构

下面使用相应的 HTML 标签搭建页面结构，如例 4-23 所示。

例 4-23　example23.html

```
1  <!DOCTYPE html>
2  <html lang="en">
3  <head>
4      <meta charset="UTF-8">
5      <meta http-equiv="X-UA-Compatible" content="IE=edge">
6      <meta name="viewport" content="width=device-width, initial-scale=1.0">
7      <title>风云人物</title>
8  </head>
9  <body>
10 <h2>风云人物列表(单击查看)</h2>
11 <hr size="3" color="#5E2D00" width="750px">
12 <nav>
13     <a href="#news1" class="one">钱学森</a>
14     <a href="#news2" class="two">赵九章</a>
15     <a href="#news3" class="two">华罗庚</a>
16     <a href="#news4" class="two">李四光</a>
17 </nav>
18 <hr size="3" color="#5E2D00" width="750px">
19 <dl id="news1">
20     <dt><img src="images/1.jpg"></dt>
21     <dd>我国空气动力学家，中国科学院、中国工程院院士，<em>我国"两弹一星"功勋奖章获得者之一。
</em></dd>
22     <dd>为我国的导弹和航天计划做出过重大贡献，被誉为<em>"中国航天之父"和"火箭之王"。</em></dd>
23     <dd>我国航天事业的奠基人，受人尊敬的科学家。</dd>
24     <dd>在我国的发展和世界和平中发挥着重要作用的伟大科学家。</dd>
25 </dl>
26 <dl id="news2">
27     <dt><img src="images/2.jpg"></dt>
28     <dd>著名的科学家、气象学家、地球物理学家和空间物理学家，中国科学院院士。<em>1933 年毕业于清华
大学物理系，后留校任物理系助教。</em></dd>
29     <dd>1944 年任中央研究院气象研究所代所长。</dd>
```

```
30      <dd>1947 年任中央研究院气象研究所所长。</dd>
31      <dd>1950 年任中国科学院地球物理研究所所长；<em>1955 年当选为中国科学院学部委员（院士）。
</em></dd>
32 </dl>
33 <dl id="news3">
34      <dt><img src="images/3.jpg"></dt>
35      <dd>我国著名数学家，<em>中国科学院院士。</em></dd>
36      <dd>我国解析数论、典型群、矩阵几何学、自守函数论与多元复变函数等方面研究的创始人与奠基者。</dd>
37      <dd>我国在世界上<em>最有影响力的数学家之一。</em></dd>
38      <dd>芝加哥科学技术博物馆中的<em>88 位数学伟人之一。</em></dd>
39 </dl>
40 <dl id="news4">
41      <dt><img src="images/4.jpg"></dt>
42      <dd><em>我国著名地质学家，</em>毕业于英国伯明翰大学，获博士学位。</dd>
43      <dd>首创地质力学，中国科学院院士。</dd>
44      <dd>我国现代地球科学和地质工作的主要领导人和奠基人。</dd>
45      <dd>2009 年当选为<em>100 位新中国成立以来感动中国人物之一。</em></dd>
46 </dl>
47 </body>
48 </html>
```

　　在例 4-23 中，第 11 行代码和第 18 行代码分别用于定义水平线；第 13～16 行代码用于为人物列表添加锚点链接；第 19～46 行代码用于定义图片和文字内容，其中<dl>标签用于定义链接的内容，图片内容定义在<dt>标签内部，文字内容定义在<dd>标签内部。

　　运行例 4-23 的代码，页面效果如图 4-34 所示。

图 4-34　页面效果

4.6.3　定义 CSS 样式

下面为页面添加 CSS 样式，采用从整体到局部的方式实现图 4-32 所示的效果，具体如下。

1. 定义基础样式

在定义 CSS 样式时，要先清除浏览器的默认样式，具体代码如下。

```
/* 清除浏览器的默认样式 */
*{list-style:none;outline:none;}
/* 全局控制 */
body{font-family:"微软雅黑";text-align:center;}
```

2. 定义超链接的样式

由于超链接的样式统一，可对其进行整体控制，具体代码如下。

```
a{
    text-indent: 1em;
    display:inline-block;
    font-size:22px;
    color:#5E2D00;
}
a:nth-child(1){text-indent:0;}  /* 设置第1个超链接的首行缩进为 0 */
a:link,a:visited{text-decoration:none;}
a:hover{
    text-decoration:underline;
    color:#f03;
}
```

3. 定义内容部分的样式

内容部分的样式通过 <dl> 标签控制，当页面加载完成时其显示效果为隐藏。此外，在每行文字前添加小图标，统一设置奇数行的文字颜色，具体代码如下。

```
1  dl{display:none;}                              /*隐藏内容*/
2  dd{
3      line-height:38px;
4      font-size:22px;
5      font-family:"微软雅黑";
6      color:#333;
7      }
8  dd:before{content:url(images/11.png);}  /* 添加小图标 */
9  dd:nth-child(odd){color:#BDA793;}
10 dd:nth-child(2) em{
11     color:#f03;
12     font-weight:bold;
13     font-style:normal;
14     }
15 dd:nth-child(3) em{
16     color:#5E2D00;
17     font-weight:bold;
18     font-style: normal;
19     }
20 :target{display:block;}        /* 显示链接的内容 */
```

在上述代码中，第 1 行代码用于隐藏文本内容；第 20 行代码用于显示文本内容。

至此，完成了页面的 CSS 样式部分的设置。将该样式应用于页面后，保存 HTML 文件并刷新页面，页面显示效果如图 4-35 所示。

2

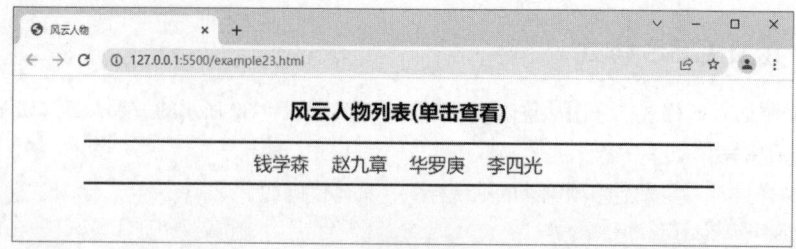

图4-35　页面显示效果（1）

当鼠标指针悬浮于人物名称的超链接上时，页面显示效果如图 4-36 所示。

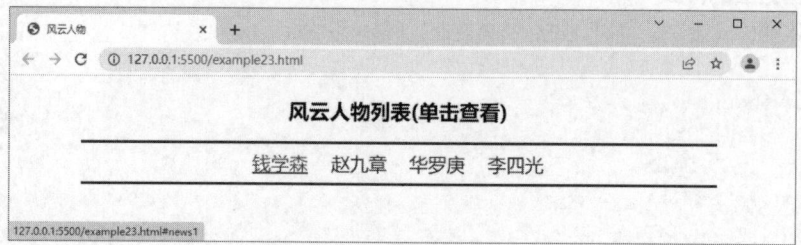

图4-36　页面显示效果（2）

单击"钱学森"超链接，页面显示效果如图 4-37 所示。

图4-37　页面显示效果（3）

本章小结

本章重点介绍了 CSS3 中的一些选择器，包括属性选择器、关系选择器、结构化伪类选择器、状态化伪类选择器和伪元素选择器，并通过一个"风云人物列表页面"的阶段案例对本章内容进行实践。

通过对本章的学习，读者能了解以上几种选择器的使用技巧。但 CSS3 的选择器众多，本章仅介绍了部分选择器的用法，读者可自行深入学习，以探究更多选择器的功能和用法。

动手实践

学习完本章的内容，下面来动手实践一下。

请结合所给的素材，运用 HTML5 的相关标签和 CSS3 的选择器实现图 4-38 所示的古代诗歌页面。页面的小标题均是超链接，当鼠标指针悬浮在每段文字上时，诗歌名后的内容文本由黑色变为红色并添加下划线，如图 4-39 所示。

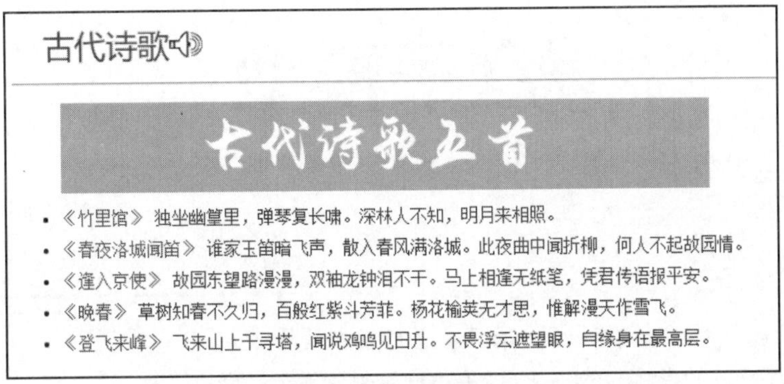

图4-38　古代诗歌页面

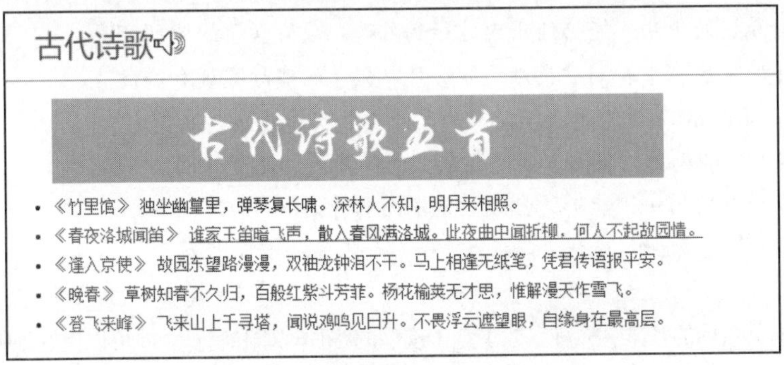

图4-39　鼠标指针悬浮在小标题上的效果

第5章

盒子模型

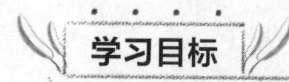

学习目标

- ★ 熟悉盒子模型的概念，能够说出盒子模型的基本结构。
- ★ 掌握<div>标签的用法，能够使用<div>标签制作页面模块。
- ★ 掌握边框属性的用法，能够为盒子设置不同的边框效果。
- ★ 掌握边距属性的用法，能够使用内边距和外边距设置盒子的空间距离。
- ★ 了解盒子的宽度属性和高度属性，能够计算盒子的实际宽度和高度。
- ★ 掌握box-shadow属性的用法，能够为盒子添加阴影效果。
- ★ 熟悉box-sizing属性的用法，能够控制盒子的宽度和高度范围。
- ★ 掌握背景属性的用法，能够为盒子设置不同的背景。
- ★ 掌握CSS3渐变属性的用法，能够为盒子添加不同的渐变颜色。

盒子模型是网页布局的基础，只有掌握了盒子模型的各种规律和特征，才可以更好地控制网页中的各个元素。本章将对盒子模型的概念、<div>标签和盒子的相关属性进行详细讲解。

5.1 认识盒子模型

在浏览网站时会发现，网页的内容通常是按照区域划分的。在网页中，每一块区域分别用于承载不同的内容，使得网页的内容条理清晰，例如图5-1所示的教育类网站页面。

在图5-1中，网页被划分为两个区域，页面内容全部放置在这两个区域中，这些承载内容的区域被称为盒子模型。盒子模型把HTML页面中的元素看作方形的盒子，每个方形的盒子都由内容、宽度、高度、内边距、边框和外边距组成。

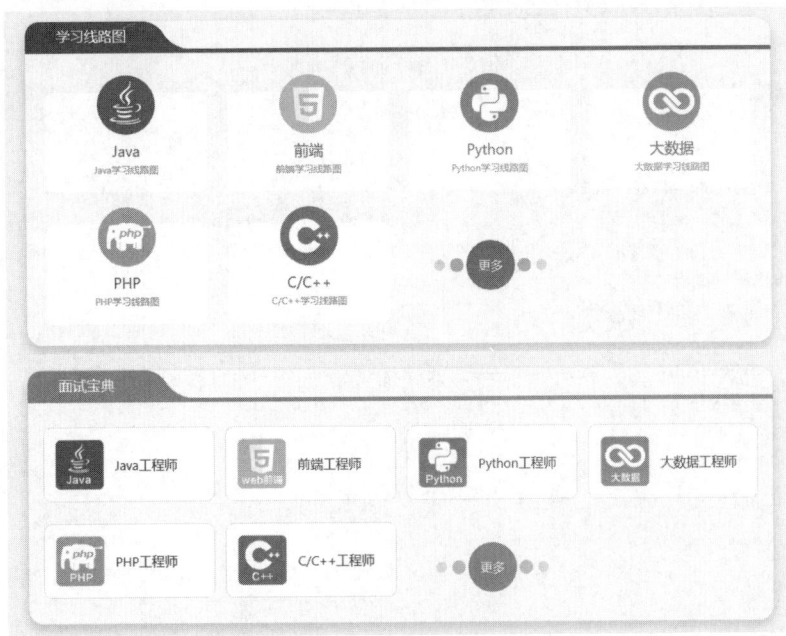

图5-1　教育类网站页面

为了帮助读者更形象地认识盒子模型，下面以生活中常见的手机盒子为例分析盒子模型的构成。一个完整的手机盒子通常包含手机、填充泡沫和装手机的纸盒等，将其类比为盒子模型，具体如下。

- 内容：手机可以看作盒子模型的内容。
- 宽度和高度：手机盒子的宽度和高度可以看作盒子模型的宽度和高度。
- 内边距：填充泡沫可以看作盒子模型的内边距。
- 边框：纸盒的厚度可以看作盒子模型的边框。
- 外边距：当多个手机盒子并列放在一起

时，它们之间的距离可以看作盒子模型的外边距。

图 5-2 为手机盒子与盒子模型的类比示意图。

需要注意的是，虽然盒子模型拥有内边距、边框、外边距、宽度和高度这些基本属性，但是并不要求为每个元素都定义这些属性。

5.2　<div>标签

div 的英文全称为"division"，意思是"分割、区域"。<div>标签是 HTML 的基础标签，通常用于划分网页，完成网页的布局。

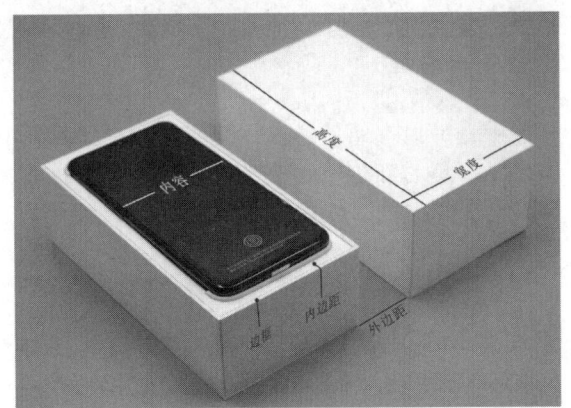

图5-2　手机盒子与盒子模型的类比示意图

可以为<div>标签设置宽度、高度、内边距、边框和外边距等属性，还可以在<div>标签内部嵌套绝大多数的 HTML 标签，例如段落标签、标题标签、表格标签、图像标签等。<div>标签中也可以嵌套多层<div>标签，以划分出更复杂的网页结构。此外，<div>标签还可以与 id、class 等属性结合使用，替代一些具有块元素属性的标签（如<nav>标签、<footer>标签），用于设置不同的 CSS 样式。

下面通过一个案例来演示<div>标签的用法，如例 5-1 所示。

例 5-1   example01.html

```
1   <!DOCTYPE html>
2   <html lang="en">
3   <head>
4       <meta charset="UTF-8">
5       <meta http-equiv="X-UA-Compatible" content="IE=edge">
6       <meta name="viewport" content="width=device-width, initial-scale=1.0">
7       <title>div标签</title>
8       <style type="text/css">
9       .one{
10          width:600px;              /*设置宽度*/
11          height:50px;              /*设置高度*/
12          background:aqua;          /*设置背景颜色*/
13          font-size:20px;           /*设置文字大小*/
14          font-weight:bold;         /*设置字体加粗*/
15          text-align:center;        /*设置文本内容水平居中对齐*/
16          }
17      .two{
18          width:600px;              /*设置宽度*/
19          height:100px;             /*设置高度*/
20          background:lime;          /*设置背景颜色*/
21          font-size:14px;           /*设置文字大小*/
22          text-indent:2em;          /*设置首行文本缩进 2 个字符*/
23          }
24      </style>
25      </head>
26      <body>
27      <div class="one">
28          爱岗敬业，无私奉献
29      </div>
30      <div class="two">
31          <p>青春在平凡的工作岗位上闪光。</p>
32      </div>
33      </body>
34      </html>
```

在例 5-1 中，第 27～29 行和第 30～32 行代码用于定义 2 个<div>标签，其中第 2 个<div>标签中嵌套段落标签<p>；第 27 行和第 30 行代码分别为这 2 个<div>标签设置了 class 属性，然后通过 CSS 代码控制这 2 个<div>标签的宽度、高度、背景颜色和文字样式等。

运行例 5-1 的代码，效果如图 5-3 所示。

从图 5-3 中可以看出，通过设置<div>标签的属性实现了相应的样式效果。需要说明的是，<div>标签通常会与浮动属性 float 配合使用以实现网页的布局，这就是常说的 DIV+CSS 网页布局。对于浮动和布局这里了解即可，后面将会详细介绍。此外，虽然<div>标签可以替代具有块元素属性的标签（详见第 6 章），例如<h>标签、<p>标

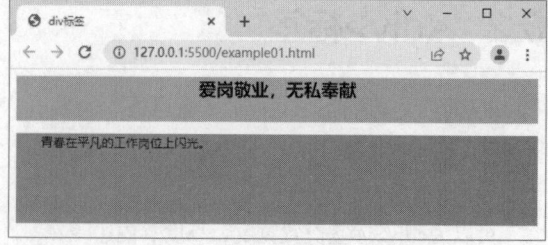

图 5-3   例 5-1 代码的运行效果

签等，但是它们在语义上有一定的区别。例如<div>标签和<h2>标签的不同之处在于<h2>标签具有特殊的含义，代表标题，而<div>标签自身没有任何含义，用于网页的布局。

5.3 边框属性

边框属性是盒子模型的属性之一，用于给元素设置边框效果。在 CSS 中，边框属性包括边框样式属性、边框宽度属性、边框颜色属性和边框的复合属性。为了进一步满足设计需求，CSS3 中还增加了许多新的属性，例如圆角边框属性、图片边框属性等。表 5-1 列举了常见的边框属性以及对应的属性值。

表 5-1 常见的边框属性以及对应的属性值

边框属性	说明	常用属性值
border-style	用于设置边框样式	none：无边框样式默认值；solid：边框样式为单实线；dashed：边框样式为虚线；dotted：边框样式为点线；double：边框样式为双实线
border-width	用于设置边框宽度	像素值
border-color	用于设置边框颜色	颜色的英文名称、十六进制颜色值、rgb(r,g,b)、rgb(r%,g%,b%)
border	用于设置综合边框	复合属性值
border-radius	用于设置圆角边框	像素值或百分比数值
border-image	用于设置图片边框	复合属性值

下面对表 5-1 中的属性和属性值进行具体讲解。

5.3.1 border-style：边框样式

border-style 属性用于设置边框样式，其基本语法格式如下。

```
border-style: 上边 [右边 下边 左边];
```

在上述语法格式中，上边、右边、下边、左边表示 4 条边的样式的属性值。在设置边框样式时，必须按上、右、下、左的顺时针顺序设置边框样式的属性值，各属性值用空格隔开。其中，第 1 个值代表上边框样式，第 2 个值代表右边框样式，第 3 个值代表下边框样式，第 4 个值代表左边框样式。

既可以针对 4 条边分别设置边框样式，也可以统一设置 4 条边的样式。统一设置 4 条边的样式时，可以按照值复制原则设置。值复制原则是指在设置属性值时可以按既定规则省略部分相同的属性值，具体如下。

● 设置 1 个属性值，代表 4 条边的样式。

● 设置 2 个属性值，第 1 个属性值代表上边和下边的样式，第 2 个属性值代表左边和右边的样式。

● 设置 3 个属性值，第 1 个属性值代表上边的样式，第 2 个属性值代表左边和右边的样式，第 3 个属性值代表下边的样式。

border-style 属性的常用值有 4 个，分别用于定义不同的边框样式，具体介绍如表 5-1 所示。

例如，某个 <p> 标签的上边为虚线，其他 3 边为单实线，可以使用 border-style 属性分别设置各边的样式，示例代码如下。

```
p{border-style:dashed solid solid solid;}
```

上述代码按照值复制原则等价于以下代码。

```
p{border-style:dashed solid solid;}
```

下面通过一个案例对 border-style 属性的用法进行演示。新建 HTML 页面，并在页面中添加标题和段落文本，然后通过 border-style 属性控制标题和段落文本的边框效果，如例 5-2 所示。

例 5-2   example02.html

```
1   <!DOCTYPE html>
2   <html lang="en">
3   <head>
4       <meta charset="UTF-8">
5       <meta http-equiv="X-UA-Compatible" content="IE=edge">
6       <meta name="viewport" content="width=device-width, initial-scale=1.0">
7       <title>设置边框样式</title>
8       <style type="text/css">
9           h2{border-style:double;}              /*4 条边的样式相同，均为双实线*/
10          .one{border-style:dotted solid;}        /*上、下边为点线，左、右边为单实线*/
11          .two{border-style:solid dotted dashed;}  /*上边为实线，左、右边为点线，下边为虚线*/
12      </style>
13  </head>
14  <body>
15      <h2>《己亥杂诗》</h2>
16      <p class="one">段落 1：浩荡离愁白日斜，吟鞭东指即天涯。</p>
17      <p class="two">段落 2：落红不是无情物，化作春泥更护花。</p>
18  </body>
19  </html>
```

在例 5-2 中，第 9～11 行代码分别使用 border-style
属性设置标题和段落文本的边框样式。

运行例 5-2 的代码，效果如图 5-4 所示。

从图 5-4 可以看出，实现了既定的边框样式效果。
需要注意的是，由于兼容性的问题，在不同的浏览器中，
点线和虚线的显示样式可能略有差异。

图 5-4   例 5-2 代码的运行效果

5.3.2 border-width：边框宽度

border-width 属性用于设置边框的宽度，其基本语
法格式如下。

```
border-width:上边 [右边 下边 左边];
```

在上述语法格式中，border-width 属性值的常用单位为 px，并且同样遵循值复制原则。border-width 属性
值可以设置 1～4 个，属性值和边的对应关系参考 border-style 属性。

下面通过一个案例对 border-width 属性的用法进行演示。新建 HTML 页面，并在页面中添加段落文本，
然后通过 border-width 属性对段落文本进行控制，如例 5-3 所示。

例 5-3   example03.html

```
1   <!DOCTYPE html>
2   <html lang="en">
3   <head>
4       <meta charset="UTF-8">
5       <meta http-equiv="X-UA-Compatible" content="IE=edge">
6       <meta name="viewport" content="width=device-width, initial-scale=1.0">
7       <title>设置边框宽度</title>
8       <style type="text/css">
9           .one{border-width:3px;}
10          .two{border-width:3px 1px;}
11          .three{border-width:3px 1px 2px;}
12      </style>
13  </head>
14  <body>
15      <p class="one">盼望着，盼望着，东风来了，春天的脚步近了。</p>
```

```
16      <p class="two">盼望着，盼望着，东风来了，春天的脚步近了。</p>
17      <p class="three">盼望着，盼望着，东风来了，春天的脚步近了。</p>
18 </body>
19 </html>
```

在例 5-3 中，第 9~11 行代码分别用于定义 1 个属性值、2 个属性值和 3 个属性值，以对比边框宽度的变化。

运行例 5-3 的代码，效果如图 5-5 所示。

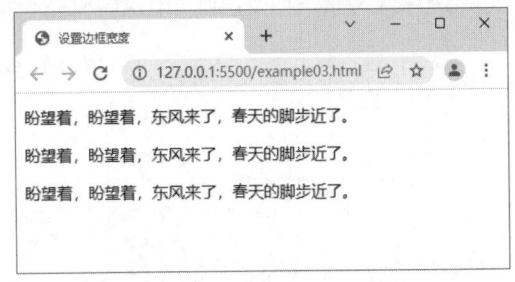

图 5-5　例 5-3 代码的运行效果（1）

在图 5-5 中，段落文本并没有显示设置的边框效果。这是因为在设置边框宽度时，必须同时设置边框样式，如果未设置边框样式或设置 border-style 属性的值为 none，则不论边框宽度设置为多少，页面中都不会显示边框效果。

在例 5-3 的 CSS 代码中，为<p>标签添加如下边框样式代码。

```
p{border-style:solid;}   /*设置边框样式*/
```

保存并运行例 5-3 的代码，效果如图 5-6 所示。

在图 5-6 中，显示了为段落文本设置的边框效果。

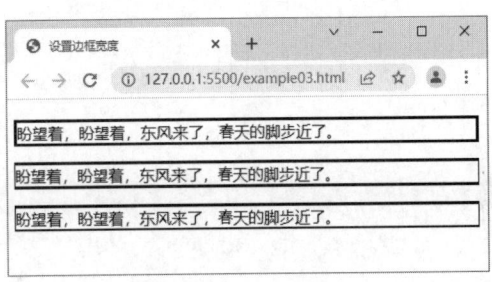

图 5-6　例 5-3 代码的运行效果（2）

5.3.3　border-color：边框颜色

border-color 属性用于设置边框的颜色，其基本语法格式如下。

```
border-color:上边 [右边 下边 左边];
```

在上述语法格式中，border-color 属性的值可为颜色的英文名称、十六进制颜色值或 RGB 颜色值。border-color 属性的值同样可以设置为 1 个、2 个、3 个或 4 个，也遵循值复制原则。

例如，设置段落的边框样式为实线，上、下边的颜色为灰色，左、右边的颜色为红色，代码如下。

```
p{
      border-style:solid;          /*设置边框样式*/
      border-color:#CCC #F00;      /*设置边的颜色*/
}
```

5.3.4　border：综合设置边框

使用 border-style、border-width、border-color 虽然可以实现丰富的边框效果，但是要编写的代码烦琐，且不便于阅读，为此 CSS 提供了用于综合设置边框的属性——border。使用 border 属性的基本语法格式如下。

```
border:宽度 样式 颜色;
```

在上述语法格式中，宽度、样式、颜色的顺序不分先后，可以只指定需要设置的属性值，省略的属性将取默认值，但边框样式的属性值不能省略。

当每一条边的样式都不相同，或者只需单独定义某一条边的样式时，可以使用单侧边框的复合属性 border-top、border-bottom、border-left 或 border-right 进行设置。例如单独定义段落的上边的样式，代码如下。

```
p{border-top:2px solid #CCC;}   /*定义上边的样式，各个值的顺序不唯一*/
```

当 4 条边的样式都相同时，可以使用 border 属性进行综合设置。

例如，将二级标题的边框设置为双实线、红色、3px 宽，代码如下。

```
h2{border:3px double red;}
```

通过 border、border-top 这样的属性，可以定义多种样式的属性，这类属性在 CSS 中称为复合属性。在实际工作中常使用复合属性，通过它可以简化代码，提高页面的运行速度。常用的复合属性有 font、border、margin、padding 和 background 等。

下面对标题、段落和图像分别应用 border 复合属性来设置边框效果，如例 5-4 所示。

例 5-4 example04.html

```
1  <!DOCTYPE html>
2  <html lang="en">
3  <head>
4      <meta charset="UTF-8">
5      <meta http-equiv="X-UA-Compatible" content="IE=edge">
6      <meta name="viewport" content="width=device-width, initial-scale=1.0">
7      <title>综合设置边框</title>
8      <style type="text/css">
9      h2{  /*使用单侧边框复合属性设置边框样式*/
10         border-top:3px dashed #F00;
11         border-right:10px double #900;
12         border-bottom:5px double #FF6600;
13         border-left:10px solid green;
14     }
15     .zhangjiuling{border:15px solid #FF6600;}   /*使用 border 复合属性设置边框样式*/
16     </style>
17  </head>
18  <body>
19      <h2>张九龄</h2>
20      <img class="zhangjiuling" src="images/1.jpg" alt="张九龄" />
21  </body>
22  </html>
```

在例 5-4 中，第 10～13 行代码使用单侧边框复合属性为二级标题添加边框样式，使各边框显示不同的样式；第 15 行代码使用复合属性 border 为图像设置 4 条边具有相同样式的边框。

运行例 5-4 的代码，效果如图 5-7 所示。

图5-7 例5-4代码的运行效果

5.3.5 border-radius：圆角边框

在网页设计中，为了美化页面效果，经常会将边框设置为圆角样式。运用 CSS3 中的 border-radius 属性可以将矩形边框圆角化。使用 border-radius 属性的基本语法格式如下。

border-radius:参数 1/参数 2

在上述语法格式中，border-radius 属性的值包含两个参数，它们的取值可以为像素值或百分比；其中，"参数 1"表示圆角的水平半径，"参数 2"表示圆角的垂直半径，两个参数用"/"分隔。

下面通过一个案例对 border-radius 属性的用法进行演示，如例 5-5 所示。

例 5-5 example05.html

```
1  <!DOCTYPE html>
2  <html lang="en">
3  <head>
4      <meta charset="UTF-8">
```

```
5      <meta http-equiv="X-UA-Compatible" content="IE=edge">
6      <meta name="viewport" content="width=device-width, initial-scale=1.0">
7      <title>圆角边框</title>
8      <style type="text/css">
9          img{
10             border:8px solid #75406a;
11             border-radius:100px/50px;   /*设置圆角的水平半径为100px、垂直半径为50px*/
12         }
13     </style>
14 </head>
15 <body>
16     <img class="yuanjiao" src="images/tupian1.jpg" alt="圆角边框" />
17 </body>
18 </html>
```

在例 5-5 中，第 11 行代码用于设置图片圆角边框的水平半径为 100px、垂直半径为 50px。

运行例 5-5 的代码，圆角边框效果如图 5-8 所示。

需要注意的是，在使用 border-radius 属性时，如果第 2 个参数值省略，则其默认等于第 1 个参数值。例如，将例 5-5 中的第 11 行代码替换为如下代码。

```
border-radius:50px;   /*设置圆角半径为50px*/
```

保存并运行代码，圆角边框效果如图 5-9 所示。

图5-8　圆角边框效果（1）　　　　　　　　图5-9　圆角边框效果（2）

在图 5-9 中，4 个圆角的弧度相同，这是因为未定义参数 2（垂直半径）的值，系统会将其值设置为参数 1（水平半径）的值。需要说明的是，border-radius 属性同样遵循值复制原则，其水平半径（参数 1）和垂直半径（参数 2）均可以设置 1~4 个参数值，用来表示圆角半径的大小，具体解释如下。

● 当设置 1 个参数值时，表示 4 个圆角半径。

● 当设置 2 个参数值时，第 1 个参数值代表左上和右下圆角半径，第 2 个参数值代表右上和左下圆角半径，具体示例代码如下。

```
img{border-radius:50px 20px/30px 60px;}
```

上述示例代码用于设置左上和右下圆角的水平半径为 50px、垂直半径为 30px，右上和左下圆角的水平半径为 20px、垂直半径为 60px。运行示例代码，效果如图 5-10 所示。

● 当设置 3 个参数值时，第 1 个参数值代表左上圆角半径，第 2 个参数值代表右上和左下圆角半径，第 3 个参数值代表右下圆角半径，具体示例代码如下。

```
img{border-radius:50px 20px 10px/30px 40px 60px;}
```

上述示例代码用于设置左上圆角的水平半径为 50px、垂直半径为 30px，右上和左下圆角水平半径为 20px、垂直半径为 40px，右下圆角的水平半径为 10px、垂直半径为 60px。运行示例代码，效果如图 5-11 所示。

图 5-10　圆角边框效果（3）

图 5-11　圆角边框效果（4）

● 当设置 4 个参数值时，第 1 个参数值代表左上圆角半径，第 2 个参数值代表右上圆角半径，第 3 个参数值代表右下圆角半径，第 4 个参数值代表左下圆角半径，具体示例代码如下。

```
img{border-radius:50px 30px 20px 10px/50px 30px 20px 10px;}
```

上述示例代码用于设置图像左上圆角的水平和垂直半径均为 50px，右上圆角的水平和垂直半径均为 30px，右下圆角的水平和垂直半径均为 20px，左下圆角的水平和垂直半径均为10px。运行示例代码，效果如图 5-12 所示。

当应用值复制原则设置圆角边框时，如果参数 2 的值省略，则其值默认等于参数 1 的值，此时圆角的水平半径和垂直半径相等。设置 4 个参数值的示例代码如下。

```
img{border-radius:50px 30px 20px 10px/50px 30px 20px 10px;}
```

上述示例代码可以简写为：

```
img{border-radius:50px 30px 20px 10px;}
```

需要说明的是，如果想要设置边框为圆形，只需将第 11 行代码替换为如下代码。

```
img{border-radius:104px;}           /*利用像素值设置边框为圆形*/
```

或

```
img{border-radius:50%;}             /*利用百分比设置边框为圆形*/
```

由于示例中盒子的宽度和高度均为 208px，因此图片的半径是 104px。运行以上代码，效果如图 5-13 所示。

图 5-12　圆角边框效果（5）

图 5-13　圆形边框效果

5.3.6　border-image：图像边框

在设置边框样式时，还可以使用自定义的图像作为边框，运用 CSS3 中的 border-image 属性可以轻松实现这一效果。border-image 属性是一个复合属性，包含 border-image-source、border-image-slice、border-image-width、border-image-outset 和 border-image-repeat 属性。使用 border-image 属性的基本语法格式如下。

```
border-image: border-image-source border-image-slice/border-image-width/border-image-outset border-image-repeat;
```

在上述语法格式中，border-image-slice、border-image-width 和 border-image-outset 属性用"/"分隔，其他属性用空格分隔，对上述各属性的介绍如表 5-2 所示。

表 5-2　border-image 中包含的各属性的介绍

属性	描述	常用值
border-image-source	用于指定图像的路径	URL
border-image-slice	用于指定边框图像顶部、右侧、底部、左侧的向内偏移量（可以简单理解为图像的裁切位置）	百分比
border-image-width	用于指定边框宽度	像素值
border-image-outset	用于指定边框图像向盒子外部延伸的距离（可以简单理解为边框图像与边框的距离）	阿拉伯数字
border-image-repeat	用于指定图像的填充方式	repeat（平铺）、stretch（拉伸）

下面通过一个案例来演示图像边框的设置方法，如例 5-6 所示。

例 5-6　example06.html

```
1  <!DOCTYPE html>
2  <html lang="en">
3  <head>
4      <meta charset="UTF-8">
5      <meta http-equiv="X-UA-Compatible" content="IE=edge">
6      <meta name="viewport" content="width=device-width, initial-scale=1.0">
7      <title>图像边框</title>
8      <style type="text/css">
9          p{
10             width:362px;
11             height:362px;
12             border-style:solid;
13             border-image-source:url(images/4.png);    /*设置边框图像的路径*/
14             border-image-slice:33%;      /*边框图像顶部、右侧、底部、左侧的向内偏移量*/
15             border-image-width:40px;    /*设置边框宽度*/
16             border-image-outset:0;                /*设置边框图像向盒子外部延伸的距离*/
17             border-image-repeat:repeat;         /*设置图像的填充方式*/
18         }
19     </style>
20  </head>
21  <body>
22      <p></p>
23  </body>
24  </html>
```

在例 5-6 中，第 12 行代码用于设置边框样式，如果想要正常显示图像边框，应先设置好边框样式；第 13～17 行代码通过设置图像、内偏移、边框宽度、外部延伸距离和填充方式定义了一个图像边框，图像素材如图 5-14 所示。

运行例 5-6 的代码，图像边框效果如图 5-15 所示。

图 5-14　图像素材　　　　　　　　　　　图 5-15　图像边框效果（1）

对比图 5-14 和图 5-15 会发现，边框图像素材的四角位置（即数字 1、3、7、9 标示位置）与盒子边框四角位置的数字是吻合的，也就是说在使用 border-image 属性设置图像边框时，会将素材分割成 9 个区域，即图 5-13 中所示的 1～9 数字。在显示时，将 "1" "3" "7" "9" 作为四角位置的图像，将 "2" "4" "6" "8" 作为四边的图像进行平铺，如果尺寸不够，则按照自定义的方式填充。而中间的 "5" 在切割时则被当作透明区域处理。

例如，将例 5-6 中第 17 行代码中图像的填充方式改为拉伸填充，具体代码如下。

```
border-image-repeat:stretch;                /*设置图像填充方式为拉伸*/
```

保存并运行代码，图像边框效果如图 5-16 所示。

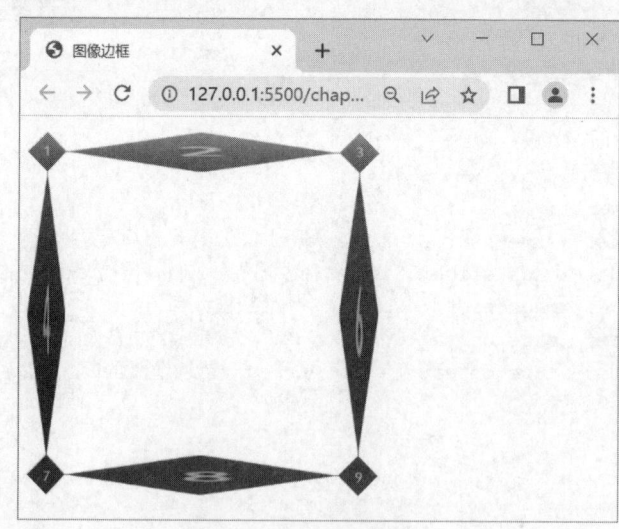

图5-16　图像边框效果（2）

通过图 5-16 可以看出，"2" "4" "6" "8" 区域中的图像被拉伸，用于填充边框区域。与边框样式和宽度相同，图像边框也可以使用综合属性设置样式。例如例 5-6 中设置图像边框的第 13～17 行代码也可以简写为以下代码。

```
border-image:url(images/4.png) 33%/40px/0 repeat;
```

在上述示例代码中，"33%"表示边框的内偏移，"40px"表示边框的宽度，"0"表示边框图像延伸距离，3 个属性值需要用"/"隔开。

▌▌▌**多学一招：轮廓属性的用法**

使用轮廓属性在元素周围绘制一个线框，该线框位于边框外围。使用轮廓属性设置的线框不会占用元素的空间，可以起到突出元素的作用。表 5-3 为 CSS 的轮廓属性及其具体介绍。

表 5-3　CSS 的轮廓属性

属性	描述	常用值
outline-color	设置轮廓的颜色	颜色英文单词、 十六进制颜色值
outline-style	设置轮廓的样式	dotted、 dashed、 solid、 double
outline-width	设置轮廓的宽度	像素值
outline	设置所有的轮廓属性	复合属性值

在实际网页制作中，轮廓属性在 CSS 中的应用较少，它主要在公共样式中用来清除浏览器默认的线框效果，示例代码如下。

```
outline:none;
```

5.4　边距属性

在网页设计中，使用边距属性可以让内容、边框及各元素之间有一定的空间和距离。在 CSS 中，边距属性分为内边距属性和外边距属性两种。本节将对这两种边距属性进行具体讲解。

5.4.1　内边距属性

为了调整内容在盒子中的显示位置，经常需要给元素设置内边距属性。内边距也被称为内填充，是指元素内容与边框之间的距离。在 CSS 中，padding 属性用于设置内边距，与边框属性 border 一样，padding 属性也是复合属性。为元素添加内边距的语法格式如下。

```
padding:上内边距 [右内边距 下内边距 左内边距];
```

在上述语法格式中，padding 属性的取值可为 auto（默认值）、不同单位的数值、相对于父元素（或浏览器）宽度的百分比。在实际工作中，padding 属性常用的值是像素值。padding 属性的值不能为负值。同边框属性一样，在使用复合属性 padding 定义内边距时必须按顺时针顺序赋值，并遵循值复制原则。

此外，也可以通过单边内边距属性精准设置元素某一边的内边距，相应语法格式如下。

```
padding-top:上内边距;
padding-right:右内边距;
padding-bottom:下内边距;
padding-left:左内边距;
```

在上述语法格式中，单边内边距属性 padding-top、padding-right、padding-bottom 和 padding-left 的取值与 padding 复合属性的取值相同。

　　下面通过一个案例来演示内边距属性的用法。新建 HTML 页面，在页面中添加一个图像和一段文本，然后使用 padding 属性控制它们的显示位置，如例 5-7 所示。

例 5-7　example07.html

```
1  <!DOCTYPE html>
2  <html lang="en">
3  <head>
4      <meta charset="UTF-8">
5      <meta http-equiv="X-UA-Compatible" content="IE=edge">
6      <meta name="viewport" content="width=device-width, initial-scale=1.0">
7      <title>内边距属性</title>
8      <style type="text/css">
9        .border{border:5px solid #ccc;}        /*为图像和段落设置边框*/
10       img{
11           padding:80px;                      /*图像 4 个边的内边距相同*/
12           padding-bottom:0;                  /*单独设置下边的内边距*/
13       }
14       p{padding:5%;}                         /*段落内边距为父元素宽度的 5%*/
15      </style>
16 </head>
17 <body>
18     <img class="border" src="padding_in.png" alt="内边距" />
19     <p class="border">段落内边距为父元素宽度的 5%。</p>
20 </body>
21 </html>
```

　　在例 5-7 中，第 10～14 行代码使用 padding 属性设置图像和段落的内边距。其中，第 14 行代码的段落内边距使用百分比数值；第 11～12 行代码等价于 "padding:80px 80px 0;"。

　　运行例 5-7 的代码，效果如图 5-17 所示。

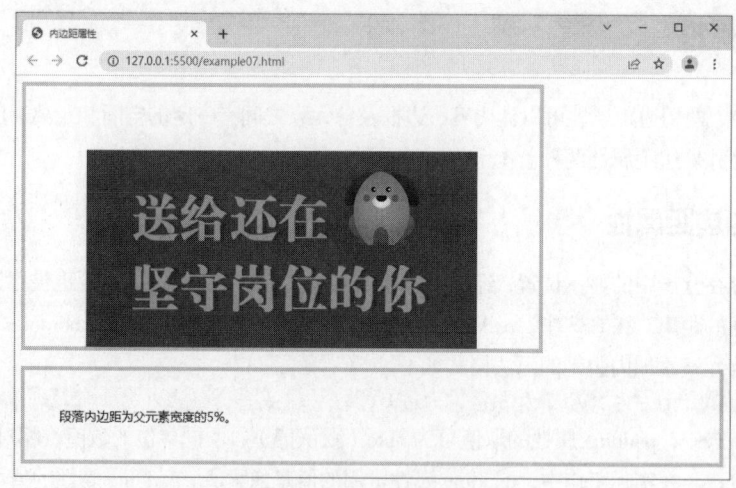

图 5-17　例 5-7 代码的运行效果

　　从图 5-17 可以看出，图片和段落文字都产生了内边距的效果。需要说明的是，由于段落文字的内边距的值为百分比数值，因此当改变浏览器窗口宽度时，段落文字的内边距会随之发生变化。

注意：

　　内边距属性的百分比数值是相对于父元素宽度的百分比，内边距随父元素宽度的变化而变化，与高度无关。

5.4.2 外边距属性

网页是由多个盒子排列而成的，要想拉开盒子与盒子之间的距离，合理地布局网页，就需要为盒子设置外边距。外边距是指相邻元素（盒子）之间的距离。在 CSS 中，margin 属性用于设置外边距，它是一个复合属性，与内边距属性 padding 的用法类似，设置外边距的语法格式如下。

```
margin:上外边距 [右外边距 下外边距 左外边距];
```

在上述语法格式中，margin 属性的取值遵循值复制原则。与 padding 属性一样，使用 margin 属性也可以设置 1~4 个属性值，代表不同边的外边距，但是外边距的属性值可以使用负值。当外边距属性值为负值时，相邻元素会发生重叠。

当对块元素应用宽度属性 width，并将左右外边距的属性值都设置为 auto 时，可使块元素水平居中，在实际工作中常用这种方式进行网页布局，示例代码如下。

```
.num{ margin:0 auto;}
```

此外，也可以通过单边外边距属性精准设置元素某一边的外边距，语法格式如下。

```
margin-top:上外边距;
margin-right:右外边距;
margin-bottom:下外边距;
margin-left:左外边距
```

在上述语法格式中，单边属性 margin –top、margin –right、margin–bottom 和 margin –left 的取值与 margin 复合属性的取值相同。

下面通过一个案例来演示外边距属性的用法。新建 HTML 页面，在页面中添加一个图像和一个段落，然后使用 margin 属性对图像和段落进行排版，如例 5-8 所示。

例 5-8 example08.html

```
1  <!DOCTYPE html>
2  <html lang="en">
3  <head>
4    <meta charset="UTF-8">
5    <meta http-equiv="X-UA-Compatible" content="IE=edge">
6    <meta name="viewport" content="width=device-width, initial-scale=1.0">
7    <title>外边距</title>
8    <style type="text/css">
9      img{
10       border:5px solid #011d33;
11       float:left;                /*设置图像左浮动*/
12       margin-right:50px;         /*设置图像的右外边距*/
13       margin-left:30px;          /*设置图像的左外边距*/
14       /*上面两行代码等价于margin:0 50px 0 30px;*/
15       }
16     p{text-indent:2em;}          /*设置段落文本首行缩进2个字符*/
17    </style>
18  </head>
19  <body>
20    <img src="images/tupian2.png" alt="爱岗敬业" />
21     <p>爱岗敬业、无私奉献，让青春在平凡的工作岗位上闪光，这是对每个人在各自的岗位上工作的基本要求，这也是一种"当主人、创业绩、奉献在岗位上"的宽阔胸怀和思想境界的体现。何谓敬业精神？说得简单一点就是我们对待工作的严谨态度。</p>
22  </body>
23  </html>
```

在例 5-8 中，第 11 行代码使用浮动属性 float 将图像居左（浮动属性将在第 6 章详细讲解）；第 12 行和第 13 行代码设置图像的右外边距和左外边距分别为 50px 和 30px，使图像和段落文本之间拉开一定的距离，实现常见的排版效果。

运行例 5-8 的代码，效果如图 5-18 所示。

从图 5-18 可以看出，图像和段落文本之间拉开了一定的距离，实现了图文混排的效果。但是仔细观察会发现，浏览器边界与网页内容之间也存在一定的距离，然而例 5-8 并没有对<p>标签或<body>标签设置内边距或外距，由此可见这些标签默认存在内边距和外边距样式。网页中默认存在内边距、外边距的标签有<body>标签、<h1>～<h6>标签、<p>标签等。

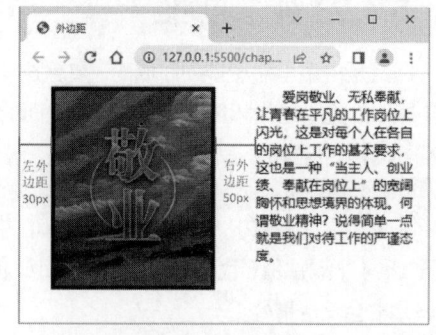

图5-18　例5-8代码的运行效果

为了更方便地控制网页中的标签，添加如下代码即可清除标签默认的内外边距。

```css
*{
    padding:0;         /*清除内边距*/
    margin:0;          /*清除外边距*/
}
```

注意：

如果没有明确定义标签的宽度和高度，那么内边距比外边距的容错率高。

5.5　宽度属性和高度属性

网页是由多个盒子排列而成的，每个盒子都有固定的大小，在 CSS 中使用宽度属性 width 和高度属性 height 可以对盒子的大小进行控制。width 和 height 属性的值可以为不同单位的数值或相对于父元素的百分比，在实际工作中最常用的是像素值。

下面通过 width 属性和 height 属性控制网页中的段落文本，如例 5-9 所示。

例5-9　example09.html

```html
1  <!DOCTYPE html>
2  <html lang="en">
3  <head>
4      <meta charset="UTF-8">
5      <meta http-equiv="X-UA-Compatible" content="IE=edge">
6      <meta name="viewport" content="width=device-width, initial-scale=1.0">
7      <title>盒子模型的宽度属性与高度属性</title>
8      <style type="text/css">
9        .box{
10            width:450px;               /*设置段落的宽度*/
11            height:120px;              /*设置段落的高度*/
12            border:8px solid #00f;     /*设置段落的边框*/
13        }
14      </style>
15  </head>
16  <body>
17      <p class="box">奉献就像蒲公英的种子，随风飘散，落到哪里就在哪里生根、成长。</p>
18  </body>
19  </html>
```

在例 5-9 中，第 10～11 行代码通过 width 属性和 height 属性分别控制段落文本的宽度和高度；第 12 行代码通过 border 属性为段落文本添加边框效果。

运行例 5-9 的代码，效果如图 5-19 所示。

如果问图 5-19 所示的盒子的宽度是多少，初学者可能会不假思索地回答 450px。实际上这是错误的，因为在 CSS 规范中，盒子的 width 属性值和 height 属性值仅指块元素内容的宽度和高度，块元素周围的内边距、边框宽度和外边距是单独计算的。浏览器都采用 CSS3 规范，盒子模型的宽度和高度按照以下公式计算。

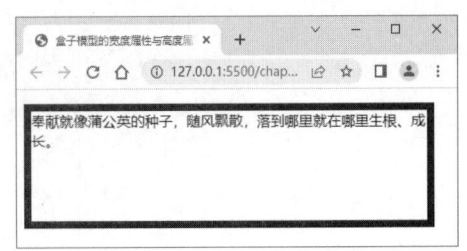

图5-19 例5-9代码的运行效果

- 盒子的宽度= width 属性值+左右内边距值+左右边框宽度值+左右外边距值。
- 盒子的高度= height 属性值+上下内边距值+上下边框宽度值+上下外边距值。

注意:

宽度属性 width 和高度属性 height 仅适用于块元素，对行内元素无效，但<img />标签和<input />标签除外。

5.6 box-shadow 属性

在网页制作中，为网页中的元素添加阴影效果可以让网页更美观。在 CSS3 出现之前，网页中的阴影效果需要借助图片来实现。在 CSS3 中，运用 box-shadow 属性可以直接为页面元素添加阴影效果。box-shadow 属性的基本语法格式如下。

```
box-shadow:像素值 1 像素值 2 像素值 3 像素值 4 颜色值 阴影类型；
```

上述语法格式中 6 个参数值的具体解释如表 5-4 所示。

表5-4 box-shadow 属性参数值及相应说明

参数值	说明
像素值 1	用于设置元素水平阴影的位置，可以为负值，是必选参数值
像素值 2	用于设置元素垂直阴影的位置，可以为负值，是必选参数值
像素值 3	用于设置阴影模糊半径，是可选参数值
像素值 4	用于设置阴影扩展半径，不能为负值，是可选参数值
颜色值	用于设置阴影颜色，是可选参数值
阴影类型	用于设置内阴影（inset）/外阴影（outset，默认），是可选参数值

需要说明的是，在为图片添加内阴影效果时，需要为图片设置内边距属性，否则内阴影效果会被图片遮盖。

下面通过一个为图片添加阴影的案例来演示 box-shadow 属性的用法，如例 5-10 所示。

例 5-10 example10.html

```
1  <!DOCTYPE html>
2  <html lang="en">
3  <head>
4    <meta charset="UTF-8">
5    <meta http-equiv="X-UA-Compatible" content="IE=edge">
6    <meta name="viewport" content="width=device-width, initial-scale=1.0">
7    <title>box-shadow 属性</title>
8    <style type="text/css">
9      img{
```

```
10          padding:20px;
11          border-radius:50%;
12          border:1px solid #ccc;
13          box-shadow:5px 5px 10px 2px #999 inset;
14      }
15   </style>
16 </head>
17 <body>
18    <img class="border" src="images/tupian3.png" alt="爱岗敬业" />
19 </body>
20 </html>
```

在例 5-10 中，第 13 行代码用于定义一个水平阴影位置和垂直阴影位置均为 5px、模糊半径为 10px、扩展半径为 2px 的浅灰色内阴影。

运行例 5-10 的代码，效果如图 5-20 所示。

在图 5-20 中，图片出现了内阴影效果。需要说明的是，box-shadow 属性同 text-shadow 属性（文字阴影属性）一样，也可用于改变阴影的投射方向以及添加多重阴影效果。例如，为图 5-20 的图片添加多重阴影效果，将第 13 行代码更改为如下代码。

```
box-shadow:5px 5px 10px 2px #999 inset,-5px -5px 10px 2px #333 inset;
```

保存并运行代码，效果如图 5-21 所示。

图5-20　例5-10代码的运行效果（1）

图5-21　例5-10代码的运行效果（2）

5.7　box-sizing 属性

当一个盒子的宽度确定之后，要想给盒子添加边框或内边距，往往需要更改其 width 属性值，这样修改操作烦琐且容易出错。为此 CSS3 提供了 box-sizing 属性，该属性用于定义盒子的宽度数值和高度数值是否包含元素的内边距数值和边框数值。box-sizing 属性的语法格式如下。

```
box-sizing: content-box/border-box;
```

在上述语法格式中，box-sizing 属性的取值可以为 content-box 或 border-box，对它们的解释如下。

- content-box：定义的 width 和 height 数值不包括 border 和 padding 数值。
- border-box：定义的 width 和 height 数值包括 border 和 padding 数值。

下面通过一个案例对 box-sizing 属性的用法进行具体演示，如例 5-11 所示。

例 5-11　example11.html

```html
1  <!DOCTYPE html>
2  <html lang="en">
3  <head>
4      <meta charset="UTF-8">
5      <meta http-equiv="X-UA-Compatible" content="IE=edge">
6      <meta name="viewport" content="width=device-width, initial-scale=1.0">
7      <title>box-sizing 属性</title>
8      <style type="text/css">
9        .box1{
10           width:300px;
11           height:100px;
12           padding-right:10px;
13           margin-right:10px;
14           background:#F90;
15           border:10px solid #ccc;
16           box-sizing:content-box;
17           }
18        .box2{
19         width:300px;
20         height:100px;
21         padding-right:10px;
22         margin-right:10px;
23         background:#F90;
24         border:10px solid #ccc;
25         box-sizing:border-box;
26         }
27      </style>
28  </head>
29  <body>
30      <div class="box1">content_box 属性</div>
31      <div class="box2">border_box 属性</div>
32  </body>
33  </html>
```

在例 5-11 中，第 30～31 行代码用于定义两个盒子；第 9～26 行代码用于为它们设置相同的宽度、高度、右内边距、右外边距和边框；第 16 行代码用于对第 1 个盒子定义 "box-sizing:content-box;" 样式，使 width 和 height 数值不包含边框宽度和内边距数值；第 25 行代码用于对第 2 个盒子定义 "box-sizing:border-box;" 样式，使 width 和 height 数值包含边框宽度和内边距数值。

运行例 5-11 的代码，效果如图 5-22 所示。

在浏览器中测量第 1 个盒子的宽度和高度，如图 5-23 所示。

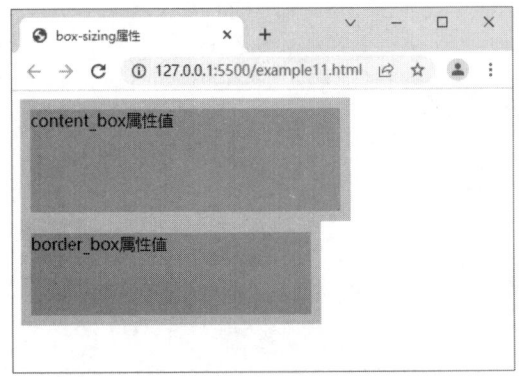

图5-22　例5-11代码的运行效果

图5-23　测量第1个盒子的宽度和高度

从图 5-23 可以看出，第 1 个盒子的宽度为 330px、高度为 120px。盒子宽度和高度的计算方式如下。

```
盒子宽度=width+padding+border=300px+10px+10px×2=330px
盒子高度=height+border=100px+10px×2=120px
```

在浏览器中测量第 2 个盒子的宽度和高度，如图 5-24 所示。

从图 5-24 可以看出，第 2 个盒子的宽度为 300px，高度为 100px。由此可见，应用"box-sizing:border-box;"样式后，盒子的 border 和 padding 的数值是包含在 width 和 height 数值之内的，但盒子的 margin 数值并未算在盒子的 width 数值之内，可见 box-sizing 属性只作用于边框属性 border 和内边距属性 padding。

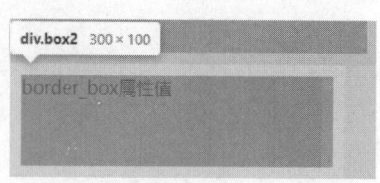

图5-24　测量第2个盒子的宽度和高度

5.8　背景属性

网页能通过背景图像给人留下深刻印象。例如，节日题材的网站一般采用一些与节日相关的图像来突出节日氛围。所以在网页设计中，设置背景颜色和背景图像是一个重要的环节。CSS 中提供多种设置背景属性的方法。本节将对这些设置背景属性的方法做详细讲解。

5.8.1　设置背景颜色

在 CSS 中，背景颜色使用 background-color 属性来设置，background-color 属性的取值可使用颜色名称的英文单词、十六进制颜色值或 RGB 颜色值等。background-color 属性的默认值为 transparent，即背景透明，设置背景透明的子元素会透出其父元素的背景颜色。

下面通过一个案例来演示 background-color 背景属性的用法。新建 HTML 页面，在页面中添加标题和段落文本，然后通过 background-color 属性控制标题标签<h2>和主体标签<body>的背景颜色，如例 5-12 所示。

例 5-12　example12.html

```
1  <!DOCTYPE html>
2  <html lang="en">
3  <head>
4    <meta charset="UTF-8">
5    <meta http-equiv="X-UA-Compatible" content="IE=edge">
6    <meta name="viewport" content="width=device-width, initial-scale=1.0">
7    <title>设置背景颜色</title>
8    <style type="text/css">
9      body{background-color:#CCC;}          /*设置网页的背景颜色*/
10     h2{
11        font-family:"微软雅黑";
12        color:#FFF;
13        background-color:#36C;              /*设置标题的背景颜色*/
14     }
15    </style>
16  </head>
17  <body>
18    <h2>热爱工作，具有奉献精神</h2>
19    <p> 奉献就像蒲公英的种子，随风飘散，落到哪里就在哪里生根、成长，就会在哪里开出美丽的金色小花，而我们的行动就像那传播种子的缕缕轻风，让我们拿出心中的热情，奉献我们的青春，用真诚的态度对待工作、对待生活、对待人生。</p>
20  </body>
21  </html>
```

在例 5-12 中，第 9 行代码和第 13 行代码通过 background-color 属性分别设置网页和标题的背景颜色。

运行例 5-12 的代码，背景颜色的效果如图 5-25 所示。

在图 5-25 中，标题文字的背景颜色正是代码中设置的颜色；段落文字显示父元素 body 的背景颜色，这是因为未对段落标签<p>设置背景颜色，其默认属性值为 transparent（透明）。

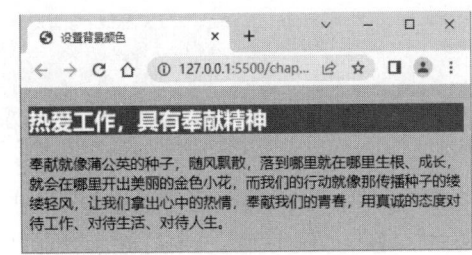

图5-25 背景颜色的效果

5.8.2 设置背景图像

在网页设计中，不仅可以设置背景颜色，而且可以设置背景图像。使用 CSS 中的 background-image 属性可以为网页设置背景图像。

以例 5-12 为基础，准备一张背景图像，如图 5-26 所示；将背景图像放置在 images 文件夹中，然后更改<body>标签的 CSS 样式代码，具体代码如下。

```
body{
    background-color:#CCC;                    /*设置网页的背景颜色*/
    background-image:url(images/bg.png);      /*设置网页的背景图像*/
}
```

保存并运行代码，背景图像的效果如图 5-27 所示。

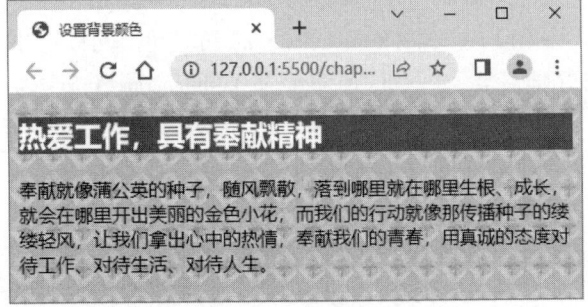

图 5-26 背景图像

图5-27 背景图像的效果

从图 5-27 可以看出，背景图像自动沿着水平和竖直两个方向平铺充满整个页面，并且覆盖了<body>标签的部分背景颜色。

5.8.3 设置背景图像平铺

默认情况下，背景图像会自动沿水平和竖直两个方向平铺。如果不希望背景图像平铺，或者希望只沿着一个方向平铺，可以通过 background-repeat 属性来控制，该属性的取值及相关介绍如下。

- repeat：用于设置背景图像沿水平和竖直两个方向平铺，为默认值。
- no-repeat：用于设置背景图像不平铺（背景图像位于元素的左上角，只显示一次）。
- repeat-x：用于设置背景图像只沿水平方向平铺。
- repeat-y：用于设置背景图像只沿竖直方向平铺。

例如希望例 5-12 中的图像只沿着水平方向平铺，可以将<body>标签的 CSS 代码更改为如下代码。

```
body{
    background-color:#CCC;              /*设置网页的背景颜色*/
```

```
    background-image:url(images/bg.png);    /*设置网页的背景图像*/
    background-repeat:repeat-x;             /*设置背景图像的平铺方式*/
}
```

保存并运行代码，背景图像的平铺效果如图 5-28 所示。

在图 5-28 中，背景图像只沿着水平方向平铺，其覆盖的区域显示背景图像，没有覆盖的区域按照设置的背景颜色显示。由此可见，当背景图像和背景颜色同时存在时，背景图像优先显示。

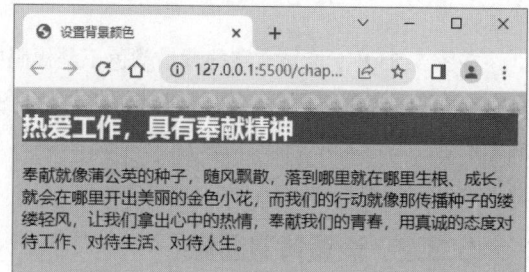

图5-28　背景图像的平铺效果

5.8.4　设置背景图像的位置

如果将背景图像的平铺属性 background-repeat 的值定义为 no-repeat，背景图像将显示在元素的左上角。如果想要自由控制背景图像的位置，可以使用 CSS 中的 background-position 属性。background-position 属性用于精确指定背景图像的位置，其语法格式如下。

```
background-position:属性值 1 属性值 2;
```

在上述语法格式中，background-position 属性的值可以设置 1～2 个，当有 2 个属性值时用空格分隔。当设置 2 个属性值时，"属性值 1"表示背景图像的水平位置，"属性值 2"表示背景图像的垂直位置。如果只设置一个属性值，表示背景图像垂直位置和水平位置一致。

background-position 属性的取值有多种，具体介绍如下。

（1）使用不同单位的数值：最常用的是像素值，可以使用像素值直接设置背景图像左上角在元素中的水平坐标和垂直坐标，例如"background-position:20px 20px;"。

（2）使用方位名词：用于指定背景图像在元素中的对齐方式。

- 水平方向：left、center、right。
- 垂直方向：top、center、bottom。

两个方位名词的顺序不唯一，若只有一个方位名词，则另一个默认为 center，示例如下。

```
center 相当于 center center（水平和垂直均居中）
top 相当于 top center 或 center top（水平居中、垂直居上）
```

（3）使用百分比：背景图像和元素按指定点对齐。

- 0% 0%：表示背景图像的左上角与元素的左上角对齐。
- 50% 50%：表示背景图像的 50% 50% 中心点与元素 50% 50% 的中心点对齐。
- 20% 30%：表示背景图像的 20% 30% 的点与元素 20% 30% 的点对齐。
- 100% 100%：表示背景图像的右下角与元素的右下角对齐。

如果 background-position 属性的值只有一个百分比，将作为水平值，垂直值则默认为 50%。

下面通过一个案例对 background-position 属性的用法做具体演示。为页面设置一个背景图像，背景图像的平铺方式为不平铺，如例 5-13 所示。

例 5-13　example13.html

```
1  <!DOCTYPE html>
2  <html lang="en">
3  <head>
4      <meta charset="UTF-8">
5      <meta http-equiv="X-UA-Compatible" content="IE=edge">
6      <meta name="viewport" content="width=device-width, initial-scale=1.0">
```

```
7        <title>设置背景图像的位置</title>
8        <style type="text/css">
9            body{
10               background-image:url(images/ai.png);    /*设置网页的背景图像*/
11               background-repeat:no-repeat;            /*设置背景图像不平铺*/
12           }
13       </style>
14   </head>
15   <body>
16       <h2>爱岗敬业，乐于奉献</h2>
17       <p> 当我们把爱岗敬业当作人生追求，我们就会在工作上少一些计较、多一些奉献，少一些抱怨、多一些责任感，
少一些懒惰、多一些上进心，就能够享受工作给自己带来的快乐和充实感，就能够更加珍惜自己的工作，抱着感恩、努力的态
度把工作做得尽善尽美，最终赢得大家的尊重和认可。</p>
18   </body>
19   </html>
```

在例 5-13 中，第 11 行代码将<body>标签的背景图像平铺方式设置为"no-repeat"，即不平铺。

运行例 5-13 的代码，背景图像不平铺的效果如图 5-29 所示。

从图 5-29 可以看出，背景图像位于 HTML 页面的左上角。如果希望背景图像出现在其他位置，可以使用 background-position 属性。例如，将例 5-13 中的背景图像定义在页面的右下角，可以更改<body>标签的 CSS 样式代码为如下代码。

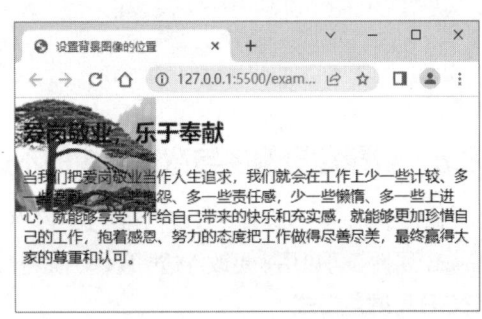

图5-29　背景图像不平铺的效果

```
body{
    background-image:url(images/ai.png);       /*设置网页的背景图像*/
    background-repeat:no-repeat;               /*设置背景图像不平铺*/
    background-position:right bottom;  /*设置背景图像的位置*/
}
```

保存并运行代码，背景图像的效果如图 5-30 所示。

此时，背景图像出现在页面的右下角。接下来将 background-position 属性的值定义为像素值，以更改例 5-13 中背景图像的位置，body 元素的 CSS 样式代码如下。

```
body{
    background-image:url(images/ai.png);       /*设置网页的背景图像*/
    background-repeat:no-repeat;               /*设置背景图像不平铺*/
    background-position:50px 80px;    /*用像素值控制背景图像的位置*/
}
```

保存并运行代码，背景图像的效果如图 5-31 所示。

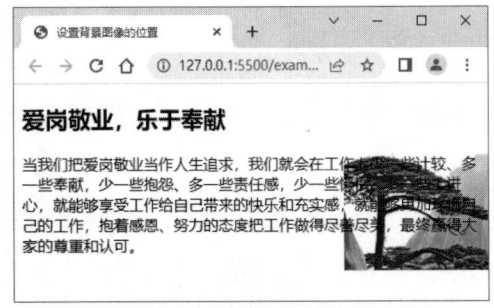

图5-30　背景图像的效果（1）　　　　　　　图5-31　背景图像的效果（2）

在图 5–31 中，背景图像距离 body 元素的左边缘 50px、上边缘 80px。

5.8.5　设置背景图像固定

当网页中的内容较多时，背景图像会随着页面滚动条的移动而移动，如果希望背景图像固定在浏览器窗口的某个位置，可以使用 background–attachment 属性。background–attachment 属性有两个属性值，分别代表不同的含义，具体解释如下。

- scroll：用于设置背景图像随页面一起滚动，为默认值。
- fixed：用于设置背景图像固定在屏幕上，不随页面滚动。

例如，下面的示例代码设置背景图像在距离浏览器窗口的左边缘 50px、上边缘 80px 的位置固定。

```
body{
    background-image:url(he.png);          /*设置网页的背景图像*/
    background-repeat:no-repeat;           /*设置背景图像不平铺*/
    background-position:50px 80px;         /*用像素值控制背景图像的位置*/
    background-attachment:fixed;           /*设置背景图像的位置固定*/
}
```

5.8.6　设置背景颜色与背景图像的不透明度

在网页设计中，还可以设置背景颜色和背景图像的不透明度，以得到一些不同的显示效果。RGBA 颜色模式和 opacity 属性都可以用来更改不透明度，下面将对它们进行详细讲解。

1. RGBA 颜色模式

RGBA 是 CSS3 新增的颜色模式，它是 RGB 颜色模式的延伸，在红、绿、蓝三原色的基础上添加了不透明度参数。RGBA 颜色模式的语法格式如下。

```
rgba(r,g,b,alpha);
```

在上述语法格式中，前 3 个参数与 RGB 颜色模式中的参数含义相同，第 4 个 alpha 参数是一个介于 0.0（完全透明）和 1.0（完全不透明）之间的数字。

例如，使用 RGBA 颜色模式为 p 元素指定透明度为 0.5 的红色背景，代码如下。

```
p{background-color:rgba(255,0,0,0.5);}
```

需要注意的是，RGBA 颜色模式只能用于设置背景颜色的不透明度，不能用于设置背景图像的不透明度。

2. opacity 属性

在 CSS3 中，使用 opacity 属性能够使元素呈现透明效果，其语法格式如下。

```
opacity: opacityValue;
```

在上述语法格式中，opacity 属性用于定义元素的不透明度，参数 opacityValue 表示不透明度的数值，该数值是一个介于 0 和 1 之间的浮点数值。其中，0 表示完全透明，1 表示完全不透明，其余数值则表示透明的程度。

下面通过一个案例来演示如何使用 opacity 属性设置背景图像的不透明度，如例 5–14 所示。

例 5-14　example14.html

```
1  <!DOCTYPE html>
2  <html lang="en">
3  <head>
4      <meta charset="UTF-8">
5      <meta http-equiv="X-UA-Compatible" content="IE=edge">
6      <meta name="viewport" content="width=device-width, initial-scale=1.0">
7      <title>设置不透明度</title>
8      <style type="text/css">
9      #boxwrap{width:330px; margin:10px auto; border:solid 1px #FF6666;}
10     img:first-child{opacity:1;}
```

```
11      img:nth-child(2){opacity:0.8;}
12      img:nth-child(3){opacity:0.5;}
13      img:nth-child(4){opacity:0.2;}
14    </style>
15 </head>
16 <body>
17    <div id="boxwrap">
18        <img src="images/hong.png" width="160">
19        <img src="images/hong.png" width="160">
20        <img src="images/hong.png" width="160">
21        <img src="images/hong.png" width="160">
22    </div>
23 </body>
24 </html>
```

在例 5-14 中，第 10～13 行代码通过 opacity 属性为同一张背景图像设置不同的不透明度，且 opacityValue 的值依次减小。

运行例 5-14 的代码，不透明度效果如图 5-32 所示。

在图 5-32 中，4 张背景图像的透明度依次增加，这是因为 opacityValue 的值越小，透明度越高。

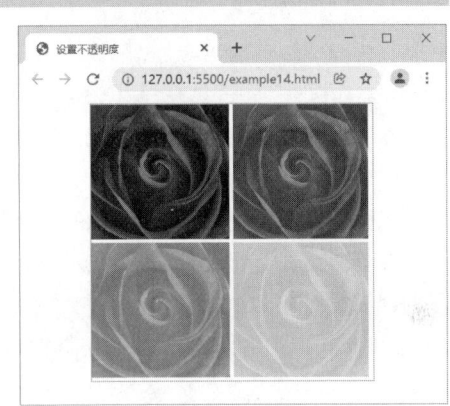

图5-32　不透明度效果

5.8.7　设置背景图像的大小

在 CSS2 及之前的版本中，背景图像的大小是不可以控制的。要想让背景图像填充元素区域，只能使用较大的背景图像或者让背景图像以平铺的方式填充，操作起来烦琐且很不方便。在 CSS3 中，运用 background-size 属性可以轻松控制背景图像的大小，其基本语法格式如下。

```
background-size:属性值1 属性值2;
```

在上述语法格式中，可以为 background-size 属性设置 1～2 个值来定义背景图像的宽度和高度，其中属性值 1 为必选属性值，属性值 2 为可选属性值。属性值可以是像素值、百分比、或 cover、contain 关键字，具体解释如表 5-5 所示。

表 5-5　background-size 属性值及相应说明

属性值	说明
像素值	用于设置背景图像的高度和宽度。第 1 个值用于设置宽度，第 2 个值用于设置高度。如果只设置一个值，则第 2 个值默认为 auto
百分比	以父元素的百分比来设置背景图像的宽度和高度。第 1 个值用于设置宽度，第 2 个值用于设置高度。如果只设置一个值，则第 2 个值默认为 auto
cover	把背景图像扩展至足够大，使背景图像完全覆盖背景区域。此时背景图像的某些部分可能无法显示在背景区域中
contain	按照某一边把背景图像扩展至最大尺寸，背景图像会完全显示在背景区域中

下面通过一个案例对设置背景图像大小的方法进行演示，如例 5-15 所示。

例 5-15　example15.html

```
1 <!DOCTYPE html>
2 <html lang="en">
3 <head>
4     <meta charset="UTF-8">
5     <meta http-equiv="X-UA-Compatible" content="IE=edge">
6     <meta name="viewport" content="width=device-width, initial-scale=1.0">
```

```
7        <title>设置背景图像大小</title>
8        <style type="text/css">
9            div{
10               width:300px;
11               height:300px;
12               border:3px solid #666;
13               margin:0 auto;
14               background-color:#FCC;
15               background-image:url(images/hong.png);
16               background-repeat:no-repeat;
17               background-position:center center;
18               }
19       </style>
20   </head>
21   <body>
22       <div>300px 的盒子</div>
23   </body>
24   </html>
```

在例 5-15 中，第 10～11 行代码用于定义一个宽度、高度均为 300px 的盒子；第 15 行代码为这个盒子填充一个居中显示的背景图像。

运行例 5-15 的代码，背景图像的原始效果如图 5-33 所示。

在图 5-33 中，背景图像居中显示。由于背景图像较小、盒子较大，此时背景图像会居中显示，露出盒子的背景颜色。

此时，可以运用 background-size 属性对背景图像的大小进行控制，为 div 元素添加 CSS 样式代码，具体如下。

```
background-size:100px 200px;
```

保存并运行代码，背景图像的效果如图 5-34 所示。

图5-33　背景图像的原始效果

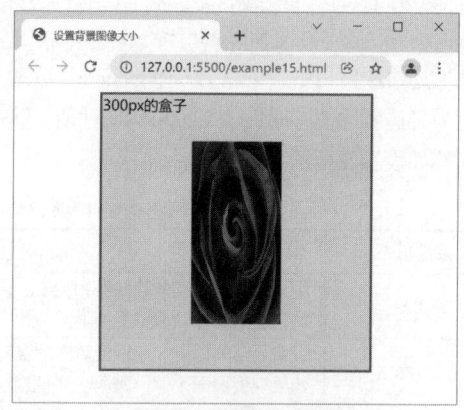

图5-34　背景图像的效果

从图 5-34 可以看出，背景图像被不成比例地缩小，如果想要等比例控制背景图像的大小，可以只为 background-size 设置一个属性值。

5.8.8　设置背景的显示区域

在默认情况下，background-position 属性总是以元素左上角为坐标原点来定位背景图像的，运用 CSS3 中的 background-origin 属性可以改变这种定位方式，自定义背景图像的相对位置。background-origin 属性的基本语法格式如下。

```
background-origin:属性值;
```

在上述语法格式中，background-origin 属性有 3 种取值，分别表示不同的含义，具体解释如下。

- padding-box：用于设置背景图像相对于内边距定位。
- border-box：用于设置背景图像相对于边框定位。
- content-box：用于设置背景图像相对于内容边界定位。

下面通过一个案例对 background-origin 属性的用法进行演示，如例 5-16 所示。

例 5-16　example16.html

```
1  <!DOCTYPE html>
2  <html lang="en">
3  <head>
4      <meta charset="UTF-8">
5      <meta http-equiv="X-UA-Compatible" content="IE=edge">
6      <meta name="viewport" content="width=device-width, initial-scale=1.0">
7      <title>设置背景的显示区域</title>
8      <style type="text/css">
9      p{
10         width:300px;
11         height:200px;
12         border:8px solid #bbb;
13         padding:40px;
14         background-image:url(images/jiangzhang.png);
15         background-repeat:no-repeat;
16     }
17     </style>
18 </head>
19 <body>
20     <p>"一分耕耘一分收获""未必尽如人意，但求无愧我心"。不论是科学技术人员，还是普通群众；不论是
国家干部，还是环卫工人，只要对祖国赤诚、对事业认真、对工作挚爱，勤勤恳恳地在自己的岗位上耕耘，就能释放光
和热，绽放鲜艳的理想之花。</p>
21 </body>
22 </html>
```

在例 5-16 中，第 14 行代码用于为段落文本<p>标签添加背景图像。

运行例 5-16 的代码，背景图像的显示效果如图 5-35 所示。

在图 5-35 中，背景图像在元素区域的左上角显示。此时为段落文本设置 background-origin 属性可以改变背景图像的位置。例如，使背景图像相对于文本内容边界定位，CSS 代码如下。

```
background-origin:content-box;  /*背景图像相对于文本内容边界定位*/
```

保存并运行代码，背景图像的显示效果如图 5-36 所示。

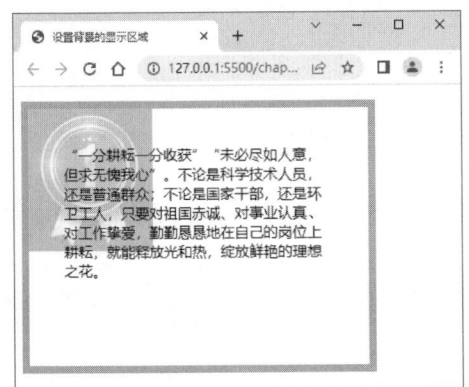

图5-35　背景图像的显示效果（1）

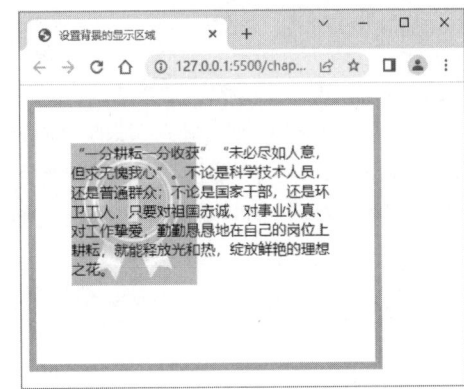

图5-36　背景图像的显示效果（2）

5.8.9　设置背景的裁剪区域

在 CSS 样式中，可以通过设置背景的裁剪区域来控制背景的显示位置。background-clip 属性用于定义背景的裁剪区域，其基本语法格式如下。

```
background-clip:属性值;
```

在上述语法格式中，background-clip 属性有 3 个可选值，具体介绍如下。

- border-box：默认值，用于从边框区域向外裁剪背景。
- padding-box：用于从内边距区域向外裁剪背景。
- content-box：用于从内容区域向外裁剪背景。

下面通过一个案例来演示 background-clip 属性的用法，如例 5-17 所示。

例 5-17　example17.html

```
1  <!DOCTYPE html>
2  <html lang="en">
3  <head>
4     <meta charset="UTF-8">
5     <meta http-equiv="X-UA-Compatible" content="IE=edge">
6     <meta name="viewport" content="width=device-width, initial-scale=1.0">
7     <title>设置背景的裁剪区域</title>
8     <style type="text/css">
9     p{
10        width:300px;
11        height:150px;
12        border:8px dotted #666;
13        padding:40px;
14        background-color:#CF9;
15        background-repeat:no-repeat;
16        }
17    </style>
18 </head>
19 <body>
20    <p>"一分耕耘一分收获""未必尽如人意，但求无愧我心"。不论是科学技术人员，还是普通群众；不论是
国家干部，还是环卫工人，只要对祖国赤诚、对事业认真、对工作挚爱，勤勤恳恳地在自己的岗位上耕耘，就能释放光
和热，绽放鲜艳的理想之花。</p>
21 </body>
22 </html>
```

在例 5-17 中，第 14 行代码用于为段落文本<p>标签定义浅绿色的背景。

运行例 5-17 的代码，背景效果如图 5-37 所示。

从图 5-37 可以看出，背景颜色填充了包括边框和内边距在内的整个区域。这时如果想要浅绿色背景只填充文字部分，需要设置背景图像的裁剪区域，为段落文本<p>标签添加以下样式代码。

```
background-clip:content-box;    /*从内容区域向外裁剪背景/
```

保存并运行代码，裁剪背景效果如图 5-38 所示。

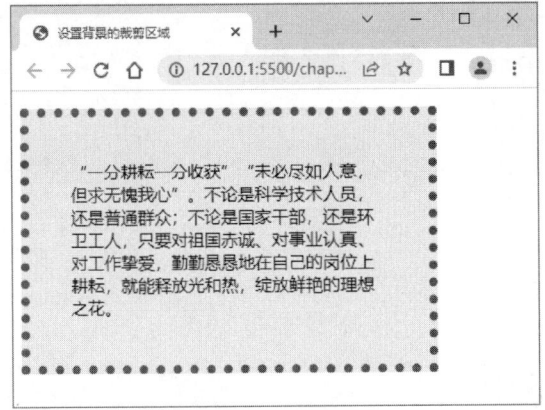

图5-37 背景效果

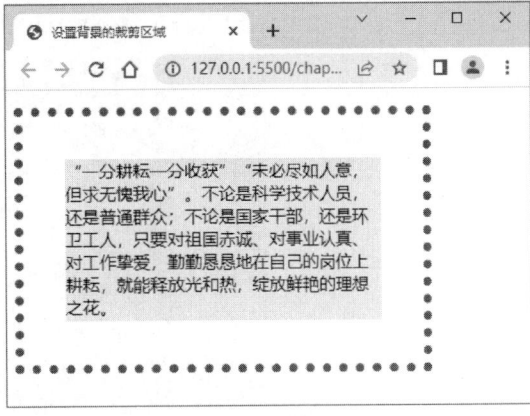

图5-38 裁剪背景效果

5.8.10 设置多重背景图像

在 CSS3 之前的版本中，一个容器只能填充一张背景图像，如果重复设置，最后设置的背景图像会覆盖之前设置的背景图像。CSS3 增强了背景图像的功能，允许一个容器里显示多张背景图像，让背景图像更容易控制。但是 CSS3 并没有为实现多重背景图像提供对应的属性，而是通过 background-image、background-repeat、background-position 和 background-size 等属性来实现多重背景图像效果，各属性值用英文逗号隔开。

下面通过一个案例来演示多重背景图像的设置方法，如例 5-18 所示。

例 5-18 example18.html

```
1  <!DOCTYPE html>
2  <html lang="en">
3  <head>
4      <meta charset="UTF-8">
5      <meta http-equiv="X-UA-Compatible" content="IE=edge">
6      <meta name="viewport" content="width=device-width, initial-scale=1.0">
7      <title>设置多重背景图像</title>
8      <style type="text/css">
9      p{
10         width:300px;
11         height:300px;
12         border:1px solid black;
13         background-image:url(images/dog.png),url(images/bg1.png),url(images/bg2.png);
14         }
15     </style>
16  </head>
17  <body>
18      <p></p>
19  </body>
20  </html>
```

在例 5-18 中，第 13 行代码通过 background-image 属性定义了 3 张背景图像，需要注意的是，排列在最上方的图像应该先设置，其次是中间的装饰，最后才是背景图像。

运行例 5-18 的代码，效果如图 5-39 所示。

图5-39　多重背景图像的效果

5.8.11　背景复合属性

在 CSS 中，背景属性也是一个复合属性，可以将与背景相关的样式都综合定义在一个复合属性 background 中。使用 background 属性综合设置背景样式的语法格式如下。

```
background:[background-color] [background-image] [background-repeat] [background-attachment] [background-position] [background-size] [background-clip] [background-origin];
```

在上述语法格式中，各个样式的顺序不唯一，不需要的样式可以省略。

下面通过一个案例对 background 背景复合属性的用法进行演示，如例 5-19 所示。

例 5-19   example19.html

```
1  <!DOCTYPE html>
2  <html lang="en">
3  <head>
4    <meta charset="UTF-8">
5    <meta http-equiv="X-UA-Compatible" content="IE=edge">
6    <meta name="viewport" content="width=device-width, initial-scale=1.0">
7    <title>背景复合属性</title>
8    <style type="text/css">
9      div{
10        width:200px;
11        height:200px;
12        border:5px dashed #B5FFFF;
13        padding:25px;
14        background:#B5FFFF url(images/caodi.png) no-repeat left bottom padding-box;
15        }
16    </style>
17  </head>
18  <body>
19    <div>小草偷偷地从土里钻出来，嫩嫩的，绿绿的。园子里，田野里，瞧去，一大片一大片满是的。坐着，躺着，打两个滚，踢几脚球，赛几趟跑，捉几回迷藏。风轻悄悄的，草软绵绵的。</div>
20  </body>
21  </html>
```

在例 5-19 中，第 14 行代码运用背景复合属性为<div>标签定义背景颜色、背景图像、背景图像平铺方式、背景图像位置和裁剪区域等多个样式。

运行例 5-19 的代码，背景复合效果如图 5-40 所示。

5.9　CSS3 渐变属性

在 CSS3 之前的版本中，如果需要添加渐变效果，需要使用背景图像来实现。而 CSS3 中增加了渐变属性，通过渐变属性可以轻松实现渐变效果。CSS3 的渐变属性主要包括线性渐变、径向渐变和重复渐变，具体介绍如下。

5.9.1　线性渐变

在线性渐变中，起始颜色会沿着一条直线按顺序过渡到结束颜色。运用 CSS3 中的 "background-image:linear-gradient(参数值);" 样式可以实现线性渐变效果，其基本语法格式如下。

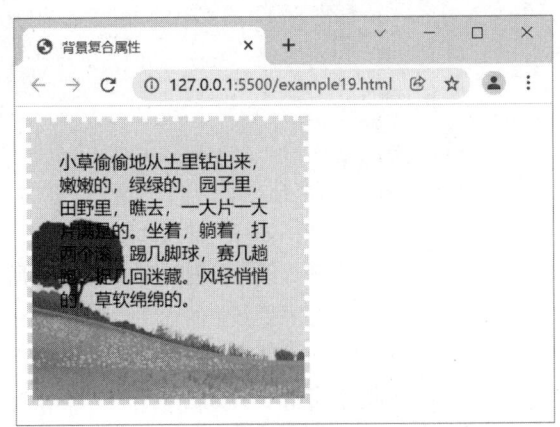

图5-40　背景复合效果

```
background-image:linear-gradient(渐变角度,颜色值1,颜色值2,...,颜色值n);
```

在上述语法格式中，linear-gradient 用于定义渐变方式为线性渐变，括号内的参数用于设置渐变角度和颜色，具体解释如下。

1. 渐变角度

渐变角度是指水平线和渐变线之间的夹角，可以是以 deg 为单位的角度数值或 to 加 left、right、top 和 bottom 等关键词。在使用角度设置渐变起点时，0deg 对应 to top，90deg 对应 to right，180deg 对应 to bottom，270deg 对应 to left，整个线性渐变过程就是以 bottom 为起点并顺时针旋转，具体如图 5-41 所示。

当未设置渐变角度时，默认值为 180deg，等同于 to bottom。

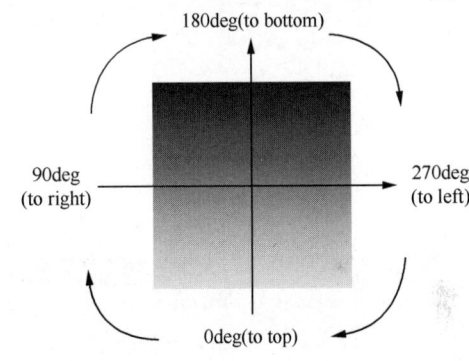

图5-41　线性渐变过程

2. 颜色值

颜色值用于设置渐变颜色，其中 "颜色值 1" 表示起始颜色，"颜色值 n" 表示结束颜色，在起始颜色和结束颜色之间可以添加多个颜色值，各颜色值用英文逗号 "，" 隔开。

下面通过一个案例对线性渐变的用法进行演示，如例 5-20 所示。

例5-20　example20.html

```html
1  <!DOCTYPE html>
2  <html lang="en">
3  <head>
4      <meta charset="UTF-8">
5      <meta http-equiv="X-UA-Compatible" content="IE=edge">
6      <meta name="viewport" content="width=device-width, initial-scale=1.0">
7      <title>线性渐变</title>
8      <style type="text/css">
9          p{
10             width:200px;
11             height:200px;
```

```
12              background-image:linear-gradient(30deg,#0f0,#00F);
13        }
14    </style>
15 </head>
16 <body>
17    <p></p>
18 </body>
19 </html>
```

在例 5-20 中，为\<p\>标签定义了一个渐变角度为 30deg 的从绿色（#0f0）到蓝色（#00f）的线性渐变。

运行例 5-20 的代码，线性渐变效果如图 5-42 所示。

在图 5-42 中，可以看到颜色的线性渐变效果。需要说明的是，在每一个颜色值后面可以加一个百分比数值，用于标示颜色渐变的位置，示例代码如下。

图5-42　线性渐变效果（1）

```
background-image:linear-gradient(30deg,#0f0 50%,#00F 80%);
```

在上述示例代码中，绿色（#0f0）由 50% 的位置开始出现渐变，至蓝色（#00f）的 80% 的位置结束渐变，如图 5-43 所示。

运行示例代码，效果如图 5-44 所示。

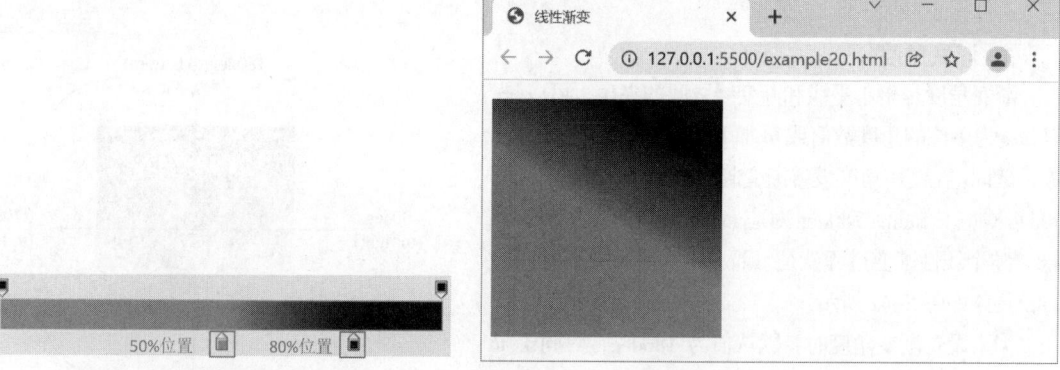

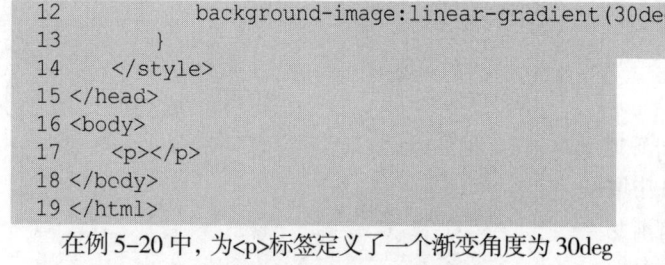

图5-43　定义渐变颜色的位置

图5-44　线性渐变效果（2）

5.9.2　径向渐变

径向渐变是网页设计中一种常用的渐变，在径向渐变中，起始颜色从一个中心点开始，按照椭圆形或圆形进行扩张渐变。运用 CSS3 中的"background-image:radial-gradient(参数值);"样式可以实现径向渐变效果，其基本语法格式如下。

```
background-image:radial-gradient(渐变形状 中心位置,颜色值1,颜色值2,...,颜色值n);
```

在上述语法格式中，radial-gradient 用于定义渐变的方式为径向渐变，括号内的参数值用于设置渐变形状、中心位置和颜色，对各参数的具体介绍如下。

1. 渐变形状

渐变形状用来定义径向渐变的形状，其取值既可以是定义水平和垂直半径的像素值或百分比，也可以是相应的关键词。其中关键词主要包括 circle 和 ellipse。渐变形状取值的具体介绍如下。

- 像素值/百分比：用于定义形状的水平和垂直半径，例如"80px 50px"表示一个水平半径为 80px、垂直半径为 50px 的椭圆形。
- circle：用于指定圆形的径向渐变。

- ellipse：用于指定椭圆形的径向渐变。

2. 中心位置

"中心位置"参数用于确定元素渐变的中心位置，使用 at 加上关键词或参数值来定义径向渐变的中心位置。它类似于 CSS 中的 background-position 属性，如果省略其值，则默认为 center，具体介绍如下。

- 像素值/百分比：用于定义渐变中心的水平和垂直坐标，可以为负值。
- left：用于设置左边为径向渐变中心的横坐标值。
- center：用于设置中间为径向渐变中心的横坐标值或纵坐标值。
- right：用于设置右边为径向渐变中心的横坐标值。
- top：用于设置顶部为径向渐变中心的纵坐标值。
- bottom：用于设置底部为径向渐变中心的纵坐标值。

3. 颜色值

"颜色值 1"表示起始颜色，"颜色值 n"表示结束颜色，在起始颜色和结束颜色之间可以添加多个颜色值，各颜色值用英文逗号","隔开。

下面运用径向渐变来制作一个球体，如例 5-21 所示。

例 5-21　example21.html

```
1  <!DOCTYPE html>
2  <html lang="en">
3  <head>
4      <meta charset="UTF-8">
5      <meta http-equiv="X-UA-Compatible" content="IE=edge">
6      <meta name="viewport" content="width=device-width, initial-scale=1.0">
7      <title>径向渐变</title>
8      <style type="text/css">
9        p{
10           width:200px;
11           height:200px;
12           border-radius:50%;           /*设置圆角边框*/
13           background-image:radial-gradient(ellipse at center,#0f0,#030); /*设置径向渐变*/
14       }
15     </style>
16  </head>
17  <body>
18      <p></p>
19  </body>
20  </html>
```

在例 5-21 中，第 13 行代码用于为<p>标签定义一个渐变形状为椭圆形、渐变中心位置在容器中心点、从绿色（#0f0）到深绿色（#030）的径向渐变；同时使用 border-radius 属性将容器的边框设置为圆角。

运行例 5-21 的代码，球体的效果如图 5-45 所示。

与线性渐变类似，在径向渐变的颜色值后面也可以加一个百分比数值，用于设置渐变的位置。

5.9.3　重复渐变

在网页设计中，经常会遇到为一个背景重复应用渐变模式的情况，这时就需要使用重复渐变。

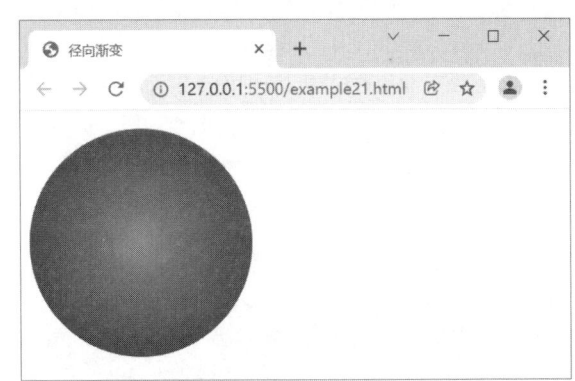

图5-45　球体的效果

重复渐变包括重复线性渐变和重复径向渐变，具体介绍如下。

1. 重复线性渐变

在CSS3中，通过"background-image:repeating-linear-gradient(参数值);"样式可以实现重复线性渐变的效果，其基本语法格式如下。

```
background-image:repeating-linear-gradient(渐变角度,颜色值1,颜色值2,...,颜色值n);
```

在上述语法格式中，"repeating-linear-gradient(参数值)"用于定义渐变方式为重复线性渐变，括号内的参数取值与线性渐变的相同，分别用于定义渐变角度和颜色。颜色值同样可以使用百分比定义。

下面通过一个案例对重复线性渐变的用法进行演示，如例5-22所示。

例5-22　example22.html

```
1  <!DOCTYPE html>
2  <html lang="en">
3  <head>
4    <meta charset="UTF-8">
5    <meta http-equiv="X-UA-Compatible" content="IE=edge">
6    <meta name="viewport" content="width=device-width, initial-scale=1.0">
7    <title>重复线性渐变</title>
8    <style type="text/css">
9    p{
10       width:200px;
11       height:200px;
12       background-image:repeating-linear-gradient(90deg,#E50743,#E8ED30 10%,#3FA62E 15%);
13       }
14   </style>
15 </head>
16 <body>
17   <p></p>
18 </body>
19 </html>
```

在例5-22中，第12行代码用于为<p>标签定义一个渐变角度为90deg且具有红、黄、绿三色的重复线性渐变。

运行例5-22的代码，重复线性渐变效果如图5-46所示。

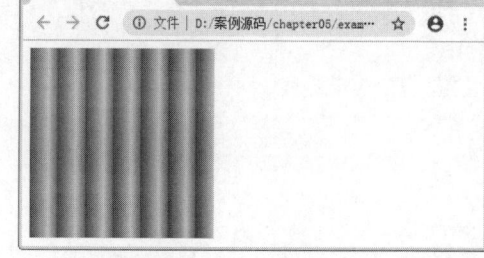

图5-46　重复线性渐变效果

2. 重复径向渐变

在CSS3中，通过"background-image:repeating-radial-gradient(参数值);"样式可以实现重复径向渐变的效果，其基本语法格式如下。

```
background-image:repeating-radial-gradient(渐变形状 中心位置,颜色值1,颜色值2,...,颜色值n);
```

在上述语法格式中，"repeating-radial-gradient(参数值)"用于定义渐变方式为重复径向渐变，括号内的参数取值与径向渐变的相同，分别用于定义渐变形状、中心位置和颜色。

下面通过一个案例对重复径向渐变的用法进行演示，如例5-23所示。

例5-23　example23.html

```
1  <!DOCTYPE html>
2  <html lang="en">
3  <head>
4    <meta charset="UTF-8">
5    <meta http-equiv="X-UA-Compatible" content="IE=edge">
6    <meta name="viewport" content="width=device-width, initial-scale=1.0">
7    <title>重复径向渐变</title>
```

```
8    <style type="text/css">
9        p{
10           width:200px;
11           height:200px;
12           border-radius:50%;
13           background-image:repeating-radial-gradient(circle at 50% 50%,#E50743, #E8ED30
10%,#3FA62E 15%);
14       }
15   </style>
16  </head>
17  <body>
18      <p></p>
19  </body>
20  </html>
```

在例 5-23 中，第 13 行代码用于为<p>标签定义一个渐变形状为圆形、渐变中心位置在容器中心点，并且具有红、黄、绿三色的重复径向渐变。

运行例 5-23 的代码，重复径向渐变效果如图 5-47 所示。

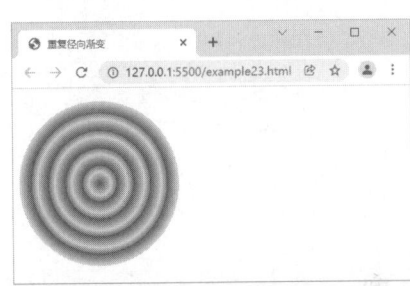

图5-47　重复径向渐变效果

5.10　阶段案例——感动中国人物榜

为了使读者能更熟练地运用盒子模型的相关属性控制页面中的各个元素，本节将通过案例的形式分步骤制作一个感动中国人物榜，其效果如图 5-48 所示。

图5-48　感动中国人物榜效果

5.10.1　分析效果图

1. 结构分析

如果把各个元素都看成具体的盒子，则图 5-48 所示的页面由多个盒子构成。感动中国人物榜主要由背景和人物列表两部分构成。其中，背景可以通过一个大的<div>标签进行整体控制；人物列表部分结构清晰，人名的排序不分先后，可以通过无序列表标签<ul>进行定义。图 5-48 所示页面效果对应的结构如图 5-49 所示。

2. 样式分析

图 5-48 的样式可通过以下几个步骤完成。

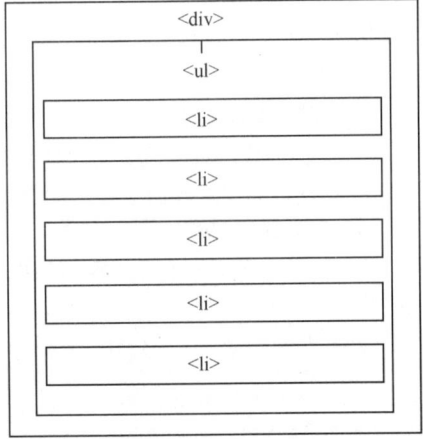

图5-49　页面结构图

（1）为最外层的大盒子设置宽度、高度、圆角、边框、渐变和内边距等样式，实现背景效果。

（2）为列表设置宽度、高度、圆角、阴影等样式。

（3）为 5 个列表项设置宽度、高度、背景样式属性。其中，为第 1 个<li>标签添加多重背景图像，为最后一个<li>标签底部设置圆角样式。

5.10.2　搭建页面结构

根据上面的分析，使用相应的 HTML 标签来搭建页面结构，如例 5-24 所示。

例 5-24　example24.html

```
1  <!DOCTYPE html>
2  <html lang="en">
3  <head>
4      <meta charset="UTF-8">
5      <meta http-equiv="X-UA-Compatible" content="IE=edge">
6      <meta name="viewport" content="width=device-width, initial-scale=1.0">
7      <title>感动中国人物榜</title>
8  </head>
9  <body>
10 <div class="bg">
11     <ul>
12     <li class="tp"></li>
13      <li>彭士禄</li>
14      <li>杨振宁</li>
15      <li>顾诵芬</li>
16      <li>吴天一</li>
17      <li class="yj">朱彦夫</li>
18     </ul>
19 </div>
20 </body>
21 </html>
```

在例 5-24 所示的 HTML 结构代码中，最外层的<div>用于对感动中国人物榜进行整体控制，其内部嵌套一个无序列表<ul>。

运行例 5-24 的代码，HTML 结构页面效果如图 5-50 所示。

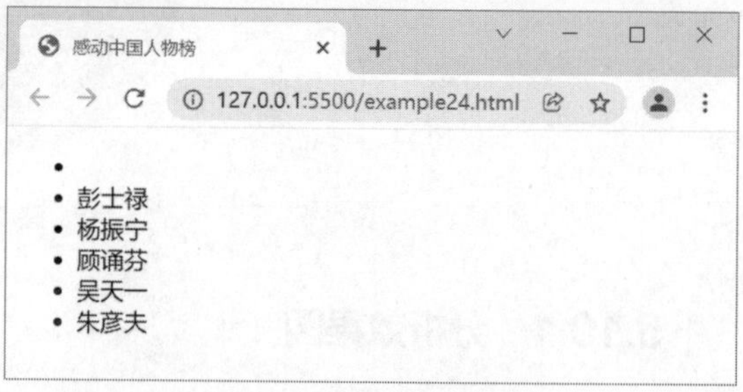

5.10.3　定义 CSS 样式

搭建完页面结构后，下面为页面添加 CSS 样式，采用从整体到局部的方式实现图 5-48 所示的效果，具体如下。

图5-50　HTML结构页面效果

1. 定义基础样式

在定义 CSS 样式时，要先清除浏览器的默认样式，具体 CSS 代码如下。

```
*{margin:0; padding:0; list-style:none; outline:none;}
```

2. 整体控制感动中国人物榜

通过一个大的<div>标签对感动中国人物榜进行整体控制，根据效果图为其添加相应的样式代码，具体如下。

```
/*整体控制感动中国人物榜*/
.bg{
    width:600px;
    height:550px;
```

```
      background-image:repeating-radial-gradient(circle at 50% 50%,#333,#000 1%);
      margin:50px auto;
      padding:40px;
      border-radius:50%;
      padding-top:50px;
      border:10px solid #ccc;
}
```

3. 设置人物名字部分的样式

人物名字部分整体可以看作一个无序列表，为其添加圆角和阴影等样式，具体代码如下。

```
/*人物名字部分*/
ul{
      width:372px;
      height:530px;
      background:#fff;
      border-radius:30px;
      box-shadow:15px 15px 12px #000;
      margin:0 auto;
}
ul li{
      width:372px;
      height:55px;
      background:#504d58 url(images/huo.png) no-repeat 70px 20px;
      margin-bottom:2px;
      font-size:18px;
      color:#d6d6d6;
      line-height:55px;
      text-align:center;
      font-family:"微软雅黑";
      }
```

4. 设置需要单独控制的列表项的样式

在控制人物名字部分的无序列表中，第 1 个用于显示图像的列表项和最后一个需要设置圆角样式的列表项需要单独控制，具体代码如下。

```
/*需要单独控制的列表项*/
ul .tp{
      width:372px;
      height:247px;
      background:#fff;
      background-image:url(images/gandong.png),url(images/wenzi.png);
      background-repeat:no-repeat;
      background-position:87px 16px,99px 192px;
      border-radius:30px 30px 0 0;
      }
ul .yj{border-radius:0 0 30px 30px;}
```

至此，完成了图 5-48 所示的感动中国人物榜的 CSS 样式部分。将该样式应用于网页后，效果如图 5-51 所示。

本章小结

本章首先介绍了盒子模型的概念和相关的属性，然后讲解了背景属性和 CSS3 渐变属性，最后运用本章知识制作了一个感动中国人物榜。

通过对本章的学习，读者应该已经熟悉盒子模型的结

图5-51　添加CSS样式后的效果

构，能够熟练运用盒子模型相关属性控制网页中的元素，完成页面中一些简单模块的制作。

动手实践

图5-52　播放器图标

学习完本章的内容，下面来动手实践一下。

请结合所学知识，运用盒子模型的相关属性、背景属性和 CSS3 渐变属性制作一个播放器图标，效果如图 5-52 所示。

第6章

网页布局

★ 熟悉网页布局，能够说明 DIV+CSS 布局的含义。

★ 掌握元素的浮动属性，能够为元素添加和清除浮动。

★ 熟悉 overflow 属性的用法，能够设置不同的内容溢出状态。

★ 掌握元素的定位属性，能够设置不同的定位模式。

★ 了解元素的类型，能够说出不同类型元素的特点。

★ 熟悉<span>标签的特点，了解<span>标签的应用场景。

★ 掌握元素的转换方法，能够实现不同类型元素间的相互转换。

★ 熟悉常见布局类型，能够运用 HTML+CSS 搭建布局结构。

★ 了解网页模块的命名规范，能够按照命名规范命名网页模块。

在网页设计中，如果按照从上到下的默认方式排列模块，网页版面看起来会单调、混乱。这时就可以对网页进行布局，将网页各模块有序排列，使网页的排版条理清晰、丰富美观。本章将详细讲解网页布局的相关知识。

6.1　网页布局概述

在阅读报纸时会发现，虽然报纸中的内容很多，但是经过合理的排版，版面依然清晰且内容易读，例如图 6-1 所示的报纸排版。

同样，在制作网页时，也需要对网页进行排版。网页的排版主要通过布局来实现。在网页设计中，布局是指对网页中的模块进行合理的排布，使页面结构清晰、美观易读。

在网页设计中，布局主要依靠 DIV+CSS 技术来实现。DIV在本章中不仅仅指前面讲到的<div>标签，它还包括所有

图6-1　报纸排版

能够承载内容的容器标签（如<p>标签、<li>标签等）；而 CSS 在本章中主要是指静态布局需要的浮动属性和定位属性。在 DIV+CSS 技术中，DIV 负责内容区域的分配，CSS 负责布局排列效果的呈现，因此网页中的布局也常被称作 DIV+CSS 布局。

需要注意的是，为了提高网页制作的效率，布局时通常需要遵循一定的布局流程，具体如下。

1. 确定页面的版心宽度

版心是指页面的有效使用面积，是主要元素以及内容所在的区域，一般在浏览器窗口中水平居中显示。在设计网页时，页面的宽度一般为 1200～1920px。但是为了适配不同分辨率的显示器，一般设计版心宽度为 1000～1400px。例如屏幕分辨率为 1024px×768px 的浏览器，其有效可视区域的宽度为 1000px，所以最好设置版心宽度为 1000px。在设计网站时应尽量适配主流的屏幕分辨率，常见的版心宽度值为 1000px、1200px 等。图 6-2 为某甜点网站页面的版心和页面宽度。

图6-2　某甜点网站页面的版心和页面宽度

2. 分析页面中的模块

在运用 CSS 布局之前，先要对页面有一个整体的规划，包括页面中有哪些模块，以及各模块之间的关系（关系分为并列关系和包含关系）。例如，图 6-3 为某网站的页面布局，该页面主要由头部（header）、导航（nav）、焦点图（banner）、内容（content）、页面底部（footer）共 5 个部分组成。

图6-3　某网站的页面布局

在制作网页时，一定要养成分析页面布局的习惯，这样可以提高网页制作的效率。

3. 控制网页的各个模块

当分析完页面模块后，就可以运用盒子模型的原理通过 DIV+CSS 布局来控制网页的各个模块。

6.2　元素的浮动

在设计一个页面时，默认的排版方式是将页面中的标签从上到下逐一排列，图 6-4 展示的就是网页采用默认排版方式的效果，这样的页面参差不齐。在浏览网页时，我们会发现页面通常按照左、中、右的结构进行布局，如图 6-5 所示，这样的页面整齐有序。

图6-4　网页采用默认排版方式的效果　　　　　图6-5　按照左、中、右的结构布局的页面

要想实现图 6-5 所示的效果，需要为标签设置浮动属性。下面将对浮动属性的相关知识进行详细讲解。

6.2.1　元素的浮动属性

浮动属性是 CSS 的重要属性，网页中模块的横向排列可以通过浮动属性进行设置。在 CSS 中，通过 float 属性来实现元素的浮动。元素的浮动是指设置了浮动属性的元素会脱离标准文档流的控制而移动到其父元素指定位置的过程。其基本语法格式如下。

```
选择器{float:属性值;}
```

在上述语法格式中，常用的 float 属性值有 3 个，如表 6-1 所示。

表 6-1   float 属性的常用值及相应描述

属性值	描述
left	使元素向左浮动
right	使元素向右浮动
none	使元素不浮动，为默认值

下面通过一个案例来介绍 float 属性的用法，如例 6-1 所示。

例 6-1   example01.html

```
1  <!DOCTYPE html>
2  <html lang="en">
3  <head>
4  <meta charset="UTF-8">
5  <meta http-equiv="X-UA-Compatible" content="IE=edge">
6  <meta name="viewport" content="width=device-width, initial-scale=1.0">
7  <title>元素的浮动属性</title>
8  <style type="text/css">
9     .father{                        /*定义父元素的样式*/
10        background:#eee;
11        border:1px dashed #ccc;
12    }
13    .box01,.box02,.box03{          /*定义box01、box02、box03这3个盒子的样式*/
14        height:50px;
15        line-height:50px;
16        background:#FF9;
17        border:1px solid #93b7ff;
18        margin:15px;
19        padding:0px 10px;
20    }
21    p{                              /*定义段落文本的样式*/
22        background:#c1d5ff;
23        border:1px dashed #93b7ff;
24        margin:15px;
25        padding:0px 10px;
26    }
27 </style>
28 </head>
29 <body>
30    <div class="father">
31        <div class="box01">box01</div>
32        <div class="box02">box02</div>
33        <div class="box03">box03</div>
34        <p>在山东烟台，全球最大的海上钻井平台"蓝鲸 2 号"备受瞩目。这个海上"巨无霸"有 37 层楼高，
其甲板有一个足球场那么大。它可以在水深超过 3000 米的海域作业，最大钻井深度 15250 米。"蓝鲸 2 号"生产经理
程骋刚来这里时，大部分人都是洋面孔，如今绝大部分工作人员都是中国面孔，程骋感觉"有一股强大的中国力量在引
领海工行业的发展"。</p>
35    </div>
36 </body>
37 </html>
```

在例 6-1 中，所有的元素均未应用 float 属性。

运行例 6-1 的代码，元素的默认排列效果如图 6-6 所示。

在图 6-6 中，box01、box02、box03 以及段落文本从上到下逐一排列。由此可见，如果不为元素设置浮动属性，则元素及其内部的子元素将按照标准文档流的样式显示，即块元素占据页面整行。

下面在例 6-1 的基础上演示元素的左浮动效果。以 box01 为对象，为其设置左浮动样式，具体 CSS 代码如下。

```
.box01 {                              /*定义 box01 左浮动*/
    float:left;
}
```

保存并运行代码，box01 左浮动的效果如图 6-7 所示。

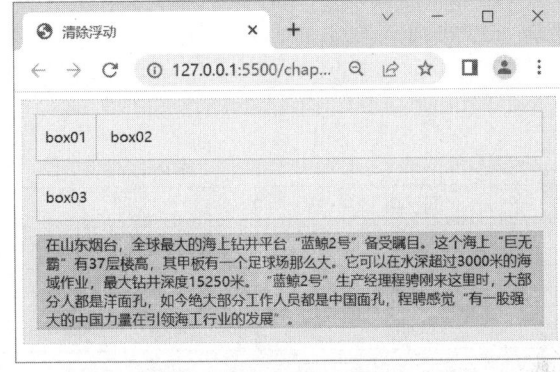

图6-6　元素的默认排列效果　　　　　　　　　　　图6-7　box01左浮动的效果

从图 6-7 可以看出，设置左浮动的 box01 移动到了 box02 的左侧，也就是说 box01 不再受标准文档流的控制，出现在了一个新的层次上。

下面在上述案例的基础上设置 box02 为左浮动，具体 CSS 代码如下。

```
.box01,.box02{                        /*定义 box01、box02 左浮动*/
    float:left;
}
```

保存并运行代码，box01 和 box02 同时左浮动的效果如图 6-8 所示。

在图 6-8 中，box01、box02、box03 这 3 个盒子整齐地排列在同一行。由此可见，应用 "float:left;" 样式可以使 box01 和 box02 同时脱离标准文档流的控制，向左漂浮。

下面在上述案例的基础上设置 box03 为左浮动，具体 CSS 代码如下。

```
.box01,.box02,.box03{                 /*定义 box01、box02、box03 左浮动*/
    float:left;
}
```

保存并运行代码，box01、box02、box03 同时左浮动的效果如图 6-9 所示。

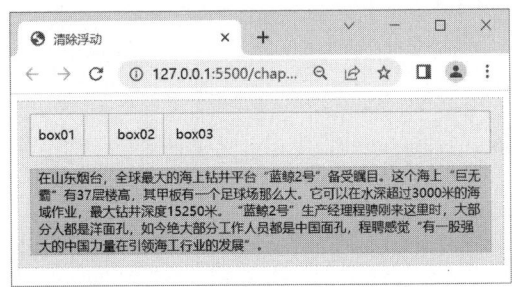

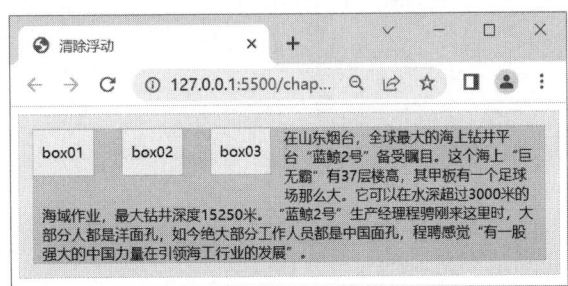

图6-8　box01和box02同时左浮动的效果　　　　　图6-9　box01、box02、box03同时左浮动的效果

在图 6–9 中，box01、box02、box03 这 3 个盒子排列在同一行，同时，周围的段落文本环绕盒子，出现了图文混排的网页效果。

需要说明的是，float 属性的另一个值 right 在网页布局时也经常用到，它与 left 属性值的用法相同但浮动方向相反。应用 "float:right;" 样式的元素将向右侧浮动。

6.2.2 清除浮动

在网页中，浮动元素不再占用原文档流的位置，使用浮动属性会影响后面相邻的固定元素，例如，6.2.1 小节中图 6–9 中的段落文本受到其周围浮动元素的影响产生了位置上的变化。如果要避免浮动对其他元素的影响，就需要清除浮动。在 CSS 中，使用 clear 属性清除浮动，其基本语法格式如下。

```
选择器{clear:属性值;}
```

在上述语法格式中，clear 属性的常用值有 3 个，具体如表 6-2 所示。

表 6-2 clear 属性的常用值及相应描述

属性值	描述
left	不允许左侧有浮动元素（清除左侧浮动的影响）
right	不允许右侧有浮动元素（清除右侧浮动的影响）
both	同时清除左、右两侧浮动元素的影响

下面对例 6–1 中的<p>标签应用 clear 属性来清除浮动元素对段落文本的影响，如例 6–2 所示。

例 6-2 example02.html

```
1   <!DOCTYPE html>
2   <html lang="en">
3   <head>
4   <meta charset="UTF-8">
5   <meta http-equiv="X-UA-Compatible" content="IE=edge">
6   <meta name="viewport" content="width=device-width, initial-scale=1.0">
7   <title>清除浮动</title>
8   <style type="text/css">
9     .father{                        /*定义父元素的样式*/
10        background:#ccc;
11        border:1px dashed #999;
12    }
13    .box01,.box02,.box03{           /*定义box01、box02、box03这3个盒子的样式*/
14        height:50px;
15        line-height:50px;
16        background:#FF9;
17        border:1px solid #F33;
18        margin:15px;
19        padding:0px 10px;
20        float:left;                 /*定义box01、box02、box03左浮动*/
21    }
22    p{                              /*定义段落文本的样式*/
23        background:#FCF;
24        border:1px dashed #F33;
25        margin:15px;
26        padding:0px 10px;
27        clear:left;                 /*清除左浮动*/
28    }
```

```
29  </style>
30  </head>
31  <body>
32  <div class="father">
33      <div class="box01">box01</div>
34      <div class="box02">box02</div>
35      <div class="box03">box03</div>
36      <p>在山东烟台，全球最大的海上钻井平台"蓝鲸 2 号"备受瞩目。这个海上"巨无霸"有 37 层楼高，其甲
板有一个足球场那么大。它可以在水深超过 3000 米的海域作业，最大钻井深度 15250 米。"蓝鲸 2 号"生产经理程骋
刚来这里时，大部分人都是洋面孔，如今绝大部分工作人员都是中国面孔，程骋感觉"有一股强大的中国力量在引领海
工行业的发展"。</p>
37  </div>
38  </body>
39  </html>
```

在例 6–2 中，第 27 行代码用于清除段落文本左侧浮动元素的影响。

此时，保存并运行代码，清除浮动后的效果如图 6–10 所示。

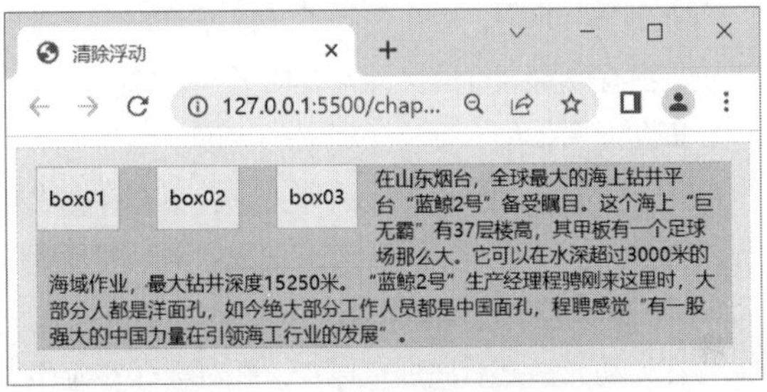

从图 6–10 可以看出，清除段落文本左侧浮动元素的影响后，段落文本按照元素自身的默认排列方式独占一行，排列在浮动元素 box01、box02、box03 的下方。

需要注意的是，clear 属性只能用于清除元素

图6–10　清除浮动后的效果

左右两侧浮动元素的影响。然而在制作网页时，经常会遇到一些特殊浮动的影响，例如，在为子元素设置浮动属性时，如果不为其父元素定义高度，子元素的浮动就会对父元素产生影响，如例 6–3 所示。

例 6-3　example03.html

```
1   <!DOCTYPE html>
2   <html lang="en">
3   <head>
4   <meta charset="UTF-8">
5   <meta http-equiv="X-UA-Compatible" content="IE=edge">
6   <meta name="viewport" content="width=device-width, initial-scale=1.0">
7   <title>子元素浮动对父元素的影响</title>
8   <style type="text/css">
9       .father{                        /*没有给父元素定义高度*/
10          background:#ccc;
11          border:1px dashed #999;
12      }
13      .box01,.box02,.box03{
14          height:50px;
15          line-height:50px;
16          background:#f9c;
17          border:1px dashed #999;
18          margin:15px;
19          padding:0px 10px;
20          float:left;                 /*定义box01、box02、box03这3个盒子左浮动*/
21      }
22  </style>
23  </head>
```

```
24 <body>
25 <div class="father">
26     <div class="box01">box01</div>
27     <div class="box02">box02</div>
28     <div class="box03">box03</div>
29 </div>
30 </body>
31 </html>
```

在例 6–3 中，第 20 行代码用于为 box01、
box02、box03 这 3 个子盒子定义左浮动，但
第 9～12 行代码没有为其父元素设置高度。

运行例 6–3 的代码，子元素浮动对父元
素的影响如图 6–11 所示。

在图 6–11 中，由于受到子元素浮动的
影响，没有设置高度的父元素变成了一条直
线，即父元素不能自适应子元素的高度。

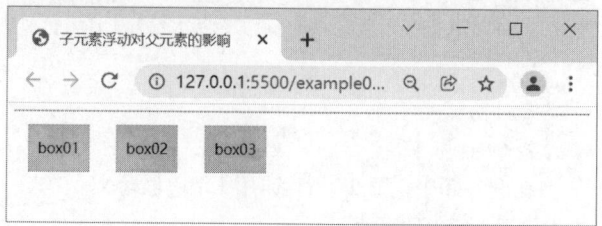

图6–11　子元素浮动对父元素的影响

由于子元素和父元素为嵌套关系，不存在左右位置关系，因此使用 clear 属性不能清除子元素浮动对父
元素的影响。那么对于这种情况该如何清除浮动呢？下面总结 3 种常用的清除浮动的方法，具体介绍如下。

1. 使用空标签清除浮动

在浮动元素之后添加空标签，并对空标签应用 "clear:both" 样式，可清除浮动元素产生的影响，这个空
标签可以为<div>、<p>、<hr />等标签。下面在例 6–3 的基础上演示使用空标签清除浮动的方法，如例 6–4
所示。

例6-4　example04.html

```
1  <!DOCTYPE html>
2  <html lang="en">
3  <head>
4  <meta charset="UTF-8">
5  <meta http-equiv="X-UA-Compatible" content="IE=edge">
6  <meta name="viewport" content="width=device-width, initial-scale=1.0">
7  <title>使用空标签清除浮动</title>
8  <style type="text/css">
9      .father{                            /*没有给父元素定义高度*/
10         background:#ccc;
11         border:1px dashed #999;
12     }
13     .box01,.box02,.box03{
14         height:50px;
15         line-height:50px;
16         background:#f9c;
17         border:1px dashed #999;
18         margin:15px;
19         padding:0px 10px;
20         float:left;                     /*定义 box01、box02、box03 这 3 个盒子左浮动*/
21     }
22     .box04{ clear:both;}                 /*对空标签应用 "clear:both;" 样式*/
23 </style>
24 </head>
25 <body>
```

```
26 <div class="father">
27     <div class="box01">box01</div>
28     <div class="box02">box02</div>
29     <div class="box03">box03</div>
30     <div class="box04"></div>          <!--在浮动元素后添加空标签-->
31 </div>
32 </body>
33 </html>
```

在例 6-4 中，第 30 行代码用于在浮动元素 box01、
box02、box03 之后添加 class 为 box04 的空<div>标签，
然后对 box04 应用 "clear:both;" 样式。

运行例 6-4 的代码，使用空标签清除浮动后的效果
如图 6-12 所示。

在图 6-12 中，父元素被其子元素撑开了，即子元素
的浮动对父元素无影响。需要注意的是，使用上述方法

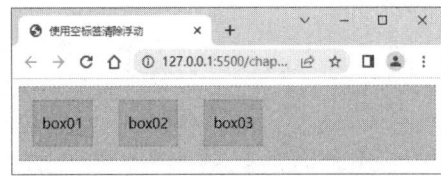

图6-12 使用空标签清除浮动后的效果

虽然可以清除浮动，但是增加了毫无意义的结构元素（空标签），因此在实际工作中不建议使用。

2. 使用 overflow 属性清除浮动

为元素应用 "overflow:hidden;" 样式也可以清除浮动对该元素的影响，该方法可弥补使用空标签清除浮
动的不足。下面在例 6-3 的基础上演示使用 overflow 属性清除浮动的方法，如例 6-5 所示。

例 6-5 example05.html

```
1  <!DOCTYPE html>
2  <html lang="en">
3  <head>
4  <meta charset="UTF-8">
5  <meta http-equiv="X-UA-Compatible" content="IE=edge">
6  <meta name="viewport" content="width=device-width, initial-scale=1.0">
7  <title>使用 overflow 属性清除浮动</title>
8  <style type="text/css">
9      .father{                        /*没有给父元素定义高度*/
10         background:#ccc;
11         border:1px dashed #999;
12         overflow:hidden;            /*对父元素应用 "overflow:hidden;" 样式*/
13     }
14     .box01,.box02,.box03{
15         height:50px;
16         line-height:50px;
17         background:#f9c;
18         border:1px dashed #999;
19         margin:15px;
20         padding:0px 10px;
21         float:left;                 /*定义 box01、box02、box03 这 3 个盒子左浮动*/
22     }
23 </style>
24 </head>
25 <body>
26 <div class="father">
27     <div class="box01">box01</div>
```

```
28        <div class="box02">box02</div>
29        <div class="box03">box03</div>
30 </div>
31 </body>
32 </html>
```

在例 6–5 中，第 12 行代码用于为父元素应
用 "overflow:hidden;" 样式，以清除子元素浮动对
父元素的影响。

运行例 6–5 的代码，使用 overflow 属性清除
浮动后的效果如图 6–13 所示。

在图 6–13 中，父元素被其子元素撑开了，即
子元素浮动对父元素无影响。

图6–13　使用overflow属性清除浮动后的效果

3. 使用 after 伪对象清除浮动

使用 after 伪对象也可以清除浮动，但是该方法只适用于 IE8 及以上版本的 IE 浏览器和其他非 IE 浏览器。
使用 after 伪对象清除浮动时需要注意以下两点。

（1）必须为需要清除浮动的元素伪对象设置 "height:0;" 样式，否则该元素会比其实际高度高。

（2）必须为伪对象设置 content 属性，其值可以为空，例如 "content:"";"。

下面在例 6–3 的基础上演示使用 after 伪对象清除浮动的方法，如例 6–6 所示。

例 6-6　example06.html

```
1  <!DOCTYPE html>
2  <html lang="en">
3  <head>
4  <meta charset="UTF-8">
5  <meta http-equiv="X-UA-Compatible" content="IE=edge">
6  <meta name="viewport" content="width=device-width, initial-scale=1.0">
7  <title>使用 after 伪对象清除浮动</title>
8  <style type="text/css">
9    .father{                        /*没有给父元素定义高度*/
10       background:#ccc;
11       border:1px dashed #999;
12   }
13   .father:after{                   /*为父元素应用 after 伪对象*/
14       display:block;
15       clear:both;
16       content:"";
17       visibility:hidden;
18       height:0;
19   }
20   .box01,.box02,.box03{
21       height:50px;
22       line-height:50px;
23       background:#f9c;
24       border:1px dashed #999;
25       margin:15px;
26       padding:0px 10px;
27       float:left;          /*定义 box01、box02、box03 这 3 个盒子左浮动*/
28   }
29 </style>
```

```
30 </head>
31 <body>
32 <div class="father">
33     <div class="box01">box01</div>
34     <div class="box02">box02</div>
35     <div class="box03">box03</div>
36 </div>
37 </body>
38 </html>
```

在例 6–6 中，第 13～19 行代码用于为父元素应用 after 伪对象以清除浮动。

运行例 6–6 的代码，使用 after 伪对象清除
浮动后的效果如图 6–14 所示。

在图 6–14 中，父元素被其子元素撑开了，
即子元素浮动对父元素无影响。

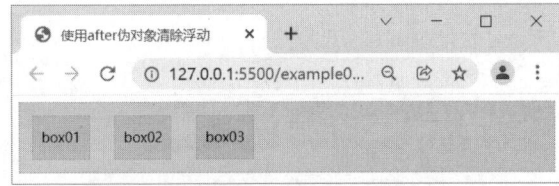

图6–14　使用after伪对象清除浮动后的效果

6.3　overflow 属性

当盒子中的内容超出盒子自身的大小时，内容会溢出，如图 6–15 所示。

当田野染上一层金黄，各种各样的果
实摇着铃铛的时候，雨，似乎也像出
嫁生了孩子的妇人，显得端庄而又沉
静了。这时候，雨不大出门。田野上
几乎总是金黄的太阳。也许，人们都
忘记了雨。成熟的庄稼等待收割，金
灿灿的种子需要晒干，甚至红透了的
山果也希望最后的晒甜。忽然，在一
个夜晚，窗玻璃上发出了响声，那是
雨，是使人静谧、使人怀想、使人动
情的秋雨啊！天空是暗的，但雨却闪
着光；田野是静的，但雨在倾诉着。
顿时，你会产生一脉悠远的情思。也
许，在人们劳累了一个春夏，收获已
经在大门口的时候，多么需要安静和
沉思啊！雨变得更轻，也更深情了，
水声在屋檐下，水花在窗玻璃上，会
陪伴着你的夜梦。如果你怀着那种快
乐感的话，那白天的秋雨也不会使人
厌烦。你只会感到更高邈、深远，并
让凄冷的雨滴，去纯净你的灵魂，而
且一定会遥望到一场秋雨后将出现的
一个更净美、开阔的大地。

图6–15　内容溢出

如果想要处理溢出内容的显示样式，就需要使用 CSS 的 overflow 属性。overflow 属性用于指定溢出内容
的显示状态，其基本语法格式如下。

```
选择器{overflow:属性值;}
```

在上述语法格式中，overflow 属性的常用值有 4 个，具体如表 6–3 所示。

表 6-3　overflow 属性的常用值及相应描述

属性值	描述
visible	内容不会被修剪，会呈现在标签框之外，为默认值
hidden	溢出内容会被修剪，并且被修剪的内容是不可见的
auto	在需要时显示滚动条，即自适应要显示的内容
scroll	溢出内容会被修剪，且浏览器会始终显示滚动条

下面通过一个案例来演示 overflow 属性的具体用法，如例 6-7 所示。

例 6-7　example07.html

```
1   <!DOCTYPE html>
2   <html lang="en">
3   <head>
4   <meta charset="UTF-8">
5   <meta http-equiv="X-UA-Compatible" content="IE=edge">
6   <meta name="viewport" content="width=device-width, initial-scale=1.0">
7   <title>overflow属性</title>
8   <style type="text/css">
9       div{
10          width:260px;
11          height:176px;
12          background:url(images/bg.png) center center  no-repeat;
13          overflow:visible;      /*使溢出内容呈现在标签框之外*/
14      }
15  </style>
16  </head>
17  <body>
18  <div>
19      当田野染上一层金黄，各种各样的果实摇着铃铛的时候，雨，似乎也像出嫁生了孩子的妇人，显得端庄而又
沉静了。这时候，雨不大出门。田野上几乎总是金黄的太阳。也许，人们都忘记了雨。成熟的庄稼等待收割，金灿灿的
种子需要晒干，甚至红透了的山果也希望最后的晒甜。忽然，在一个夜晚，窗玻璃上发出了响声，那是雨，是使人静谧、
使人怀想、使人动情的秋雨啊！天空是暗的，但雨却闪着光；田野是静的，但雨在倾诉着。顿时，你会产生一脉悠远的
情思。也许，在人们劳累了一个春夏，收获已经在大门口的时候，多么需要安静和沉思啊！雨变得更轻，也更深情了，
水声在屋檐下，水花在窗玻璃上，会陪伴着你的夜梦。如果你怀着那种快乐感的话，那白天的秋雨也不会使人厌烦。你
只会感到更高邈、深远，并让凄冷的雨滴，去纯净你的灵魂，而且一定会遥望到一场秋雨后将出现的一个更净美、开阔
的大地。
20  </div>
21  </body>
22  </html>
```

在例 6-7 中，第 13 行代码通过 "overflow:visible;" 样式使溢出的内容不会被修剪，呈现在 div 盒子之外。

运行例 6-7 的代码，"overflow:visible;" 样式的效果如图 6-16 所示。

在图 6-16 中，溢出的内容未被修剪，呈现在带有背景的 div 盒子之外。

如果希望溢出的内容被修剪且不可见，可将 overflow 属性的值修改为 hidden。下面在例 6-7 的基础上进行演示，将第 13 行代码更改为如下代码。

```
overflow:hidden;          /*溢出内容被修剪且不可见*/
```

保存并运行代码，"overflow:hidden;" 样式的效果如图 6-17 所示。

图6-16　"overflow:visible;"样式的效果

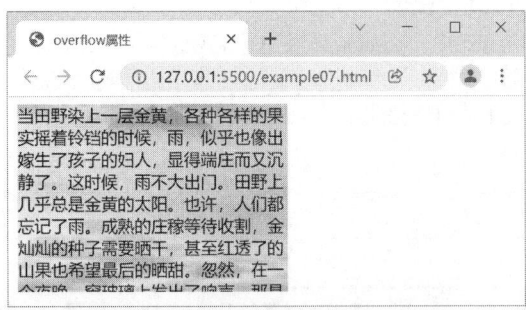

图6-17　"overflow:hidden;"样式的效果

在图 6-17 中，溢出内容被修剪，并且被修剪的内容是不可见的。如果希望盒子能够自适应内容，并且在内容溢出时显示滚动条，未溢出时不显示滚动条，可以将 overflow 属性的值设置为 auto。下面继续在例 6-7 的基础上进行演示，将第 13 行代码更改为如下代码。

```
overflow:auto;        /*根据需要显示滚动条*/
```

保存并运行代码，"overflow: auto;"样式的效果如图 6-18 所示。

在图 6-18 中，标签框的右侧显示了滚动条，拖曳滚动条即可查看溢出的内容。如果将文本内容减少到在盒子中可全部呈现，滚动条就会自动消失。

当定义 overflow 属性的值为 scroll 时，标签框中也会显示滚动条。下面在例 6-7 的基础上进行演示，将第 13 行代码更改为如下代码。

```
overflow:scroll;      /*始终显示滚动条*/
```

保存并运行代码，"overflow:scroll;"样式的效果如图 6-19 所示。

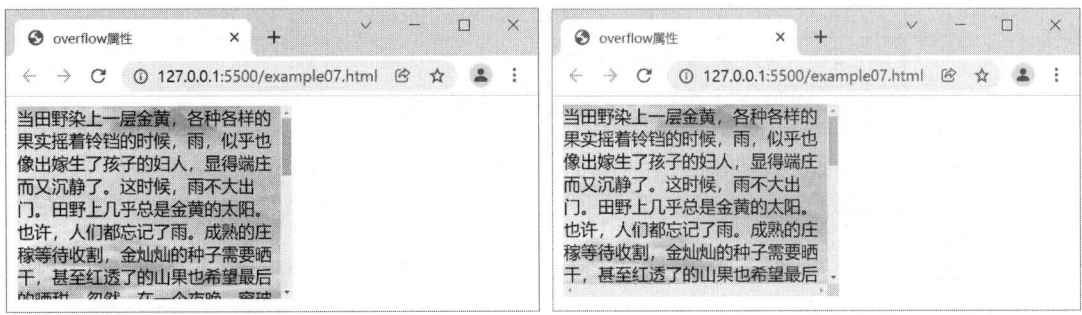

图6-18　"overflow: auto;"样式的效果　　　　　　　图6-19　"overflow:scroll;"样式的效果

在图 6-19 中，盒子出现了水平和竖直方向的滚动条。与"overflow: auto;"样式的效果不同，当定义"overflow: scroll;"样式时，不论内容是否溢出，盒子的水平和竖直方向的滚动条都始终存在。

6.4 元素的定位

浮动布局虽然灵活，但是无法对标签的位置进行精确控制。在 CSS 中，通过定位属性 position 可以实现网页标签的精确定位。本节将对标签的定位属性以及常用的几种定位方式进行详细讲解。

6.4.1 元素的定位属性

制作网页时，如果希望元素出现在某个特定的位置，需要使用定位属性对元素进行精确定位。元素的定位就是将元素放在页面的指定位置，主要包括定位模式和边偏移两个部分，具体介绍如下。

1. 定位模式

在 CSS 中，position 属性用于定义元素的定位模式，其基本语法格式如下。

```
选择器{position:属性值;}
```

在上述语法格式中，position 属性的常用值有 4 个，分别表示不同的定位模式，具体如表 6-4 所示。

表 6-4   position 属性的常用值及相应描述

值	描述
static	静态定位（默认定位方式）
relative	相对定位，相对于其原文档流的位置进行定位
absolute	绝对定位，相对于其上一个已经定位的父元素进行定位
fixed	固定定位，相对于浏览器窗口进行定位

从表 6-4 中可以看出，4 种定位模式分别为静态定位、相对定位、绝对定位和固定定位，后面将对它们进行详细讲解。

2. 边偏移

position 属性仅仅用于定义元素以哪种方式定位，并不能确定元素的具体位置。在 CSS 中，通过边偏移属性 top、bottom、left 或 right 来精确定义元素的位置，具体解释如表 6-5 所示。

表 6-5   边偏移属性及相应描述

边偏移属性	描述
top	用于定义顶端偏移量，即元素相对于其父元素上边线的距离
bottom	用于定义底部偏移量，即元素相对于其父元素下边线的距离
left	用于定义左侧偏移量，即元素相对于其父元素左边线的距离
right	用于定义右侧偏移量，即元素相对于其父元素右边线的距离

边偏移属性 top、bottom、left、right 的取值可为不同单位的数值或百分比，示例如下。

```
position:relative;       /*相对定位*/
left:50px;               /*距左边线 50px*/
top:10px;                /*距上边线 10px*/
```

6.4.2 静态定位

静态定位是元素的默认定位模式，当 position 属性的取值为 static 时，可以将元素定位于静态位置。静态位置就是指各个元素在 HTML 文档流中默认的位置。

　　任何元素在默认状态下都会以静态定位来确定自己的位置，所以没有定义 position 属性的值时，元素会遵循默认值显示在静态位置。在静态定位状态下，无法通过边偏移属性（top、bottom、left 或 right）来改变元素的位置。

6.4.3　相对定位

　　相对定位是指元素相对于它在标准文档流中的位置进行定位，当 position 属性的取值为 relative 时，可以对元素进行相对定位。在对元素设置相对定位后，可以通过边偏移属性改变元素的位置，但是它在文档流中的位置仍然保留。

　　下面通过一个案例来演示为元素设置相对定位的方法，如例 6-8 所示。

例 6-8　example08.html

```
1  <!DOCTYPE html>
2  <html lang="en">
3  <head>
4  <meta charset="UTF-8">
5  <meta http-equiv="X-UA-Compatible" content="IE=edge">
6  <meta name="viewport" content="width=device-width, initial-scale=1.0">
7  <title>相对定位</title>
8  <style type="text/css">
9    body{ margin:0px; padding:0px; font-size:18px; font-weight:bold;}
10   .father{
11       margin:10px auto;
12       width:300px;
13       height:300px;
14       padding:10px;
15       background:#ccc;
16       border:1px solid #000;
17   }
18   .child01,.child02,.child03{
19       width:100px;
20       height:50px;
21       line-height:50px;
22       background:#ff0;
23       border:1px solid #000;
24       margin:10px 0px;
25       text-align:center;
26   }
27   .child02{
28       position:relative;        /*相对定位*/
29       left:150px;               /*距左边线150px*/
30       top:100px;                /*距上边线100px*/
31   }
32  </style>
33  </head>
34  <body>
35  <div class="father">
36      <div class="child01">child-01</div>
37      <div class="child02">child-02</div>
38      <div class="child03">child-03</div>
```

```
39 </div>
40 </body>
41 </html>
```

在例 6-8 中，第 27～31 行代码用于为 child02 设置相对定位，并通过边偏移属性 left 和 top 改变 child02 的位置。

运行例 6-8 的代码，相对定位效果如图 6-20 所示。

从图 6-20 可以看出，为 child02 设置相对定位后，child02 相对其自身的默认位置进行了偏移，但是它在文档流中的位置仍然保留。

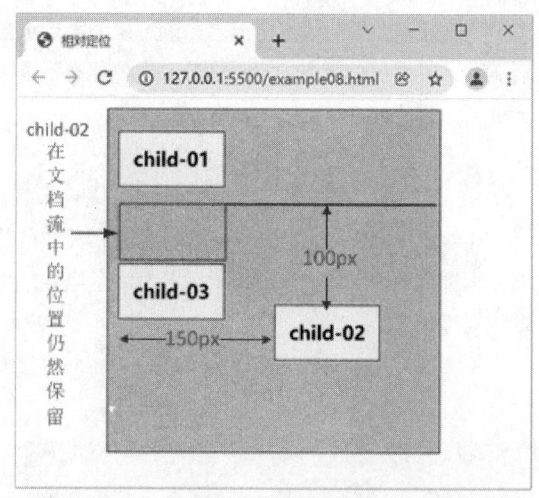

图6-20　相对定位效果

6.4.4　绝对定位

绝对定位是指元素依据最近的已经定位（绝对定位、固定定位或相对定位）的父元素进行定位，若所有父元素都没有定位，设置绝对定位的元素依据 body 元素（也可以看作浏览器窗口）进行定位。当 position 属性的取值为 absolute 时，可以对元素进行绝对定位。

下面在例 6-8 的基础上将 child02 的定位模式设置为绝对定位，即将第 27～31 行代码更改为如下代码。

```
.child02{
    position:absolute;          /*绝对定位*/
    left:150px;                 /*距左边线 150px*/
    top:100px;                  /*距上边线 100px*/
}
```

保存并运行代码，绝对定位效果如图 6-21 所示。

在图 6-21 中，设置为绝对定位的 child02 依据浏览器窗口进行定位。在为 child02 设置绝对定位后，child03 占据了 child02 的位置，也就是说 child02 脱离了标准文档流的控制，同时不再占据标准文档流中的空间。

在上述案例中，为 child02 设置了绝对定位，当浏览器窗口放大或缩小时，child02 的位置相对于其父元素的位置发生了变化。图 6-22 为缩小浏览器窗口后的页面效果，很明显 child02 的位置相对于其父元素的位置发生了变化。

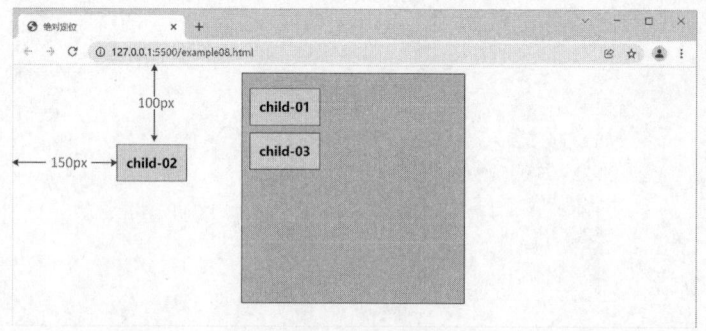

图6-21　绝对定位效果

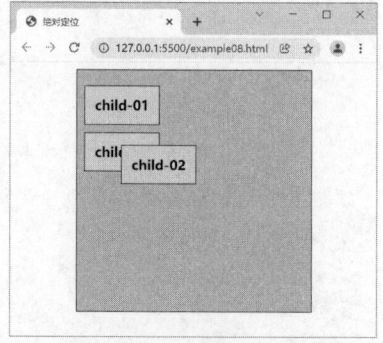

图6-22　缩小浏览器窗口后的页面效果

然而在网页设计中，一般需要子元素相对于其父元素的位置保持不变，也就是让子元素依据其父元素的位置进行绝对定位，此时如果父元素不需要定位，该怎么办呢？

对于上述情况，可直接将父元素设置为相对定位，但不对其设置偏移量，然后将子元素设置为绝对定位，并通过边偏移属性对其进行精确定位。这样父元素既不会失去其空间，又能保证子元素依据其父元素进行准确定位。

下面通过一个案例来演示子元素依据其父元素进行准确定位的方法，如例 6-9 所示。

例 6-9　example09.html

```
1  <!DOCTYPE html>
2  <html lang="en">
3  <head>
4  <meta charset="UTF-8">
5  <meta http-equiv="X-UA-Compatible" content="IE=edge">
6  <meta name="viewport" content="width=device-width, initial-scale=1.0">
7  <title>子元素依据其父元素进行定位</title>
8  <style type="text/css">
9    body{ margin:0px; padding:0px; font-size:18px; font-weight:bold;}
10   .father{
11       margin:10px auto;
12       width:300px;
13       height:300px;
14       padding:10px;
15       background:#ccc;
16       border:1px solid #000;
17       position:relative;             /*相对定位，但不设置偏移量*/
18   }
19   .child01,.child02,.child03{
20       width:100px;
21       height:50px;
22       line-height:50px;
23       background:#ff0;
24       border:1px solid #000;
25       border-radius:50px;
26       margin:10px 0px;
27       text-align:center;
28   }
29   .child02{
30       position:absolute;             /*绝对定位*/
31       left:150px;                    /*距左边线 150px*/
32       top:100px;                     /*距上边线 100px*/
33   }
34  </style>
35  </head>
36  <body>
37  <div class="father">
38      <div class="child01">child-01</div>
39      <div class="child02">child-02</div>
40      <div class="child03">child-03</div>
41  </div>
42  </body>
43  </html>
```

在例 6-9 中，第 17 行代码用于为父元素设置相对定位，但不为其设置偏移量；第 29～33 行代码用于为子元素 child02 设置绝对定位，并通过边偏移属性对其进行精确定位。

运行例 6-9 的代码，子元素依据其父元素进行定位的效果如图 6-23 所示。

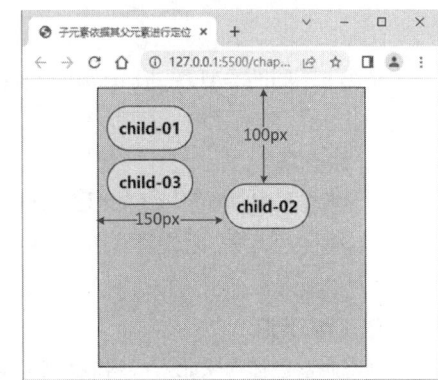

图6-23　子元素依据其父元素进行定位的效果

在图 6-23 中，子元素相对于父元素进行偏移。无论如何缩放浏览器的窗口，子元素相对于其父元素的位置都保持不变。

注意：

（1）如果仅为元素设置绝对定位，不设置边偏移属性，则元素的位置不变，但元素不再占用标准文档流中的空间，会与上移的后续元素重叠。

（2）定义多个边偏移属性时，如果 left 和 right 的值冲突，以 left 的值为准；如果 top 和 bottom 的值冲突，以 top 的值为准。

6.4.5 固定定位

固定定位是绝对定位的一种特殊形式，它以浏览器窗口作为参照物来定义网页元素。当 position 属性的取值为 fixed 时即可将元素的定位模式设置为固定定位。

当为元素设置固定定位后，该元素将脱离标准文档流的控制，始终依据浏览器窗口来定义自己的显示位置。不管浏览器滚动条如何滚动，也不管浏览器窗口的大小如何变化，该元素都会始终显示在浏览器窗口的固定位置。

6.4.6 z-index 层叠等级属性

当为多个元素同时设置定位时，定位元素有可能会发生重叠，如图 6-24 所示。

在 CSS 中，要想调整重叠定位元素的堆叠顺序，可以对定位元素应用 z-index 层叠等级属性。z-index 属性的取值可为正整数、负整数和 0，默认状态下 z-index 属性的值是 0，并且 z-index 属性的值越大，相应的定位元素在层叠元素中越居上。

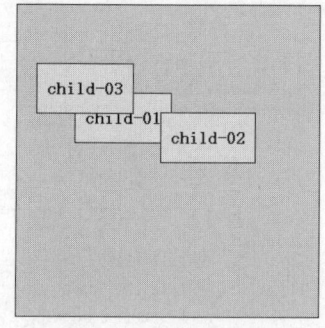

图6-24 定位元素发生重叠

6.5 元素的类型与转换

在前面介绍 CSS 属性时，经常提到块元素、行内元素。网页制作中的块元素和行内元素都是指元素的类型，它们都有各自的特点，制作网页时经常需要将这些类型进行转换。本节将对元素的类型与转换进行详细讲解。

6.5.1 元素的类型

HTML 提供了丰富的元素，用于组织页面结构。为了使页面结构的组织更加轻松、合理，HTML 元素被定义成了不同的类型，一般分为块元素和行内元素，了解它们的特性可以为使用 CSS 设置样式和布局打下基础。

1. 块元素

块元素在页面中以区域块的形式出现，其特点是每个块元素通常都会独自占据一整行或多个整行，可以为其设置宽度、高度、对齐等属性，常用于网页布局和网页结构的搭建。

常见的块元素有 h1～h6、p、div、ul、ol、li 等，其中 div 元素是典型的块元素。

2. 行内元素

行内元素也称内联元素或内嵌元素，其特点是不必在新的一行开始，同时也不强迫其他元素在新的一行显示。一个行内元素通常会和它前后的行内元素显示在同一行中，它们不占据独立的区域，仅仅靠自身的文字大小和图像尺寸来支撑结构，一般不可以设置宽度、高度、对齐等属性，常用于控制页面中文本的样式。

　　常见的行内元素有 strong、b、em、i、del、s、ins、u、a、span 等，其中 span 元素是典型的行内元素。

　　下面通过一个案例来进一步介绍块元素和行内元素，如例 6-10 所示。

例 6-10　example10.html

```
1  <!DOCTYPE html>
2  <html lang="en">
3  <head>
4  <meta charset="UTF-8">
5  <meta http-equiv="X-UA-Compatible" content="IE=edge">
6  <meta name="viewport" content="width=device-width, initial-scale=1.0">
7  <title>块元素和行内元素</title>
8  <style type="text/css">
9    h2{                      /*定义 h2 的背景颜色、宽度、高度、文本水平对齐方式*/
10       background:#FCC;
11       width:350px;
12       height:50px;
13       text-align:center;
14   }
15   p{background:#090;}       /*定义 p 的背景颜色*/
16   strong{                   /*定义 strong 的背景颜色、宽度、高度、文本水平对齐方式*/
17       background:#FCC;
18       width:350px;
19       height:50px;
20       text-align:center;
21   }
22   em{background:#FF0;}      /*定义 em 的背景颜色*/
23   del{background:#CCC;}     /*定义 del 的背景颜色*/
24  </style>
25  </head>
26  <body>
27  <h2>h2 元素定义的文本。</h2>
28  <p>p 元素定义的文本。</p>
29  <strong>strong 元素定义的文本。</strong>
30  <em>em 元素定义的文本。</em>
31  <del>del 元素定义的文本。</del>
32  </body>
33  </html>
```

　　在例 6-10 中，第 27～31 行代码使用块元素 h2、p 和行内元素 strong、em、del 定义文本，然后对它们应用不同的背景颜色，同时对 h2 和 strong 应用相同的宽度、高度和对齐属性。

　　运行例 6-10 的代码，块元素和行内元素的显示效果如图 6-25 所示。

　　从图 6-25 可以看出，不同类型的元素在页面中所占的区域不同。块元素 h2 和 p 各自占据一个矩形的区域，虽然 h2 和 p 相邻，但是它们不排在同一行中，而是依次竖向排列，其中，设置了宽度、高度和对齐属性的 h2 按设置的样式显示，未设置宽度、高度和对齐属性的 p 则左右撑满页面。行内元素 strong、em 和 del 排列在同一行，遇到边界则

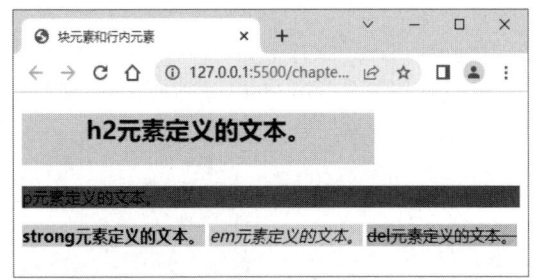

图6-25　块元素和行内元素的显示效果

自动换行，虽然对 strong 设置了与 h2 相同的宽度、高度和对齐属性，但是并不会生效。

需要说明的是，行内元素通常嵌套在块元素中使用，而块元素却不能嵌套在行内元素中。例如，可以将例 6-10 中的 strong、em 和 del 嵌套在 p 元素中，代码如下。

```
<p>
    <strong>strong 元素定义的文本。</strong>
    <em>em 元素定义的文本。</em>
    <del>del 元素定义的文本。</del>
</p>
```

保存并运行代码，效果如图 6-26 所示。

从图 6-26 可以看出，当行内元素嵌套在块元素中时，行内元素会在块元素上占据一定的区域，成为块元素的一部分。

总结例 6-10 可以得出，块元素通常独占一行，可以设置宽度、高度和对齐属性，而行内元素通常不独占一行，不可以设置宽度、高度和对齐属性；行内元素可以嵌套在块元素中，而块元素不可以嵌套在行内元素中。

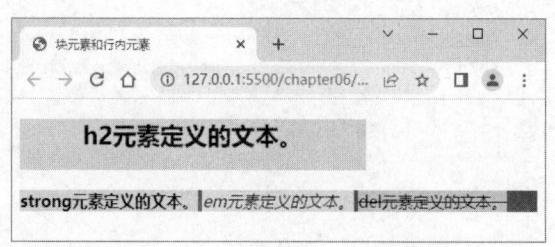

图6-26　行内元素嵌套在块元素中的效果

注意

行内元素中的两个特殊的元素——img 元素和 input 元素，可以对它们设置宽度、高度和对齐属性，有些资料称它们为行内块元素。

6.5.2　<span>标签

与<div>标签一样，<span>标签也作为容器标签被广泛应用在 HTML 中。与<div>标签不同的是，<span>标签是行内标签，<span>开始标签与</span>结束标签之间只能包含文本和各种行内标签，例如加粗标签<strong>、倾斜标签<em>等。<span>标签中可以嵌套多层<span>标签。

<span>标签常用于定义网页中某些需要特殊显示的文本，且配合 class 属性使用。它本身没有固定的表现格式，只有应用样式时才会产生变化。

下面通过一个案例来演示<span>标签的使用方法，如例 6-11 所示。

例 6-11　example11.html

```
1   <!DOCTYPE html>
2   <html lang="en">
3   <head>
4   <meta charset="UTF-8">
5   <meta http-equiv="X-UA-Compatible" content="IE=edge">
6   <meta name="viewport" content="width=device-width, initial-scale=1.0">
7   <title>span 标签</title>
8   <style type="text/css">
9       #header{                        /*设置当前 div 元素中文本的通用样式*/
10          font-family:"黑体";
11          font-size:14px;
12          color:#515151;
13      }
14      #header .chuanzhi{              /*控制第 1 个<span>标签的特殊文本*/
15          color:#0174c7;
```

```
16          font-size:20px;
17          padding-right:20px;
18      }
19  #header .course{                    /*控制第 2 个<span>标签的特殊文本*/
20          font-size:18px;
21          color:#ff0cb2;
22      }
23  </style>
24  </head>
25  <body>
26  <div id="header">
27      <span class="chuanzhi">东临碣石</span>，以观沧海。<span class="course">水何澹澹，
    </span>山岛竦峙。
28  </div>
29  </body>
30  </html>
```

在例 6-11 中，第 26～28 行代码使用<div>
标签定义一些文本，并且在<div>标签中嵌套两
对<span>标签，用于控制某些需要特殊显示的
文本；第 9～22 行代码使用 CSS 分别设置这些
标签的样式。

运行例 6-11 的代码，效果如图 6-27 所示。

在图 6-27 中，特殊显示的文本"东临碣
石"和"水何澹澹"都是通过 CSS 和<span>标签设置的。

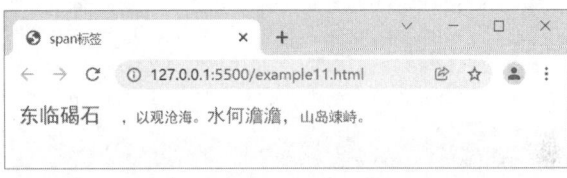

图6-27　例6-11代码的运行效果

由例 6-11 可知，<span>标签可以嵌套于<div>标签中成为它的子标签，但<span>标签中不能嵌套<div>
标签。

6.5.3　元素的转换

网页是由多个块元素和行内元素构成的盒子排列而成的。如果希望行内元素具有块元素的某些特性，例
如可以设置宽度、高度，或者需要块元素具有行内元素的某些特性，例如不独占一行排列，可以使用 display
属性对元素的类型进行转换。display 属性常用的值及含义如下。

- inline：用于将元素显示为行内元素（行内元素默认的 display 属性值）。
- block：用于将元素显示为块元素（块元素默认的 display 属性值）。
- inline-block：用于将元素显示为行内块元素，可以对其设置宽度、高度和对齐等属性，但是该元素不会
独占一行。
- none：元素隐藏，不显示也不占用页面空间，相当于该元素不存在。

使用 display 属性可以对元素的类型进行转换，使元素以不同的方式显示。下面通过一个案例来演示
display 属性的用法，如例 6-12 所示。

例 6-12　example12.html

```
1  <!DOCTYPE html>
2  <html lang="en">
3  <head>
4  <meta charset="UTF-8">
5  <meta http-equiv="X-UA-Compatible" content="IE=edge">
6  <meta name="viewport" content="width=device-width, initial-scale=1.0">
```

```
7   <title>元素的转换</title>
8   <style type="text/css">
9     div,span{                          /*同时设置 div 和 span 元素的样式*/
10        width:200px;            /*宽度*/
11        height:50px;            /*高度*/
12        background:#FCC;         /*背景颜色*/
13        margin:10px;             /*外边距*/
14    }
15    .d_one,.d_two{display:inline;}       /*将前 2 个 div 元素转换为行内元素*/
16    .s_one{display:inline-block;}        /*将第 1 个 span 元素转换为行内块元素*/
17    .s_three{display:block;}            /*将第 3 个 span 元素转换为块元素*/
18  </style>
19  </head>
20  <body>
21      <div class="d_one">第 1 个 div 元素中的文本</div>
22      <div class="d_two">第 2 个 div 元素中的文本</div>
23      <div class="d_three">第 3 个 div 元素中的文本</div>
24      <span class="s_one">第 1 个 span 元素中的文本</span>
25      <span class="s_two">第 2 个 span 元素中的文本</span>
26      <span class="s_three">第 3 个 span 元素中的文本</span>
27  </body>
28  </html>
```

在例 6–12 中，第 21～26 行代码用于定义 3 个 div 元素和 3 个 span 元素，并为它们设置相同的宽度、高度、背景颜色和外边距；第 15 行代码对前两个 div 元素应用 "display:inline;" 样式，使它们从块元素转换为行内元素；第 16～17 行代码对第 1 个和第 3 个 span 元素分别应用 "display:inline–block;" 和 "display:block;" 样式，使它们分别转换为行内块元素和块元素。

运行例 6–12 的代码，效果如图 6–28 所示。

从图 6–28 可以看出，前 2 个 div 元素排列在了同一行，依靠自身的文本内容支撑其宽度和高度，这是因为它们被转换成了行内元素。而第 1 个和第 3 个 span 元素则按固定的宽高显示，不同的是第 1 个 span 元素不会独占一行，第 3 个 span 元素独占一行，这是因为它们分别被转换成了行内块元素和块元素。

在上述例子中，使用 display 属性的值来实现块元素、行内元素和行内块元素之间的转换。如果希望某个元素不显示，还可以使用 "display:none;" 样式进行控制。例如，希望上述例子中的第 3 个 div 元素不显示，可以在 CSS 代码中增加如下样式代码。

```
.d_three{display:none;}              /*隐藏第 3 个 div 元素*/
```

保存并运行代码，隐藏第 3 个 div 元素的效果如图 6–29 所示。

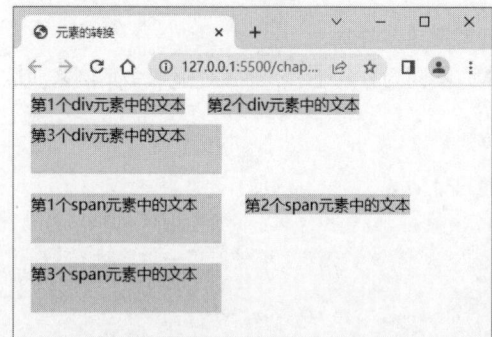

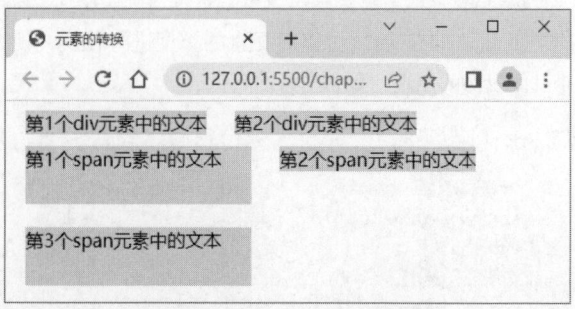

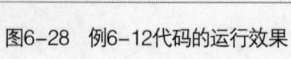

图6-28　例6-12代码的运行效果　　　　　　　　　　图6-29　隐藏第3个div元素的效果

从图 6-29 可以看出，当定义元素的 display 属性为 none 时，该元素将从页面中消失，不再占用页面空间。

注意:

行内元素只可以定义左右外边距，若定义上下外边距则无效。

6.6 布局类型

使用 DIV+CSS 可以进行多种类型的布局，常见的布局类型有单列布局、两列布局、三列布局 3 种，本节将对这 3 种布局类型进行详细讲解。

6.6.1 单列布局

单列布局是网页布局的基础，所有复杂的布局都是在此基础上实现的。图 6-30 就是一个单列布局页面的结构示意图。

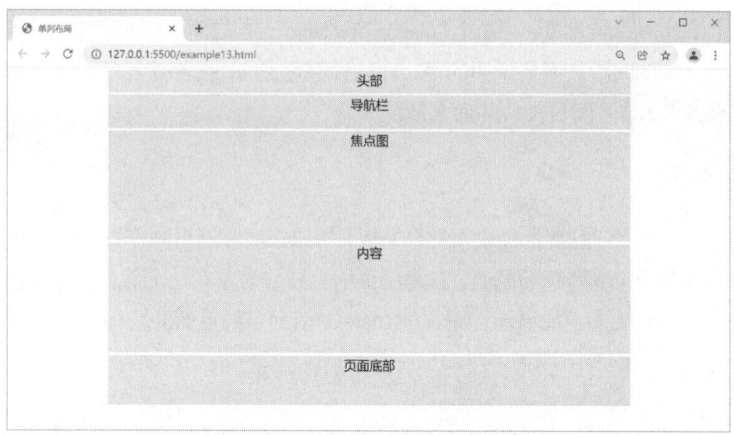

图6-30　单列布局页面的结构示意图

从图 6-30 可以看出，单列布局页面从上到下分别为头部、导航栏、焦点图、内容和页面底部，每个模块单独占据一行，且宽度与版心宽度相等。

下面使用相应的 HTML 标签来搭建页面结构，如例 6-13 所示。

例6-13　example13.html

```
1  <!DOCTYPE html>
2  <html lang="en">
3  <head>
4  <meta charset="UTF-8">
5  <meta http-equiv="X-UA-Compatible" content="IE=edge">
6  <meta name="viewport" content="width=device-width, initial-scale=1.0">
7  <title>单列布局</title>
8  </head>
9  <body>
10 <div id="top">头部</div>
11 <div id="nav">导航栏</div>
12 <div id="banner">焦点图</div>
13 <div id="content">内容</div>
```

```
14 <div id="footer">页面底部</div>
15 </body>
16 </html>
```

在例 6-13 中，第 10～14 行代码用于定义 5 个 div 元素，分别用于控制页面的头部、导航栏、焦点图、内容和页面底部。

搭建好页面结构后，下面编写相应的 CSS 样式，具体代码如下。

```
1  body{margin:0; padding:0;font-size:24px;text-align:center;}
2  div{
3      width:980px;             /*设置所有模块宽度为980px且居中显示*/
4      margin:5px auto;
5      background:#D2EBFF;
6  }
7  #top{height:40px;}          /*分别设置各个模块的高度*/
8  #nav{height:60px;}
9  #banner{height:200px;}
10 #content{height:200px;}
11 #footer{height:90px;}
```

在上述 CSS 代码中，第 4 行代码用于对 div 元素定义 "margin:5px auto;" 样式，表示 div 元素在浏览器中水平居中显示，且上下外边距均为 5px。通过 "margin:5px auto;" 样式既可以使元素水平居中，又可以使各个元素在垂直方向上有一定的间距。需要说明的是，在给标签定义 id 或者类名时，通常都会遵循一些常用的命名规范，具体请参照 6.7 节 "网页模块的命名规范"。

6.6.2 两列布局

单列布局虽然统一、有序，但常常会让人觉得呆板，所以在实际网页制作过程中通常使用另一种布局方式——两列布局。两列布局与单列布局类似，只是网页内容被分为左右两个部分，通过这样的分割，避免了统一布局的呆板，页面看起来会更加灵活。图 6-31 为一个两列布局页面的结构示意图。

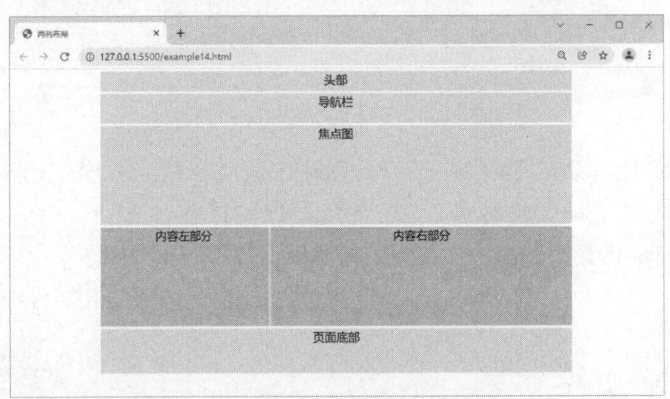

图6-31　两列布局页面的结构示意图

在图 6-31 中，内容模块被分为左右两个部分，实现这一效果的关键是在内容模块所在的大盒子中嵌套两个小盒子，然后对两个小盒子分别设置浮动属性。

下面使用相应的 HTML 标签搭建页面结构，如例 6-14 所示。

例6-14　example14.html

```
1  <!DOCTYPE html>
2  <html lang="en">
3  <head>
```

```
4  <meta charset="UTF-8">
5  <meta http-equiv="X-UA-Compatible" content="IE=edge">
6  <meta name="viewport" content="width=device-width, initial-scale=1.0">
7  <title>两列布局</title>
8  </head>
9  <body>
10 <div id="top">头部</div>
11 <div id="nav">导航栏</div>
12 <div id="banner">焦点图</div>
13 <div id="content">
14     <div class="content_left">内容左部分</div>
15     <div class="content_right">内容右部分</div>
16 </div>
17 <div id="footer">页面底部</div>
18 </body>
19 </html>
```

例 6–14 与例 6–13 的大部分代码相同，不同之处在于例 6–14 中主体内容所在的盒子中嵌套了类名为 content_left 和 content_right 的两个小盒子（见第 13～16 行代码）。

搭建好页面结构后，下面编写相应的 CSS 样式代码。由于网页的内容模块被分为左右两个部分，因此只需在例 6–13 的基础上单独控制 class 为 content_left 和 content_right 的两个小盒子的样式即可，具体代码如下。

```
1  body{margin:0; padding:0;font-size:24px;text-align:center;}
2  div{
3      width:980px;              /*设置所有模块宽度为 980px 且居中显示*/
4      margin:5px auto;
5      background:#D2EBFF;
6  }
7  #top{height:40px;}            /*分别设置各个模块的高度*/
8  #nav{height:60px;}
9  #banner{height:200px;}
10 #content{height:200px;}
11 .content_left{               /*左侧内容左浮动*/
12     width:350px;
13     height:200px;
14     background-color:#CCC;
15     float:left;
16     margin:0;
17 }
18 .content_right{              /*右侧内容右浮动*/
19     width:625px;
20     height:200px;
21     background-color:#CCC;
22     float:right;
23     margin:0;
24 }
25 #footer{height:90px;}
```

在上述代码中，第 15 行代码和第 22 行代码分别为内容中左侧的盒子和右侧的盒子设置浮动效果。

6.6.3 三列布局

对于一些大型网站，特别是电子商务类网站，由于内容分类较多，通常需要采用三列布局的页面布局方式。这种布局方式是两列布局的演变，它将主体内容分成左、中、右 3 个部分。图 6–32 为一个三列布局页面的结构示意图。

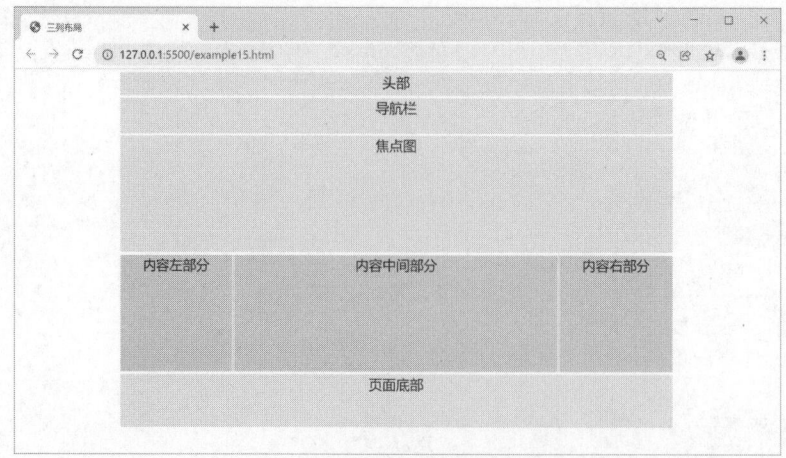

图6-32　三列布局页面的结构示意图

在图 6–32 中，内容模块被分为左、中、右 3 个部分，实现这一效果的关键是在内容模块所在的大盒子中嵌套 3 个小盒子，然后对这 3 个小盒子分别设置浮动效果。

下面使用相应的 HTML 标签搭建页面结构，如例 6–15 所示。

例 6-15　example15.html

```
1  <!DOCTYPE html>
2  <html lang="en">
3  <head>
4  <meta charset="UTF-8">
5  <meta http-equiv="X-UA-Compatible" content="IE=edge">
6  <meta name="viewport" content="width=device-width, initial-scale=1.0">
7  <title>三列布局</title>
8  </head>
9  <body>
10 <div id="top">头部</div>
11 <div id="nav">导航栏</div>
12 <div id="banner">焦点图</div>
13 <div id="content">
14    <div class="content_left">内容左部分</div>
15    <div class="content_middle">内容中间部分</div>
16    <div class="content_right">内容右部分</div>
17 </div>
18 <div id="footer">页面底部</div>
19 </body>
20 </html>
```

与例 6–14 相比，本案例的不同之处在于主体内容所在的盒子中增加了类名为 content_middle 的小盒子（见第 15 行代码）。

下面编写相应的 CSS 样式代码。由于内容模块被分为左、中、右 3 个部分，因此只需在例 6–14 的基础上单独控制类名为 content_middle 的小盒子的样式即可，具体代码如下。

```
1  body{margin:0; padding:0;font-size:24px;text-align:center;}
2  div{
3      width:980px;              /*设置所有模块宽度为 980px 且居中显示*/
4      margin:5px auto;
5      background:#D2EBFF;
6  }
```

```
7   #top{height:40px;}          /*分别设置各个模块的高度*/
8   #nav{height:60px;}
9   #banner{height:200px;}
10  #content{height:200px;}
11  .content_left{                      /*左侧部分左浮动*/
12      width:200px;
13      height:200px;
14      background-color:#CCC;
15      float:left;
16      margin:0;
17  }
18  .content_middle{                    /*中间部分左浮动*/
19      width:570px;
20      height:200px;
21      background-color:#CCC;
22      float:left;
23      margin:0 0 0 5px;
24  }
25  .content_right{                     /*右侧部分右浮动*/
26      width:200px;
27      background-color:#CCC;
28      float:right;
29      height:200px;
30      margin:0;
31  }
32  #footer{height:90px;}
```

　　本案例的核心在于如何设置左、中、右 3 个盒子的位置。在本案例中，将类名为 content_left 和 content_middle 的盒子设置为左浮动，将类名为 content_right 的盒子设置为右浮动，通过 margin 属性设置盒子之间的间隙。

　　需要说明的是，无论布局类型是单列布局、两列布局还是三列布局，为了网站的美观，网页中的头部、导航栏、焦点图和页面底部的版权等模块通常需要通栏显示。将模块设置为通栏后，无论页面放大或缩小，模块都将横铺于浏览器窗口中。图 6-33 为一个应用通栏布局页面的结构示意图。

图6-33　通栏布局页面的结构示意图

　　在图 6-33 中，导航栏和页面底部均为通栏模块，它们始终横铺于浏览器窗口中。通栏布局的关键是在相应模块的外面添加一层 div 元素，并且将外层 div 元素的宽度设置为 100%。

　　下面通过一个案例来演示通栏布局的设置技巧，如例 6-16 所示。

例 6-16　example16.html

```
1  <!DOCTYPE html>
2  <html lang="en">
3  <head>
4  <meta charset="UTF-8">
5  <meta http-equiv="X-UA-Compatible" content="IE=edge">
6  <meta name="viewport" content="width=device-width, initial-scale=1.0">
7  <title>通栏布局</title>
8  </head>
9  <body>
10 <div id="top">头部</div>
11 <div id="topbar">
12     <div class="nav">导航栏</div>
13 </div>
14 <div id="banner">焦点图</div>
15 <div id="content">内容</div>
16 <div id="footer">
17     <div class="inner">页面底部</div>
18 </div>
19 </body>
20 </html>
```

在例 6-16 中，第 11～13 行代码用于定义类名为 topbar 的<div>标签，用于将导航栏模块设置为通栏模块；第 16～18 行代码用于定义一个类名为 footer 的<div>标签，用于将页面底部模块设置为通栏模块。

下面编写相应的 CSS 样式，具体代码如下。

```
1  body{margin:0; padding:0;font-size:24px;text-align:center;}
2  div{
3      width:980px;          /*设置所有模块宽度为980px且居中显示*/
4      margin:5px auto;
5      background:#D2EBFF;
6  }
7  #top{height:40px;}        /*分别设置各个模块的高度*/
8  #topbar{                  /*通栏模块的显示宽度为100%，此元素为导航栏元素的父元素*/
9      width:100%;
10     height:60px;
11     background-color:#3CF;
12 }
13 .nav{height:60px;}
14 #banner{height:200px;}
15 #content{height:200px;}
16 .inner{height:90px;}
17 #footer{                  /*通栏模块的显示宽度为100%，此元素为inner元素的父元素*/
18     width:100%;
19     height:90px;
20     background-color:#3CF;
21 }
```

在上述 CSS 代码中，第 8～12 行代码和第 17～21 行代码分别用于将 topbar 和 footer 两个父元素的宽度设置为 100%。

需要注意的是，前面所讲的几种布局是网页中的基本布局。在实际工作中，通常需要综合运用这几种基本布局实现多行多列的布局样式。

注意:

初学者在制作网页时，一定要养成实时测试页面的好习惯，避免完成页面的制作后出现难以调试的故障或兼容性问题。

6.7　网页模块的命名规范

网页模块的命名看似无足轻重，但如果没有统一的命名规范进行必要的约束，随意命名就会使整个网站的后续工作难以进行。因此网页模块的命名规范非常重要，需要引起足够的重视。通常网页模块的命名需要遵循以下几个原则。

- 避免使用中文字符命名（例如 id="导航栏"）。
- 不能以数字开头命名（例如 id="1nav"）。
- 不能用关键字（例如 id="h3"）。
- 用最少的字母达到最容易理解的效果。

在网页中，常用的命名方式有"驼峰命名"和"蛇形命名"两种，具体解释如下。

- 驼峰命名：驼峰命名分为大驼峰命名和小驼峰命名。其中，大驼峰命名的单词首字母均采用大写，例如 NavFirstName、NavLastName；小驼峰命名的第一个单词首字母小写，其余单词首字母大写，例如 navFirstName、navLastName。
- 蛇形命名：由小写字母和下划线组成，单词之间用下划线连接，例如 nav_first_name、nav_last_name。

下面列举网页模块和 CSS 文件常用的一些命名，分别如表 6-6 和表 6-7 所示。

表 6-6　网页模块及其常用命名

相关模块	命名	相关模块	命名
头部	header	内容	content/container
导航栏	nav	底部	footer
侧边栏	sidebar	栏目	column
左边、右边、中间	left　right　center	登录条	loginbar
标志	logo	广告	banner
页面主体	main	热点	hot
新闻	news	下载	download
子导航	subnav	菜单	menu
子菜单	submenu	搜索	search
友情链接	frlEndlink	版权	copyright
滚动	scroll	标签页	tab
文章列表	list	提示信息	msg
小技巧	tips	栏目标题	title
加入我们	joinus	指南	guild
服务	service	注册	regsiter
状态	status	投票	vote
合作伙伴	partner		

表 6-7　CSS 文件及其常用命名

CSS 文件	命名	CSS 文件	命名
主要样式	master	基本样式	base
模块样式	module	版面样式	layout
主题	themes	专栏	columns
文字	font	表单	forms
打印	print		

6.8　阶段案例——网页焦点图

本节将通过案例的形式分步骤制作一个网页焦点图，其默认效果如图 6-34 所示。

当鼠标指针移至图 6-35 所示的焦点图上时，焦点图两侧会出现焦点图切换按钮，效果如图 6-35 所示。

图6-34　网页焦点图的默认效果

图6-35　鼠标指针移至焦点图上的效果

6.8.1　分析效果图

1. 结构分析

观察图 6-34 可知，焦点图模块整体可以分为 3 个部分：焦点图、切换图标、切换按钮。焦点图可以使用<img>标签设置；切换图标由 6 个小图标组成，可以使用标签<ul>、<li>搭建结构；焦点图切换按钮可以使用 2 个<a>标签搭建。图 6-34 所示页面对应的结构如图 6-36 所示。

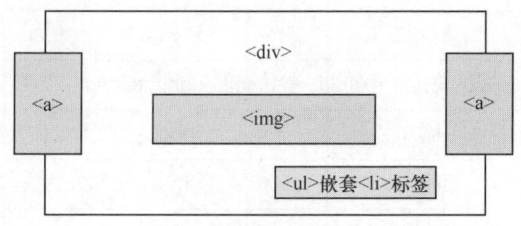

图6-36　焦点图页面结构图

2. 样式分析

图 6-34 所示的样式主要通过 4 个步骤实现，具体如下。

（1）通过<div>标签对页面进行整体控制，需要为其设置相对定位模式。

（2）通过<a>标签控制左右两侧切换按钮的样式和位置，并为其设置左浮动样式。

（3）通过<ul>标签整体控制切换图标，需要为其设置绝对定位模式。

（4）通过<li>标签控制每一个切换小图标，需要为其设置显示效果。

6.8.2　搭建页面结构

根据上面的分析，使用相应的 HTML 标签搭建网页结构，如例 6-17 所示。

例 6-17　example17.html

```
1  <!DOCTYPE html>
2  <html lang="en">
```

```
3  <head>
4  <meta charset="UTF-8">
5  <meta http-equiv="X-UA-Compatible" content="IE=edge">
6  <meta name="viewport" content="width=device-width, initial-scale=1.0">
7  <title>网页焦点图</title>
8  </head>
9  <body>
10 <div>
11     <img src="images/11.jpg" alt="科技兴国">
12   <a href="#"class="left"><</a>
13   <a href="#" class="right">></a>
14   <ul>
15     <li class="max"></li>
16     <li></li>
17     <li></li>
18     <li></li>
19     <li></li>
20     <li></li>
21   </ul>
22 </div>
23 </body>
24 </html>
```

在例 6–17 中，第 10～22 行代码通过最外层的<div>标签对网页焦点图进行整体控制，并使用<img>标签插入焦点图片。其中，第 12～13 行代码用于定义 class 为 left 和 right 的 2 个<a>标签，以搭建焦点图左右两侧切换按钮的结构；第 14～21 行代码使用<ul>标签、<li>标签搭建用于切换焦点图的 6 个小图标。

运行例 6–17 的代码，网页焦点图结构如图 6–37 所示。

6.8.3　定义 CSS 样式

搭建完页面的结构，下面为页面添加 CSS 样式。本小节采用从整体到局部的方式实现图 6–34 和图 6–35 所示的效果，具体如下。

图6–37　网页焦点图结构

1. 定义基础样式

定义页面的统一样式，具体 CSS 代码如下。

```
/*重置浏览器的默认样式*/
*{margin:0; padding:0; border:0; list-style:none;}
/*全局控制*/
a{text-decoration:none; font-size:30px;color:#fff;}
```

2. 控制整体大盒子

在搭建页面结构时定义了一个<div>标签对网页焦点图进行整体控制，并设置了其宽度和高度固定。由于切换按钮和切换图标需要依据大盒子进行定位，因此需要设置大盒子为相对定位。另外，为了使页面在浏览器中居中，对大盒子应用外边距属性 margin。具体 CSS 代码如下。

```
div{
    width:580px;
    height:200px;
    margin:50px auto;
```

```
        position:relative;   /*设置相对定位*/
    }
```

3. 整体控制左右两侧的切换按钮

从效果图 6-35 可以看出，当鼠标指针移至焦点图上时，图片两侧会出现焦点图切换按钮，需要为 a 元素应用 float 属性，并设置宽度、高度、背景颜色；切换按钮具有圆角、透明效果，需要对其设置圆角边框样式，并设置背景的不透明度；还需要设置切换按钮中文本的样式，并通过 "display:none;" 设置按钮隐藏。具体 CSS 代码如下。

```
a{
    float:left;
    width:25px;
    height:90px;
    line-height:90px;
    background:#333;
    opacity:0.7;          /*设置元素的不透明度*/
    border-radius:4px;
    text-align:center;
    display:none;         /*把 a 元素隐藏起来*/
    cursor:pointer;       /*把鼠标指针变成小手的形状*/
    }
```

4. 控制左右两侧切换按钮的位置和状态

由于左右两侧的切换按钮位置不同，需要分别对其进行绝对定位，并设置不同的偏移量。另外，当鼠标指针移至焦点图上时，图片两侧的切换按钮会显示，因此需要应用 "display:block;" 样式。具体 CSS 代码如下。

```
.left{                    /*控制左侧按钮的位置*/
    position:absolute;
    left:-12px;
    top:60px;
    }
.right{                   /*控制右侧切换按钮的位置*/
    position:absolute;
    right:-12px;
    top:60px;
    }
div:hover a{              /*设置鼠标指针移至焦点图上时显示切换按钮*/
    display:block;
    }
```

5. 整体控制焦点图的切换图标

观察图 6-35 可以得出，焦点图的切换图标由 6 个小图标组成，需要对焦点图切换图标进行整体控制，并通过绝对定位来控制切换图标的位置。切换图标具有圆角、透明样式，需要为其设置圆角边框样式，并设置背景的不透明度。同时，为了使切换图标的小图标居中对齐，可以设置 "text-align" 属性。具体 CSS 代码如下。

```
ul{                       /*整体控制焦点图的切换图标*/
    width:110px;
    height:20px;
    background:#333;
    opacity:0.5;
    border-radius:8px;
    position:absolute;
    right:30px;
    bottom:20px;
```

```
        text-align:center;
    }
```

6. 控制每个小图标

观察焦点图的 6 个小图标，除了第 1 个小图标外，其他小图标都具有灰色、圆形效果，故需要对这些小图标设置宽度、高度、背景颜色和圆角边框样式。另外，所有小图标在一行内显示，故需要将 li 元素转换为行内块元素。具体 CSS 代码如下。

```
li{                        /*控制每个小图标*/
    width:5px;
    height:5px;
    background:#ccc;
    border-radius:50%;
    display:inline-block;  /*转换为行内块元素*/
    }
```

7. 单独控制第 1 个小图标

根据上述分析，第 1 个小图标的显示效果与其他小图标的不同，需要对其单独设置宽度、圆角边框和背景颜色。具体 CSS 代码如下。

```
.max{                      /*单独控制第 1 个小图标*/
    width:12px;
    background:#03BDE4;
    border-radius:6px;
    }
```

至此，完成了图 6-34 所示的网页焦点图样式。将该样式应用于网页后，效果如图 6-38 所示。当鼠标指针移至焦点图上时，页面效果如图 6-39 所示。

图6-38　网页焦点图页面的效果

图6-39　鼠标移至焦点图上时页面的效果

本章小结

本章首先介绍了网页布局、元素的浮动和清除浮动的方法；然后讲解了 overflow 属性、元素的定位、元素的类型与转换、布局类型和网页模块的命名规范；最后使用浮动属性、定位模式制作了一个网页焦点图。

通过对本章的学习，读者应该能够熟练地运用浮动属性和定位模式进行网页布局，并应掌握清除浮动的几种常用方法，以及理解元素的类型与转换。

动手实践

学习完本章的内容，下面来动手实践一下。

请结合所给的素材，运用浮动属性和定位模式制作一个团购页面，效果如图 6-40 所示。

图6-40　团购页面效果

第 7 章

表格和表单

学习目标

★ 掌握创建表格的方法，能够在网页中创建表格。

★ 熟悉表格相关标签的属性，能够运用这些属性创建不同形态的表格。

★ 掌握使用 CSS 控制表格样式的方法，能够使用 CSS 设置表格样式。

★ 了解表单的构成，能够说出表单的构成部分。

★ 掌握创建表单的方法，能够在网页中创建表单。

★ 掌握多种表单控件的使用方法，能够创建具有不同功能的表单控件。

★ 掌握 HTML5 表单的新增控件类型、标签和属性，包括 input 控件类型、表单标签、input 控件属性、表单属性。

★ 掌握使用 CSS 控制表单样式的方法，能够使用 CSS 美化表单。

表格与表单是 HTML 网页的重要组成部分，利用表格可以对网页进行排版，使网页信息有条理地显示出来，而使用表单可方便网页与用户之间的交互，可实现网上注册、网上登录、网上交易等多种功能。本章将对表格和表单的相关知识进行详细讲解。

7.1 表格

在日常生活中，为了清晰地显示数据或信息，常常使用表格对数据或信息进行整理；而在制作网页时，同样可以使用表格对网页内容进行规划。为此，HTML5 提供了一系列的表格标签，本节将对这些标签进行详细讲解。

7.1.1 创建表格

在 Word 文档中，如果要创建表格，只需插入表格，然后设定相应的行数和列数即可。然而在 HTML 网页中，所有的元素都是通过标签定义的，要想创建表格，就需要使用与表格相关的标签。使用标签创建表格的基本语法格式如下。

```
<table>
  <tr>
```

```
            <td>单元格内的文字</td>
               ...
        </tr>
        ...
    </table>
```

上述语法格式中包含 3 个 HTML 标签，分别为<table>、<tr>、<td>，它们是创建 HTML 表格的基本标签，缺一不可，对这些标签的具体解释如下。

- <table>：用于定义一个表格的开始与结束，其内部可以放置表格的行、单元格等。
- <tr>：用于定义表格中的一行，必须嵌套在<table>标签中，<table>标签中包含几个<tr>标签，就表示表格有几行。
- <td>：用于定义表格中的单元格，必须嵌套在<tr>标签中，一个<tr>标签中包含几个<td>标签，就表示一行中有多少个单元格（或多少列）。

下面通过一个案例对创建表格的方法进行演示，如例 7-1 所示。

例 7-1　example01.html

```
1  <!DOCTYPE html>
2  <html lang="en">
3  <head>
4      <meta charset="UTF-8">
5      <meta http-equiv="X-UA-Compatible" content="IE=edge">
6      <meta name="viewport" content="width=device-width, initial-scale=1.0">
7      <title>表格</title>
8  </head>
9  <body>
10 <table border="1">
11    <tr>
12       <td>学生名称</td>
13       <td>班级</td>
14       <td>分数</td>
15    </tr>
16    <tr>
17       <td>小明</td>
18       <td>一班</td>
19       <td>87</td>
20    </tr>
21    <tr>
22       <td>小李</td>
23       <td>二班</td>
24       <td>86</td>
25    </tr>
26    <tr>
27       <td>小萌</td>
28       <td>三班</td>
29       <td>72</td>
30    </tr>
31 </table>
32 </body>
33 </html>
```

在例 7-1 中，第 10～31 行代码使用与表格相关的标签定义一个 4 行 3 列的表格。为了使表格的显示更加清晰，第 10 行代码为表格标签<table>设置边框属性 border。

运行例 7-1 的代码，表格效果如图 7-1 所示。

从图 7-1 可以看出，表格以 4 行 3 列显示，并且添加了边框效果。如果删除第 10 行中边框属性 border 的相关代码，保存并运行例 7-1 的代码，表格效果如图 7-2 所示。

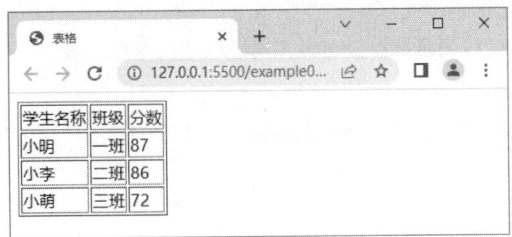 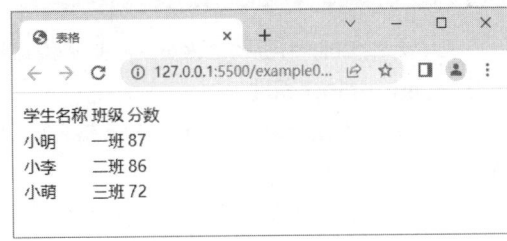

图7-1 表格效果（1）   图7-2 表格效果（2）

从图 7-2 可以看出，即使去掉边框，表格中的内容依然整齐有序地排列。默认情况下，表格的边框宽度为 0。

> **注意：**
>
> <tr>标签中只能嵌套<td>标签，不可以直接在<tr>标签中输入文字。

7.1.2 <table>标签的属性

<table>标签包含一系列的属性，用于控制表格的显示样式。<table>标签的属性及相关介绍如表 7-1 所示。

表 7-1 <table>标签的属性及相关介绍

属性	描述	常用属性值
border	用于设置表格的边框（默认无边框）	像素值
cellspacing	用于设置单元格与单元格之间的距离	像素值（默认为 2px）
cellpadding	用于设置单元格内容与单元格边缘之间的距离	像素值（默认为 1px）
width	用于设置表格的宽度	像素值
height	用于设置表格的高度	像素值
align	用于设置表格在网页中的水平对齐方式	left、center、right
bgcolor	用于设置表格的背景颜色	颜色的英文名称、十六进制颜色值、RGB 颜色值 rgb(r,g,b)
background	用于设置表格的背景图像	背景图像的 URL

下面将对这些属性进行具体讲解。

1. border 属性

在<table>标签中，border 属性用于设置表格的边框，默认值为 0。为了使读者更好地理解 border 属性，将例 7-1 中<table>标签的 border 属性值设置为 20，即将第 10 行代码更改为如下代码。

```
<table border="20">
```

保存并运行例 7-1 的代码，效果如图 7-3 所示。

对比图 7-3 和图 7-1，会发现表格双线边框的外边框变宽了，但是内边框没变。其实，在双线边框中，外边框由<table>标签定义，内边框由<td>标签定义。也就是说，<table>标签的 border 属性值用于改变外边框的宽度。

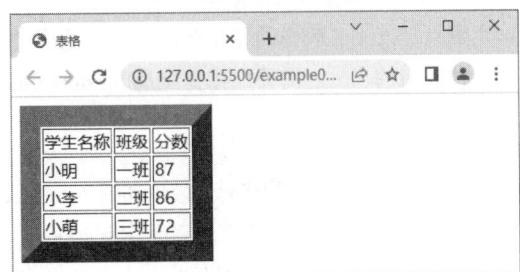

图7-3 border="20"的表格效果

> **注意:**
>
> 在直接使用<table>标签的边框属性或其他取值为像素值的属性时，可以省略属性值的单位"px"。

2. cellspacing 属性

cellspacing 属性用于设置单元格与单元格之间的距离，默认值为 2px。例如将例 7-1 中的第 10 行代码更改为如下代码

```
<table border="20" cellspacing="20">
```

保存并运行例 7-1 的代码，效果如图 7-4 所示。

从图 7-4 可以看出，单元格与单元格，以及单元格与表格边框之间都有一定的距离。

3. cellpadding 属性

cellpadding 属性用于设置单元格内容与单元格边框之间的距离，默认值为 1px。例如将例 7-1 中的第 10 行代码更改为如下代码

```
<table border="20" cellspacing="20" cellpadding="20">
```

保存并运行例 7-1 的代码，效果如图 7-5 所示。

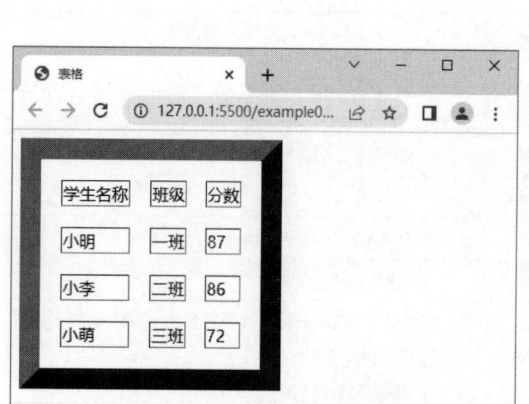

图7-4 cellspacing="20"的表格效果　　　　图7-5 cellpadding="20"的表格效果

对比图 7-4 和图 7-5 会发现，在图 7-5 中，单元格内容与单元格边框之间有一定的距离，例如"学生名称"与其所在的单元格的边框之间有一定的距离。

4. width 属性和 height 属性

默认情况下，表格的宽度和高度是自适应的，由表格内的内容来决定，例如图 7-1 所示的表格。要想更改表格的尺寸，需要应用宽度属性 width 和高度属性 height。例如将例 7-1 中的第 10 代码更改为如下代码。

```
<table border="20" cellspacing="20" cellpadding="20" width="600" height="600">
```

保存并运行例 7-1 的代码，效果如图 7-6 所示。

在图 7-6 中，表格的宽度和高度均为 600px，各单元格的宽度和高度均按一定的比例增加。需要注意的是，当为表格标签<table>同时设置 width、height 和 cellpadding 属性时，cellpadding 的显示效果不太容易观察，所以一般在未给表格设置 width 和 height 属性的情况下测试 cellpadding 属性。

图7-6 设置宽度和高度后表格的效果

5. align 属性

align 属性可用于定义表格的水平对齐方式，其可选值为 left、center、right。

需要注意的是，当对<table>标签应用 align 属性时，控制的是表格在页面中的水平对齐方式，单元格中的内容的对齐方式不受影响。例如将例 7-1 中的第 10 行代码更改为如下代码。

```
<table border="20" cellspacing="20" cellpadding="20" width="600" height="600" align="center">
```

保存并运行例 7-1 的代码，效果如图 7-7 所示。

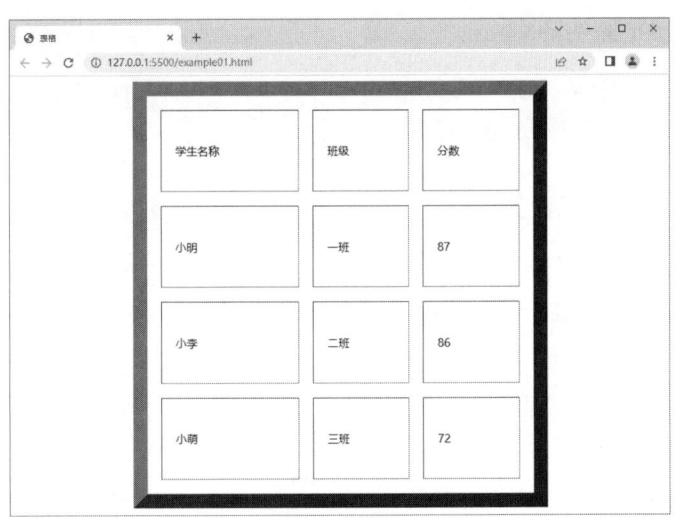

图7-7 align="center"的表格效果

从图 7-7 可以看出，表格在页面中水平居中，而单元格中的内容的对齐方式不变。

6. bgcolor 属性

在<table>标签中，bgcolor 属性用于设置表格的背景颜色。例如将例 7-1 中的第 10 行代码更改为如下代码。

```
<table border="20" cellspacing="20" cellpadding="20" width="600" height="600" align=
"center" bgcolor="#CCC">
```

保存并运行例 7-1 的代码，效果如图 7-8 所示。

从图 7-8 可以看出，表格的背景颜色变为灰色。

7. background 属性

在<table>标签中，background 属性用于设置表格的背景图像。例如将例 7-1 中的第 10 行代码更改为如下代码。

```
<table border="20" cellspacing="20" cellpadding="20" width="600" height="600" align=
"center" bgcolor="#CCC" background="1.jpg" >
```

保存并运行例 7-1 的代码，效果如图 7-9 所示。

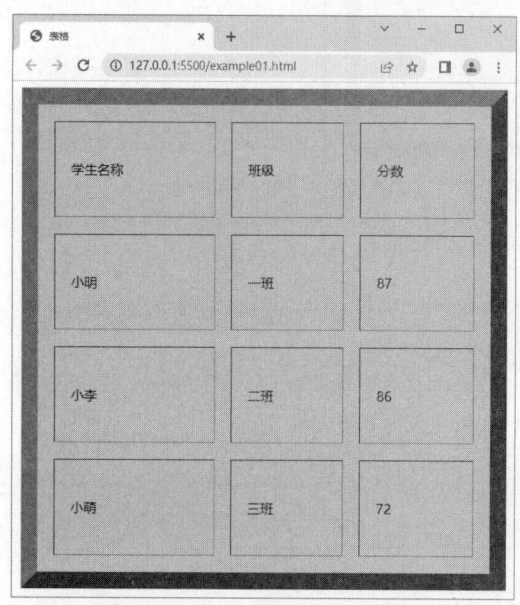
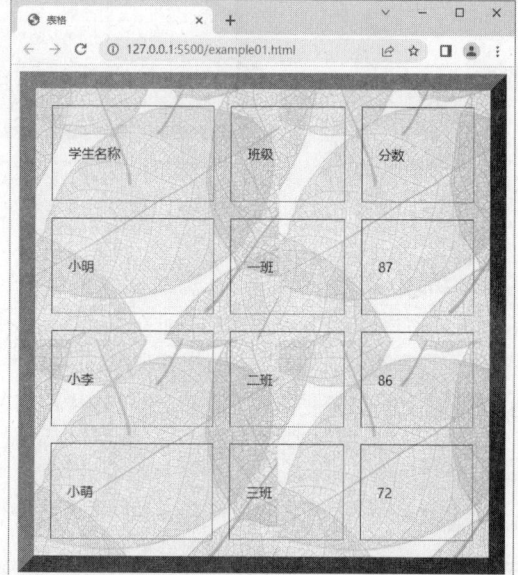

图7-8   bgcolor="#CCC"的表格效果   图7-9   设置background属性后表格的效果

从图 7-9 可以看出，图像在表格中沿着水平和垂直两个方向平铺，并充满整个表格。

7.1.3 <tr>标签的属性

通过<table>标签的属性可以控制表格的整体显示样式，在制作网页时，若需要使表格中的某一行特殊显示，就可以使用行标签<tr>的属性，其常用属性及相关介绍如表 7-2 所示。

表 7-2   <tr>标签的常用属性及相关介绍

属性	描述	常用属性值
height	用于设置行的高度	像素值
align	用于设置行内容的水平对齐方式	left、center、right
valign	用于设置行内容的垂直对齐方式	top、middle、bottom
bgcolor	用于设置行的背景颜色	预定义的颜色值、十六进制颜色值、RGB 颜色值 rgb(r,g,b)
background	用于设置行的背景图像	背景图像的 URL

表 7-2 中列出的大部分属性与<table>标签的属性相同。为了帮助初学者更好地理解这些属性，下面通过一个案例来演示行标签<tr>的常用属性的用法，如例 7-2 所示。

例 7-2 example02.html

```
1  <!DOCTYPE html>
2  <html lang="en">
3  <head>
4      <meta charset="UTF-8">
5      <meta http-equiv="X-UA-Compatible" content="IE=edge">
6      <meta name="viewport" content="width=device-width, initial-scale=1.0">
7      <title>tr 标签的属性</title>
8  </head>
9  <body>
10 <table border="1" width="400" height="240" align="center">
11    <tr height="80" align="center" valign="top" background="images/1.jpg">
12        <td>姓名</td>
13        <td>性别</td>
14        <td>电话</td>
15        <td>住址</td>
16    </tr>
17    <tr>
18        <td>小王</td>
19        <td>女</td>
20        <td>11122233</td>
21        <td>海淀区</td>
22    </tr>
23    <tr>
24        <td>小李</td>
25        <td>男</td>
26        <td>55566677</td>
27        <td>朝阳区</td>
28    </tr>
29    <tr>
30        <td>小张</td>
31        <td>男</td>
32        <td>88899900</td>
33        <td>西城区</td>
34    </tr>
35 </table>
36 </body>
37 </html>
```

在例 7-2 中，第 10 行和第 11 行代码分别用于为表格标签<table>和第 1 个行标签<tr>设置相应的属性，以控制表格和第 1 行内容的显示样式。

运行例 7-2 的代码，效果如图 7-10 所示。

从图 7-10 可以看出，表格按照设置的宽度和高度显示，且在页面中水平居中。表格的第 1 行内容按照设置的高度显示且水平居中、垂直居上，并且第 1 行还添加了背景图像。

需要注意的是，<tr>标签无宽度属性 width，其宽度取决于表格标签<table>。在实际工作中可用相应的 CSS 样式属性来替代<tr>标签的属性。

图7-10 例7-2代码的运行效果

7.1.4 <td>标签的属性

通过对行标签<tr>应用属性，可以控制表格中行内容的显示样式。但是，在网页制作过程中，有时需要对某一个单元格进行控制，此时就需要为单元格标签<td>设置属性，其常用属性及相关介绍如表 7-3 所示。

表 7-3　<td>标签的常用属性及相关介绍

属性名	含义	常用属性值
width	用于设置单元格的宽度	像素值
height	用于设置单元格的高度	像素值
align	用于设置单元格内容的水平对齐方式	left、center、right
valign	用于设置单元格内容的垂直对齐方式	top、middle、bottom
bgcolor	用于设置单元格的背景颜色	预定义的颜色值、十六进制颜色值、RGB 颜色值 rgb(r,g,b)
background	用于设置单元格的背景图像	URL
colspan	用于设置单元格跨越的列数（用于合并水平方向的单元格）	正整数
rowspan	用于设置单元格跨越的行数（用于合并垂直方向的单元格）	正整数

表 7-3 中列出的大部分属性与<tr>标签的属性相同。与<tr>标签不同的是，可以对<td>标签应用 width 属性，用于指定单元格的宽度，同时<td>标签还拥有 colspan 属性和 rowspan 属性，用于对单元格进行合并。

下面将通过案例来演示如何使用 rowspan 属性合并垂直方向的单元格，将 "住址" 下方的 3 个单元格合并为一个单元格，如例 7-3 所示。

例 7-3　example03.html

```
1  <!DOCTYPE html>
2  <html lang="en">
3  <head>
4     <meta charset="UTF-8">
5     <meta http-equiv="X-UA-Compatible" content="IE=edge">
6     <meta name="viewport" content="width=device-width, initial-scale=1.0">
7     <title>单元格的合并</title>
8  </head>
9  <body>
10 <table border="1" width="400" height="240" align="center">
11    <tr height="80" align="center" valign="top" bgcolor="#00CCFF">
12       <td>姓名</td>
13       <td>性别</td>
14       <td>电话</td>
15       <td>住址</td>
16    </tr>
17    <tr>
18     <td>小王</td>
19       <td>女</td>
20       <td>11122233</td>
21       <td rowspan="3">北京</td>              <!--设置单元格跨越的行数-->
22    </tr>
23    <tr>
```

```
24        <td>小李</td>
25        <td>男</td>
26        <td>55566677</td>
27                                  <!--删除了<td>朝阳区</td>-->
28      </tr>
29      <tr>
30        <td>小张</td>
31        <td>男</td>
32        <td>88899900</td>
33                                  <!--删除了<td>西城区</td>-->
34      </tr>
35  </table>
36  </body>
37  </html>
```

在例 7-3 中，第 21 行代码将<td>标签的 rowspan 属性的值设置为 3，因此这个单元格会跨越 3 行，由于第 21 行的单元格将占用其下方两个单元格的位置，所以应该注释或删掉第 27 行和第 33 行的 2 个<td>标签。

运行例 7-3 的代码，单元格的合并效果如图 7-11 所示。

在图 7-11 中，设置了 rowspan="3"样式的单元格"北京"跨越 3 行，占用了其下方 2 个单元格的位置。

除了垂直相邻的单元格可以合并外，水平相邻的单元格也可以合并。例如将例 7-3 中的"性别"和"电话"这 2 个单元格合并，只需在第 13 行代码的<td>标签中添加"colspan="2""，同时注释或删掉第 14 行代码即可。然后保存并运行例 7-3 的代码，效果如图 7-12 所示。

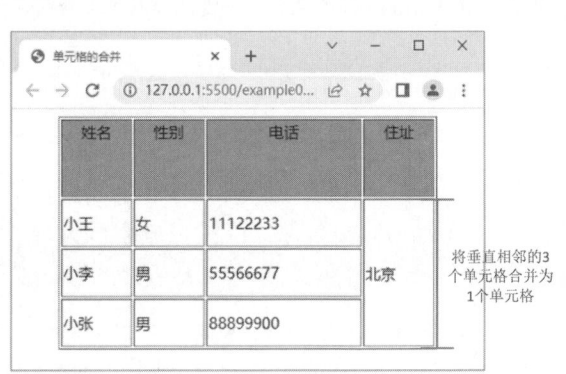

图7-11　单元格的合并效果

图7-12　水平相邻的单元格的合并效果

在图 7-12 中，设置了 colspan="2"样式的单元格"性别"水平跨越 2 列，占用了其右方 1 个单元格的位置。

总结例 7-3，可以得出合并单元格的规则如下。

- 注释或删除需要合并的单元格对应的代码。
- 为预留的单元格设置 colspan 或 rowspan 属性，属性值为水平合并的列数或垂直合并的行数。

注意:

（1）在<td>标签的属性中，需重点掌握 colspan 属性和 rowspan 属性；其他属性了解即可，不建议使用，因为这些属性均可用 CSS 样式属性替代。

（2）当对某一个<td>标签应用 width 属性设置宽度时，相应列中的所有单元格均会以设置的宽度显示。

（3）当对某一个<td>标签应用 height 属性设置高度时，相应行中的所有单元格均会以设置的高度显示。

7.1.5 <th>标签

为表格设置表头可以使表格的结构更加清晰，方便查阅。表头一般位于表格的第1行或第1列，其文本加粗且居中显示，图7-13为设置了表头的表格。

设置表头的方法非常简单，只需用表头标签<th>替代相应的单元格标签<td>即可。<th>标签与<td>标签的属性、用法完全相同，但是它们具有不同的语义。<th>标签用于定义表头单元格，其中的文本默认加粗且居中显示；而<td>标签用于定义普通单元格，其中的文本为普通文本且默认水平左对齐显示。

图7-13 设置了表头的表格

7.1.6 表格的结构

在使用表格对网页进行布局时，为了使搜索引擎更好地"理解"网页内容，可以将表格划分为头部、主体和页脚，以定义网页中的不同内容，用于划分表格结构的标签如下。

- <thead>：用于定义表格的头部，必须位于<table>标签中，一般包含网页的 Logo 和导航等头部信息。
- <tfoot>：用于定义表格的页脚，位于<table>标签中且在<thead>标签之后，一般包含网页底部的企业信息等。
- <tbody>：用于定义表格的主体，位于<table>标签中且在<tfoot>标签之后，一般包含网页中除头部和底部信息之外的其他内容。

下面使用这些结构划分标签来布局一个简单的网页，如例7-4所示。

例 7-4   example04.html

```
1   <!DOCTYPE html>
2   <html lang="en">
3   <head>
4       <meta charset="UTF-8">
5       <meta http-equiv="X-UA-Compatible" content="IE=edge">
6       <meta name="viewport" content="width=device-width, initial-scale=1.0">
7       <title>简单的网页结构</title>
8   </head>
9   <body>
10      <table width="600" border="1" cellspacing="0" align="center">
11          <thead>                                 <!—使用<thead>标签定义网页的头部-->
12              <tr>
13                  <td colspan="3">网站的 Logo</td>
14              </tr>
15              <tr>
16              <th><a href="#">首页</a></th>
17              <th><a href="#">关于我们</a></th>
18              <th><a href="#">联系我们</a></th>
19              </tr>
20          </thead>
21          <tfoot>                                 <!—使用<tfoot>标签定义网页的页脚-->
22              <tr>
23                  <td colspan="3" align="center">底部基本企业信息&copy;【版权信息】</td>
24              </tr>
```

```
25        </tfoot>
26        <tbody>                                    <!--使用<tbody>标签定义网页的主体-->
27            <tr height="150">
28                <td>主体的左栏</td>
29                <td>主体的中间</td>
30                <td>主体的右侧</td>
31            </tr>
32            <tr height="150">
33                <td>主体的左栏</td>
34                <td>主体的中间</td>
35                <td>主体的右侧</td>
36            </tr>
37        </tbody>
38    </table>
39 </body>
40 </html>
```

在例 7-4 中，第 10~38 行代码使用<table>标签创建了一个多行多列的表格。其中，第 11~20 行代码用于定义表格的头部；第 13 行代码用于合并头部的单元格；第 21~25 行代码用于定义表格的页脚；第 26~37 行代码用于定义表格的主体。

运行例 7-4 的代码，网页效果如图 7-14 所示。 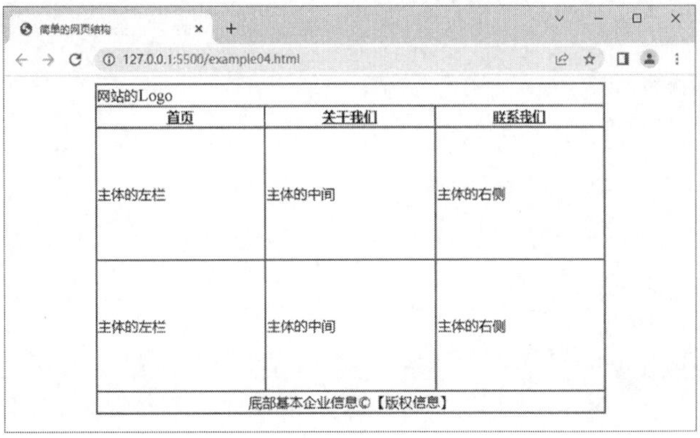

图7-14　网页效果

需要注意的是，在一个表格中只能定义一个<thead>标签、一个<tfoot>标签，但可以定义多个<tbody>标签，它们必须按<thead>、<tfoot>和<tbody>的顺序来定义。将<tfoot>标签置于<tbody>标签之前，是为了使浏览器在接收到网页的全部内容之前即可显示页脚内容。

7.2　使用 CSS 控制表格样式

除了表格标签自带的属性外，还可用 CSS 的边框、宽度、高度、颜色等属性来控制表格样式。此外，CSS 还提供了表格专用属性来控制表格样式。本节将从表格边框、单元格边距、单元格的宽度和高度 3 个方面详细讲解使用 CSS 控制表格样式的具体方法。

7.2.1　使用 CSS 控制表格边框

使用<table>标签的 border 属性可以为表格设置边框，但是使用这种方式设置的边框更改颜色很困难。而使用 CSS 边框样式属性 border 可以轻松地控制表格边框的颜色和宽度。

下面通过一个案例演示使用 CSS 设置表格边框的具体方法，如例 7-5 所示。

例 7-5　example05.html

```
1  <!DOCTYPE html>
2  <html lang="en">
3  <head>
4      <meta charset="UTF-8">
5      <meta http-equiv="X-UA-Compatible" content="IE=edge">
6      <meta name="viewport" content="width=device-width, initial-scale=1.0">
7      <title>使用 CSS 控制表格边框</title>
8      <style type="text/css">
9          table{
10              width:800px;
11              height:300px;
12              border:1px solid #30F;        /*设置表格的边框*/
13          }
14          th,td{border:1px solid #30F;}    /*为单元格单独设置边框*/
15      </style>
16  </head>
17  <body>
18      <table>
19      <caption></caption>        <!--定义表格的标题-->
20      <tr>
21          <th>诗歌序号</th>
22          <th>诗歌名称</th>
23          <th>作者</th>
24          <th>内容</th>
25      </tr>
26      <tr>
27          <th>1</th>
28          <td>《峨眉山月歌》</td>
29          <td>李白</td>
30          <td>峨眉山月半轮秋，影入平羌江水流。夜发清溪向三峡，思君不见下渝州。</td>
31      </tr>
32      <tr>
33          <th>2</th>
34          <td>《江南逢李龟年》</td>
35          <td>杜甫</td>
36          <td>岐王宅里寻常见，崔九堂前几度闻。正是江南好风景，落花时节又逢君。</td>
37      </tr>
38      <tr>
39          <th>3</th>
40          <td>《行军九日思长安故园》</td>
41          <td>岑参</td>
42          <td>强欲登高去，无人送酒来。遥怜故园菊，应傍战场开。</td>
43      </tr>
44      <tr>
45          <th>4</th>
46          <td>《夜上受降城闻笛》</td>
47          <td>李益</td>
48          <td>回乐烽前沙似雪，受降城外月如霜。不知何处吹芦管，一夜征人尽望乡。</td>
49      </tr>
50      <tr>
51          <th>5</th>
```

```
52          <td>《秋夕》</td>
53          <td>杜牧</td>
54          <td>银烛秋光冷画屏，轻罗小扇扑流萤。天阶夜色凉如水，卧看牵牛织女星。</td>
55        </tr>
56      </table>
57 </body>
58 </html>
```

在例 7-5 中，第 18～56 行代码用于定义一个 6 行 4 列的表格；第 9～14 行代码使用内嵌式 CSS 样式表为表格标签\<table\>定义宽度、高度和边框样式，并为单元格单独设置相应的边框样式。

运行例 7-5 的代码，表格效果如图 7-15 所示。 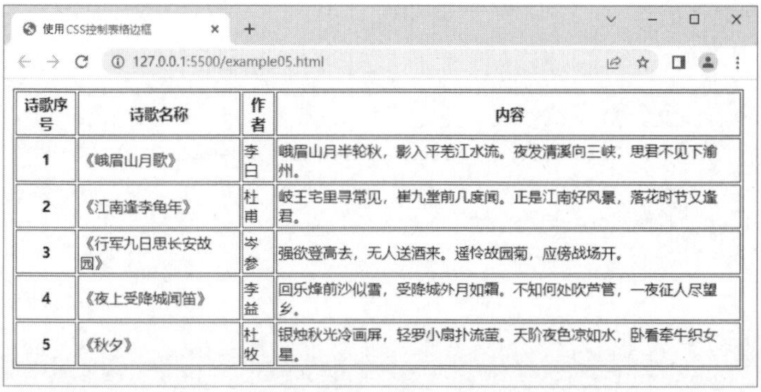

图7-15　表格效果

从图 7-15 中可发现，单元格与单元格的边框之间存在一定的空间。如果要去掉这个空间，以得到单线边框效果，可以使用 border-collapse 属性，将单元格的边框合并，例如将例 7-5 的第 14 行代码中"{}"内的代码替换为如下代码。

```
border-collapse:collapse;   /*合并边框*/
```

保存并运行例 7-5 的代码，单线边框效果如图 7-16 所示。 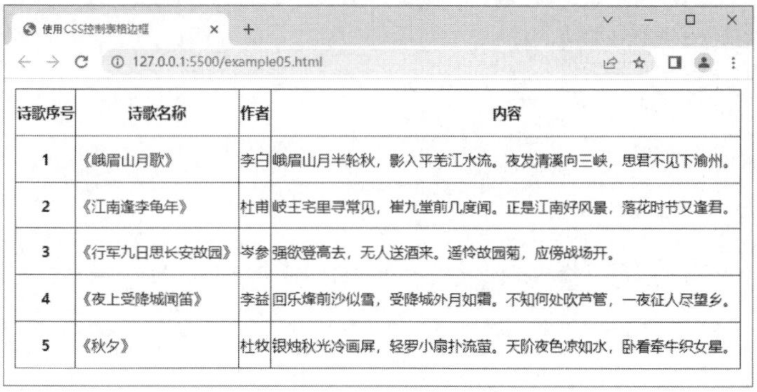

图7-16　单线边框效果

从图 7-16 中可看出，单元格的边框合并了，形成了单线边框效果。border-collapse 属性的值除了 collapse（用于合并边框）之外，还有 separate，separate 用于分离单线边框，通常表格的 border-collapse 属性值默认为 separate。

注意:

（1）当表格的 border-collapse 属性值设置为 collapse 时，在 HTML 中设置的 cellspacing 属性值无效。

（2）行标签<tr>无 border 样式属性。

7.2.2　使用 CSS 控制单元格边距

使用<table>标签的属性美化表格时，可以通过 cellpadding 属性和 cellspacing 属性分别控制单元格内容与边框之间的距离，以及相邻单元格边框之间的距离。这种方式与在盒子模型中设置内外边距非常相似。但是否可以使用 CSS 为单元格设置内边距和外边距呢？下面通过一个案例进行测试。新建一个 3 行 3 列的简单表格，使用 CSS 设置其样式，具体如例 7-6 所示。

例 7-6　example06.html

```
1  <!DOCTYPE html>
2  <html lang="en">
3  <head>
4     <meta charset="UTF-8">
5     <meta http-equiv="X-UA-Compatible" content="IE=edge">
6     <meta name="viewport" content="width=device-width, initial-scale=1.0">
7     <title>使用 CSS 控制单元格边距</title>
8     <style type="text/css">
9       table{
10         border:1px solid #30F;        /*设置表格的边框*/
11       }
12       th,td{
13         border:1px solid #30F;        /*为单元格单独设置边框*/
14         padding:50px;                 /*为单元格内容与边框之间设置 50px 的内边距*/
15         margin:50px;                  /*为单元格与单元格边框之间设置 50px 的外边距*/
16       }
17     </style>
18  </head>
19  <body>
20     <table>
21      <tr>
22         <th>网络安全问题</th>
23         <th>解决方案</th>
24         <th>解决办法</th>
25      </tr>
26      <tr>
27         <th>渗透问题</th>
28         <td>渗透测试</td>
29         <td>渗透测试工程师将利用精湛的技能和先进的技术对系统及应用程序的安全性进行识别和检测。
</td>
30      </tr>
31      <tr>
32         <th>漏洞问题</th>
33         <td>漏洞评估</td>
34         <td>查找并分析内网、外网及云端的漏洞。</td>
35      </tr>
36     </table>
37  </body>
38  </html>
```

在例 7-6 中，第 14～15 行代码用于为表格设置内边距和外边距。

运行例 7-6 的代码，效果如图 7-17 所示。

图7-17　例7-6代码的运行效果

从图 7-17 可以看出，单元格内容与边框之间出现了一定的距离，但是相邻单元格之间的距离没有任何变化，也就是说对单元格设置的外边距属性 margin 没有生效。由此可见，<th>标签和<td>标签无外边距属性 margin，要想设置相邻单元格边框之间的距离，只能对<table>标签应用 cellspacing 属性。

注意:

行标签<tr>无内边距属性 padding 和外边距属性 margin。

7.2.3　使用 CSS 控制单元格的宽度和高度

使用 CSS 中的 width 属性和 height 属性可以控制单元格的宽度和高度。下面通过一个具体的案例来演示，如例 7-7 所示。

例 7-7　example07.html

```
1  <!DOCTYPE html>
2  <html lang="en">
3  <head>
4      <meta charset="UTF-8">
5      <meta http-equiv="X-UA-Compatible" content="IE=edge">
6      <meta name="viewport" content="width=device-width, initial-scale=1.0">
7      <title>使用 CSS 控制单元格的宽度和高度</title>
8      <style type="text/css">
9          table{
10             border:1px solid #30F;        /*设置表格的边框*/
11             border-collapse:collapse;    /*合并边框*/
12             }
13         th,td{
14             border:1px solid #30F;        /*为单元格单独设置边框*/
15         }
16         .one{ width:100px; height:80px;}    /*定义"A 房间"单元格的宽度与高度*/
17         .two{ height:40px;}                 /*定义"B 房间"单元格的高度*/
18         .three{ width:200px; }              /*定义"C 房间"单元格的宽度*/
```

```
19        </style>
20   </head>
21   <body>
22     <table>
23       <tr>
24         <td class="one"> A 房间</td>
25         <td class="two"> B 房间</td>
26       </tr>
27       <tr>
28         <td class="three"> C 房间</td>
29         <td class="four"> D 房间</td>
30       </tr>
31     </table>
32   </body>
33   </html>
```

在例 7-7 中，第 22～31 行代码用于定义一个 2 行 2 列的简单表格；第 16 行代码用于将 "A 房间" 的宽度和高度分别设置为 100px 和 80px，第 17 行代码用于将 "B 房间" 单元格的高度设置为 40px，第 18 行代码用于将 "C 房间" 单元格的宽度设置为 200px。

运行例 7-7 的代码，效果如图 7-18 所示。

从图 7-18 可以看出，"A 房间" 单元格和 "B 房间" 单元格的高度均为 80px，而 "A 房间" 单元格和 "C 房间" 单元格的宽度均为 200px。由此可见，在对同一行中的单元格定义不同的高度或对同一列中的单元格定义不同的宽度时，单元格最终的宽度或高度将取其中的较大者。

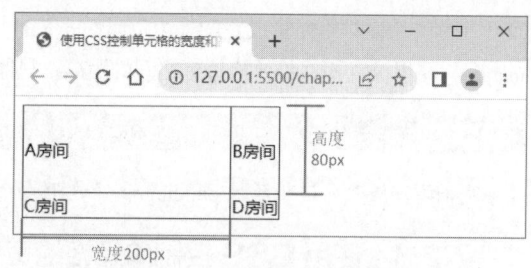

图 7-18　例 7-7 代码的运行效果

7.3　表单

表单是可以通过网络接收用户数据的平台，例如注册页面、网上订货页面等都是以表单的形式来收集用户信息的，这些信息又会被表单传递给后台服务器，从而实现网页与用户间的互动。本节将对表单进行详细的讲解。

7.3.1　表单的构成

在 HTML 中，一个完整的表单通常由表单控件、提示信息和表单域 3 个部分构成，如图 7-19 所示。

表单控件、提示信息和表单域的具体介绍如下。

● 表单控件：通常包含单行文本输入框、密码输入框、验证框、复选框、提交按钮、搜索框等。

● 提示信息：一个表单中通常包含一些说明性的文字，用于提示用户进行相应操作。

图 7-19　表单的构成

● 表单域：相当于一个容器，用于采集用户输入或选择的数据。如果不定义表单域，表单中的数据就无法被传递给后台服务器。

7.3.2 创建表单

在 HTML5 中，<form>标签用于创建表单，即定义表单域，以实现用户信息的收集和传递，<form>标签中的所有内容都会被提交给服务器。创建表单的基本语法格式如下。

```
<form action="URL" method="提交方式" name="表单名称">
    各种表单控件
</form>
```

在上述语法格式中，<form>开始标签与</form>结束标签之间的表单控件是由用户自定义的，action、method和 name 为表单标签<form>的常用属性，分别用于定义 URL、表单提交方式和表单名称，具体介绍如下。

1. action 属性

表单在收集到信息后，需要将信息传递给服务器进行处理。action 属性用于指定接收并处理表单数据的服务器程序的 URL，示例代码如下。

```
<form action="form_action.asp">
```

上述示例代码的作用是当提交表单时，将表单数据传送到名为 "form_action.asp" 的页面处理。

action 属性的值可以是相对路径或绝对路径，还可以是用来接收数据的电子邮箱，示例代码如下。

```
<form action=mailto:htmlcss@163.com>
```

上述示例代码的作用是当提交表单时，将表单数据以电子邮件的形式传递出去。

2. method 属性

method 属性用于设置表单数据的提交方式，其取值为 get 或 post，其中 get 为 method 属性的默认值。在HTML 中，可以通过<form>标签的 method 属性指明表单处理服务器数据的方式，示例代码如下。

```
<form action="form_action.asp" method="get">
```

上述示例代码采用 get 方式，浏览器会与表单处理服务器建立连接，然后直接一次发送所有的表单数据。

如果采用 post 方式，浏览器会按照下面两个步骤来发送数据。

步骤一：浏览器与 action 属性指定的表单处理服务器建立连接。

步骤二：浏览器将数据分段传输给服务器。

另外，采用 get 方式提交的数据会显示在浏览器的地址栏中，保密性差，且有数据量的限制。而 post 方式的保密性好，并且无数据量的限制，所以使用 post 方式可以提交大量数据。

3. name 属性

表单中的 name 属性用于指定表单的名称，而表单控件中具有 name 属性的标签会将用户填写的内容提交给服务器。设置 name 属性的示例代码如下。

```
<form action="http://www.mysite.cn/index.asp" method="post" name="biao"> <!--表单域-->
    账号：       <!--提示信息-->
<input type="text" name="zhanghao" />                    <!--表单控件-->
    密码：       <!--提示信息-->
<input type="password" name="mima" />                    <!--表单控件-->
<input type="submit" value="提交"/>                      <!--表单控件-->
</form>
```

上述示例代码定义了一个完整的表单结构，其中<input />标签用于定义表单控件，该标签及其相关属性在后文中将会具体讲解，这里了解即可。

运行示例代码，效果如图 7-20 所示。

7.3.3 表单控件

表单的核心就是表单控件。HTML 提供了一系列的表单控件，用于实现不同的表单功能，如

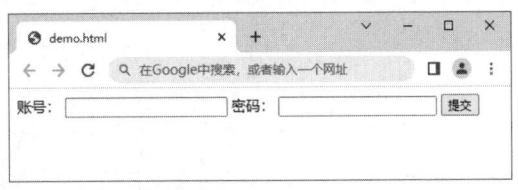

图7-20 创建的表单效果

密码输入框、单行文本输入框、下拉列表、多行文本输入框等，本小节将对这些表单控件进行详细的讲解。

1. input 控件

浏览网页时经常会看到单行文本输入框、单选按钮、复选框、提交按钮、重置按钮等，要想定义这些页面元素，需要使用 input 控件。创建 input 控件的基本语法格式如下。

```
<input type="控件类型"/>
```

在上述语法格式中，<input /> 标签为单标签，type 属性为其基本属性。type 属性的取值有多个，用于指定不同的控件类型。除了 type 属性之外，input 控件还有很多其他的属性，其常用属性及相关介绍如表 7-4 所示。

表 7-4　input 控件的常用属性及相关介绍

属性	属性值	描述
type	text	单行文本输入框
	password	密码输入框
	radio	单选按钮
	checkbox	复选框
	button	普通按钮
	submit	提交按钮
	reset	重置按钮
	image	图像形式的提交按钮
	hidden	隐藏域
	file	文件域
name	由用户自定义	控件的名称
value	由用户自定义	input 控件中的默认文本内容
size	正整数	input 控件在页面中的显示宽度
readonly	readonly	input 控件的内容为只读（不能编辑修改）
disabled	disabled	第 1 次加载页面时禁用 input 控件（显示为灰色）
checked	checked	定义默认选中的单选按钮或复选框
maxlength	正整数	input 控件中允许输入的最多字符数

下面通过一个案例来演示表 7-4 中部分属性的用法，如例 7-8 所示。

例 7-8　example08.html

```
1  <!DOCTYPE html>
2  <html lang="en">
3  <head>
4      <meta charset="UTF-8">
5      <meta http-equiv="X-UA-Compatible" content="IE=edge">
6      <meta name="viewport" content="width=device-width, initial-scale=1.0">
7      <title>input 控件</title>
8  </head>
9  <body>
10    <form action="#" method="post">
11        用户名:                                <!--单行文本输入框-->
12      <input type="text" value="张三" maxlength="6" /><br /><br />
13        密码:                                  <!--密码输入框-->
14      <input type="password" size="40" /><br /><br />
15        性别:                                  <!--单选按钮-->
```

```
16        <input type="radio" name="sex" checked="checked" />男
17        <input type="radio" name="sex" />女<br /><br />
18      兴趣:                                        <!--复选框-->
19        <input type="checkbox" />唱歌
20        <input type="checkbox" />跳舞
21        <input type="checkbox" />游泳<br /><br />
22      上传头像:
23        <input type="file" /><br /><br />          <!--文件域-->
24        <input type="submit" />                    <!--提交按钮-->
25        <input type="reset" />                     <!--重置按钮-->
26        <input type="button" value="普通按钮" />    <!--普通按钮-->
27        <input type="image" src="login.gif" />      <!--图像形式的提交按钮-->
28        <input type="hidden" />                    <!--隐藏域-->
29    </form>
30  </body>
31  </html>
```

在例 7-8 中，第 12~28 行代码通过对<input />标签应用不同的 type 属性值来定义不同类型的 input 控件。此外，还应用了<input />标签的其他属性，例如在第 12 行代码中通过 maxlength 和 value 属性分别定义单行文本输入框中允许输入的最多字符数和默认显示的文本；在第 14 行代码中，通过 size 属性定义密码输入框的宽度；在第 16 行代码中，通过 name 和 checked 属性定义单选按钮的名称和默认选中的单选按钮。

运行例 7-8 的代码，input 控件的效果如图 7-21 所示。

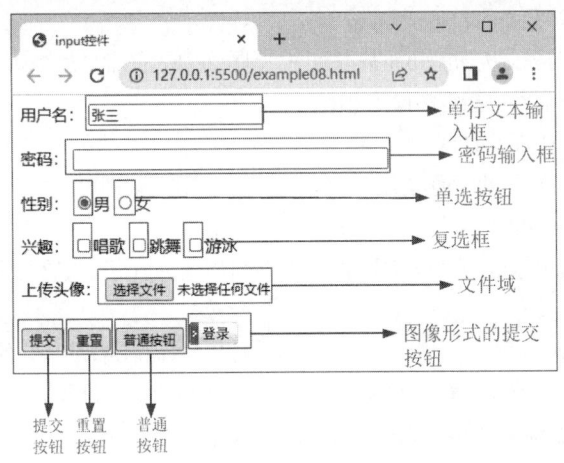

图7-21　input控件的效果

在图 7-21 中，不同类型的 input 控件的外观不同。当对它们进行具体的操作时（如输入用户名和密码、选择性别和兴趣等），页面显示的效果也不一样。例如，在密码输入框中输入内容时，内容将以圆点的形式显示，而不会像单行文本输入框中的内容一样显示为明文（指没加密的文字），如图 7-22 所示。

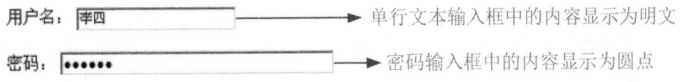

图7-22　输入内容的显示效果对比

下面对例 7-8 的代码涉及的表单控件进行简单介绍。

（1）单行文本输入框<input type="text" />

单行文本输入框常用来输入简短的信息（如用户名、账号、证件号码等），其常用的属性有 name、value、

maxlength。

（2）密码输入框<input type="password" />

密码输入框用来输入密码，其内容将以圆点的形式显示。

（3）单选按钮<input type="radio" />

单选按钮用于单项选择，例如选择性别等。需要注意的是，在定义单选按钮时，必须为同一组中的单选按钮指定相同的 name 值，这样才能实现单选效果。此外，可以对单选按钮应用 checked 属性，以指定默认选中的单选按钮。

（4）复选框<input type="checkbox" />

复选框常用于多项选择，例如选择兴趣爱好等，可对其应用 checked 属性，以指定默认选中的复选框。

（5）普通按钮<input type="button" />

普通按钮常常配合 JavaScript 脚本语言使用，此处了解即可。

（6）提交按钮<input type="submit" />

提交按钮是表单中的核心控件，在完成信息的输入后，一般需要单击提交按钮才能完成表单数据的提交。可以对其应用 value 属性，以改变提交按钮上的默认文本。

（7）重置按钮<input type="reset" />

当输入的信息有误时，可单击重置按钮取消已输入的所有表单信息。可以对其应用 value 属性，以改变重置按钮上的默认文本。

（8）图像形式的提交按钮<input type="image" />

图像形式的提交按钮与提交按钮的功能基本相同，但在外观上前者更加美观。需要注意的是，必须为图像形式的提交按钮定义 src 属性以指定图像的 URL。

（9）隐藏域<input type="hidden" />

隐藏域对用户来说是不可见的，通常用于后台的程序，此处了解即可。

（10）文件域<input type="file" />

当定义文件域时，页面中会出现"选择文件"按钮，可以通过填写文件路径或直接选择文件的方式将文件提交给后台服务器。

需要说明的是，在实际应用时，常常需要将<input />控件与<label>标签联合使用，以扩大控件的有效选择范围，从而提供更好的用户体验。例如在选择性别时，单击提示文字"男"或者"女"也可以选中相应的单选按钮。下面通过一个案例来演示<label>标签的使用，如例 7-9 所示。

例 7-9　example09.html

```
1  <!DOCTYPE html>
2  <html lang="en">
3  <head>
4      <meta charset="UTF-8">
5      <meta http-equiv="X-UA-Compatible" content="IE=edge">
6      <meta name="viewport" content="width=device-width, initial-scale=1.0">
7      <title>label 标签的使用</title>
8  </head>
9  <body>
10 <form action="#" method="post">
11     <label for="name">姓名: </label>
12      <input type="text" maxlength="6" id="name" /><br /><br />
13     性别:
14     <input type="radio" name="sex" checked="checked" id="man" /><label for="man">男
```

```
</label>
15      <input type="radio" name="sex" id="woman" /><label for="woman">女</label>
16 </form>
17 </body>
18 </html>
```

在例 7-9 中，第 11、14、15 行代码使用\<label\>标签嵌套表单中的提示信息，并且将 for 属性的值设置为与表单控件的 id 相同，这样\<label\>标签中的内容就会绑定到指定 id 的表单控件上，当单击\<label\>标签中的内容时，相应的表单控件就会处于选中状态。

运行例 7-9 的代码，效果如图 7-23 所示。

在图 7-23 所示的页面中，单击"姓名："文本，光标会自动移到其后的单行文本输入框中；单击"男"或"女"文本，相应的单选按钮会处于选中状态。

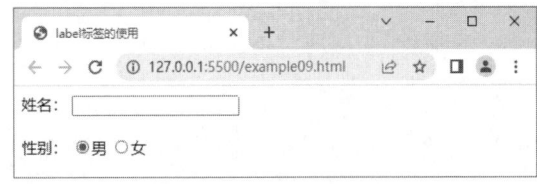

图7-23　例7-9代码的运行效果

2. textarea 控件

当定义 input 控件的 type 属性值为 text 时，可以创建一个单行文本输入框。但是，如果需要输入大量的信息，单行文本输入框就不再适用，为此 HTML 提供了 textarea 控件，通过 textarea 控件可以轻松地创建多行文本输入框。创建 textarea 控件的基本语法格式如下。

```
<textarea cols="每行的字符数" rows="显示的行数">
    文本内容
</textarea>
```

在上述语法格式中，cols 和 rows 为\<textarea\>标签的必选属性。其中，cols 用来定义多行文本输入框中每行的字符数，rows 用来定义多行文本输入框中显示的行数，它们的取值均为正整数。

需要说明的是，除了 cols 和 rows 属性外，textarea 控件还有几个可选属性，分别为 name、readonly 和 disabled，相关介绍如表 7-5 所示。

表 7-5　textarea 控件的可选属性及相关介绍

可选属性	属性值	描述
name	由用户自定义	控件的名称
readonly	readonly	控件的内容为只读（不能编辑修改）
disabled	disabled	第 1 次加载页面时禁用控件（显示为灰色）

下面通过一个案例来演示 textarea 控件的具体用法，如例 7-10 所示。

例 7-10　example10.html

```
1  <!DOCTYPE html>
2  <html lang="en">
3  <head>
4      <meta charset="UTF-8">
5      <meta http-equiv="X-UA-Compatible" content="IE=edge">
6      <meta name="viewport" content="width=device-width, initial-scale=1.0">
7      <title>textarea 控件</title>
8  </head>
9  <body>
10 <form action="#" method="post">
11     <textarea cols="60" rows="8">
12         昔人已乘黄鹤去，
13         此地空余黄鹤楼。
```

```
14          黄鹤一去不复返，
15          白云千载空悠悠。
16          晴川历历汉阳树，
17          芳草萋萋鹦鹉洲。
18          日暮乡关何处是?
19          烟波江上使人愁。
20     </textarea><br />
21     <input type="submit" value="提交"/>
22 </form>
23 </body>
24 </html>
```

在例 7-10 中，第 11~20 行代码通过<textarea>标签定义一个多行文本输入框，其中，第 11 行代码应用 clos 属性和 rows 属性分别设置多行文本输入框每行的字符数和显示的行数。第 21 行代码通过将 input 控件的 type 属性值设置为 submit 来定义一个提交按钮。

运行例 7-10 的代码，textarea 控件的效果如图 7-24 所示。

可对图 7-24 所示的多行文本输入框中的内容进行编辑。需要注意的是，不同浏览器对 clos 属性和 rows

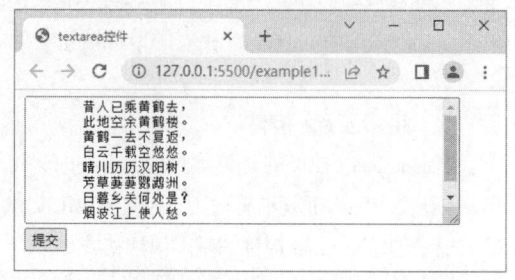

图7-24　textarea控件的效果

属性的"理解"可能不同，因此多行文本输入框在不同浏览器中的显示效果可能有差异。所以在实际工作中常用 CSS 的 width 属性和 height 属性来定义多行文本输入框的宽度和高度。

3. select 控件

浏览网页时经常会看到包含多个选项的下拉列表，图 7-25 为一个下拉列表框，当单击▼按钮时，会出现多个选项，如图 7-26 所示。创建这种下拉列表需要使用 select 控件。

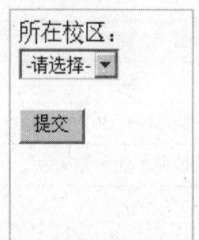

图7-25　下拉列表框

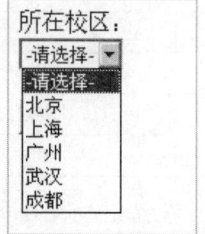

图7-26　下拉列表中的选项

使用 select 控件创建下拉列表的基本语法格式如下。

```
<select>
    <option>选项 1</option>
    <option>选项 2</option>
    <option>选项 3</option>
    ...
</select>
```

在上述语法格式中，<select>标签用于在表单中添加一个下拉列表，<option>标签嵌套在<select>标签中，用于定义下拉列表中的具体选项，每个<select>标签中至少包含一个<option>标签。

需要说明的是，在 HTML5 中，可以为<select>标签和<option>标签定义属性，以改变下拉列表的外观效果，其常用属性及相关介绍如表 7-6 所示。

表 7-6 　 <select>标签和<option>标签的常用属性及相关介绍

标签	常用属性	描述
<select>	size	用于指定下拉列表的可见选项数，取值为正整数
	multiple	当定义 multiple="multiple"时，下拉列表将具有多项选择的功能，按住 "Ctrl" 键的同时加以选择即可选择多项
<option>	selected	当定义 selected =" selected"时，当前选项即为默认选中项

下面通过一个案例来演示下拉列表的创建方法，如例 7-11 所示。

例 7-11 　 example11.html

```
1  <!DOCTYPE html>
2  <html lang="en">
3  <head>
4      <meta charset="UTF-8">
5      <meta http-equiv="X-UA-Compatible" content="IE=edge">
6      <meta name="viewport" content="width=device-width, initial-scale=1.0">
7      <title>select 控件</title>
8  </head>
9  <body>
10 <form action="#" method="post">
11 所在校区: <br />
12     <select>                                      <!--基本的下拉列表-->
13         <option>-请选择-</option>
14         <option>北京</option>
15         <option>上海</option>
16         <option>广州</option>
17         <option>武汉</option>
18         <option>成都</option>
19     </select><br /><br />
20 特长（单选）:<br />
21     <select>
22         <option>唱歌</option>
23         <option selected="selected">画画</option>    <!--设置默认选中项-->
24         <option>跳舞</option>
25     </select><br /><br />
26 爱好（多选）:<br />
27     <select multiple="multiple" size="4">          <!--设置多选和可见选项数-->
28         <option>读书</option>
29         <option selected="selected">编程</option>    <!--设置默认选中项-->
30         <option>旅行</option>
31         <option selected="selected">听音乐</option>   <!--设置默认选中项-->
32         <option>踢球</option>
33     </select><br /><br />
34     <input type="submit" value="提交"/>
35 </form>
36 </body>
37 </html>
```

例 7-11 通过<select>标签、<option>标签及相关属性创建了 3 个不同的下拉列表，其中，第 12～19 行代码创建的是基本下拉列表；第 21～25 行代码创建的是设置了默认选项的单选下拉列表；第 27～33 行代码创建的是设置了 2 个默认选项的多选下拉列表。

运行例 7-11 的代码，select 控件的效果如图 7-27 所示。

在实际网页制作过程中，有时候需要对下拉列表中的选项进行分组，以便于找到相应的选项。图 7-28

为选项分组后的下拉列表的效果。

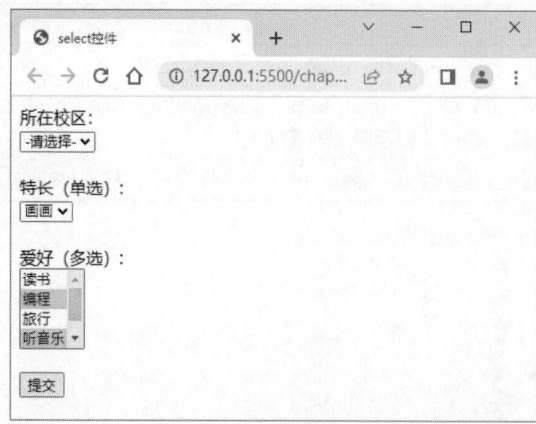

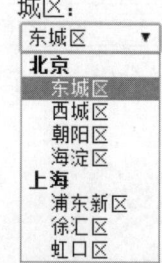

图7-27 select控件的效果   图7-28 选项分组后的下拉列表的效果

要想实现图7-28所示的效果，可以使用<optgroup>标签。下面通过一个具体的案例来演示为下拉列表中的选项分组的方法，如例7-12所示。

例7-12 example12.html

```html
1  <!DOCTYPE html>
2  <html lang="en">
3  <head>
4      <meta charset="UTF-8">
5      <meta http-equiv="X-UA-Compatible" content="IE=edge">
6      <meta name="viewport" content="width=device-width, initial-scale=1.0">
7      <title>为下拉列表中的选项分组</title>
8  </head>
9  <body>
10 <form action="#" method="post">
11 城区：<br />
12     <select>
13       <optgroup label="北京">
14          <option>东城区</option>
15          <option>西城区</option>
16          <option>朝阳区</option>
17          <option>海淀区</option>
18       </optgroup>
19       <optgroup label="上海">
20          <option>浦东新区</option>
21          <option>徐汇区</option>
22          <option>虹口区</option>
23       </optgroup>
24     </select>
25 </form>
26 </body>
27 </html>
```

在例7-12中，<optgroup>标签用于定义选项组，必须嵌套在<select>标签中，一个<select>标签中可以包含多个<optgroup>标签，应在<optgroup>开始标签与</optgroup>结束标签之间定义具体选项。<optgroup>标签有一个必选属性label，用于定义具体的选项组名。

运行例7-12的代码，效果如图7-29所示。

当单击 ✔ 按钮时，效果如图 7-30 所示。

图7-29　例7-12代码的运行效果（1）

图7-30　例7-12代码的运行效果（2）

7.4　HTML5 表单的新增控件类型、标签和属性

HTML5 增加了一些新的 input 控件类型、表单标签、input 控件属性和表单属性等。这些新增内容可以帮助设计人员更高效地制作出标准的 Web 表单。本节将对 HTML5 中新增的以上内容做详细讲解。

7.4.1　新的 input 控件类型

HTML5 增加了一些新的 input 控件类型，使用这些新的控件类型可以丰富表单功能，更好地实现对表单的控制和验证，下面将详细讲解这些新的 input 控件类型。

（1）email 类型：<input type="email" />

email 类型的 input 控件是一种专门用于输入电子邮箱的输入框，如果输入的内容不符合电子邮箱格式，将提示相应的错误信息。

（2）url 类型：<input type="url" />

url 类型的 input 控件是一种用于输入 URL 的输入框。如果输入的内容是 URL 格式的文本，则会提交数据到服务器；如果输入的内容不符合 URL 的格式，则不允许提交数据，并且会有提示信息。

（3）tel 类型：<input type="tel" />

tel 类型的 input 控件是用于输入电话号码的输入框。由于电话号码的格式并不统一，很难指定一个通用的格式，因此 tel 类型的 input 控件通常和 pattern 属性配合使用，pattern 属性将在 7.4.3 小节中进行讲解。

（4）search 类型：<input type="search" />

search 类型的 input 控件是一种专门用于输入搜索关键字的输入框，它能自动记录一些字符，例如站点搜索等。在输入内容后，其右侧会出现一个 ✖ 按钮，单击这个按钮可以快速清除输入的内容。

（5）color 类型：<input type="color" />

color 类型的 input 控件用于提供设置颜色的输入框，以实现一个 RGB 颜色值的输入。其输入内容的基本形式是#RRGGBB，默认值为#000000，通过 value 属性值可以更改默认颜色。单击 color 类型的 input 控件，可以快速打开颜色选取器面板，方便用户可视化地选取一种颜色。

下面通过 input 控件的 type 属性来演示不同类型的输入框的用法，如例 7-13 所示。

例 7-13　example13.html

```
1  <!DOCTYPE html>
2  <html lang="en">
```

```
3  <head>
4      <meta charset="UTF-8">
5      <meta http-equiv="X-UA-Compatible" content="IE=edge">
6      <meta name="viewport" content="width=device-width, initial-scale=1.0">
7      <title>新的 input 控件类型</title>
8  </head>
9  <body>
10 <form action="#" method="get">
11     请输入您的邮箱：<input type="email" name="formmail"/><br/>
12     请输入个人网址：<input type="url" name="user_url"/><br/>
13     请输入电话号码：<input type="tel" name="telphone" pattern="^\d{11}$"/><br/>
14     输入搜索关键字：<input type="search" name="searchinfo"/><br/>
15     请选取一种颜色：<input type="color" name="color1"/>
16     <input type="color" name="color2" value="#FF3E96"/>
17     <input type="submit" value="提交"/>
18 </form>
19 </body>
20 </html>
```

例 7-13 通过 input 控件的 type 属性分别创建 email 类型、url 类型、tel 类型、search 类型和 color 类型的输入框。第 13 行代码通过 pattern 属性约束 tel 输入框中的输入字符为 11 位，当字符长度超出或不足 11 位时，表单会提示相关信息。

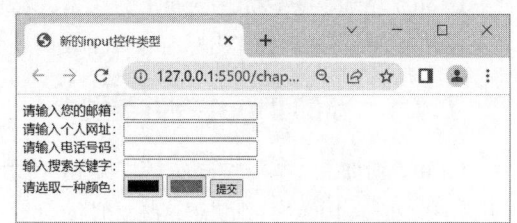

图7-31　例7-13代码的运行效果

运行例 7-13 的代码，效果如图 7-31 所示。

在图 7-31 所示的页面中，分别在前 3 个输入框中输入不符合格式要求的文本内容，并分别单击"提交"按钮，效果分别如图 7-32～图 7-34 所示。

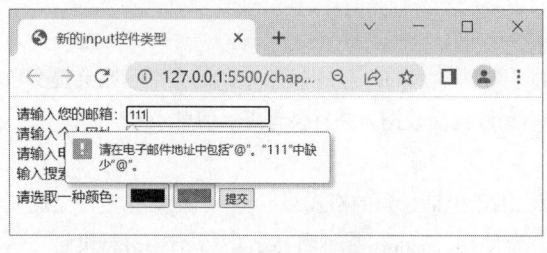

图7-32　email类型的输入框的验证效果

图7-33　url类型的输入框的验证效果

在第 4 个输入框中输入搜索关键字，搜索框右侧出现一个 ✖ 按钮，如图 7-35 所示。单击这个按钮，可以清除已经输入的内容。

图7-34　tel类型的输入框的验证效果

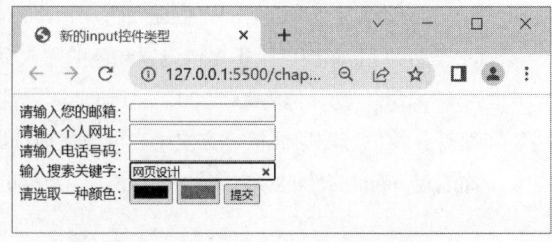

图7-35　输入搜索关键字后的效果

单击第 5 个颜色输入框，弹出图 7-36 所示的颜色选取器面板。
在颜色选取器面板中，用户可以自行选择颜色。

如果输入框中的内容符合要求的格式，则单击"提交"按钮后
会提交数据到服务器。需要注意的是，不同的浏览器对 url 类型的
输入框的要求有所不同，多数浏览器要求用户必须输入完整的
URL，例如输入"https://www.baidu.com/"。

（6）number 类型：<input type="number" />

number 类型的 input 控件用于提供输入数值的输入框。在提交
表单时，number 类型的 input 控件会自动检查输入框中的内容是否
为数字，如果输入的内容不是数字或者数字不在限定范围内，则会
给出错误提示。

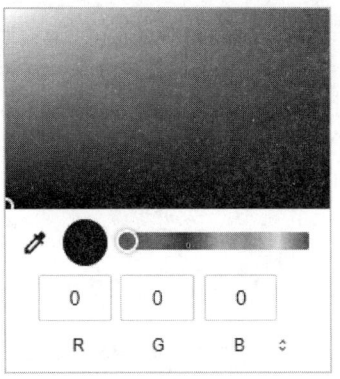

图7-36　颜色选取器面板

使用 number 类型的 input 控件可以对输入的数字进行限制，如
设置最大值和最小值、合法的数字间隔或默认值等。相关属性及说明如下。

- value：用于指定输入框的默认值。
- max：用于指定输入框可以接收的最大的输入值。
- min：用于指定输入框可以接收的最小的输入值。
- step：用于指定输入域合法的间隔，如果不设置，默认为 1。

下面通过一个案例来演示 number 类型的 input 控件的使用，如例 7-14 所示。

例 7-14　example14.html

```
1  <!DOCTYPE html>
2  <html lang="en">
3  <head>
4      <meta charset="UTF-8">
5      <meta http-equiv="X-UA-Compatible" content="IE=edge">
6      <meta name="viewport" content="width=device-width, initial-scale=1.0">
7      <title>number 类型的 input 控件的使用</title>
8  </head>
9  <body>
10 <form action="#" method="get">
11     请输入数值:<input type="number" name="number1" value="1" min="1" max="20" step="4"/>
<br/>
12     <input type="submit" value="提交"/>
13 </form>
14 </body>
15 </html>
```

在例 7-14 中，将 input 控件的 type 属性设置为 number，并且分别设置 min、max 和 step 属性的值。

运行例 7-14 的代码，效果如图 7-37 所示。

从图 7-37 可以看出，number 类型的输入框中的默认值为 1；可以手动在输入框中输入数值或者单击输
入框的 ◆ 按钮来控制数据。例如，当单击输入框中的 ◆ 按钮时，效果如图 7-38 所示。

图7-37　例7-14代码的运行效果（1）

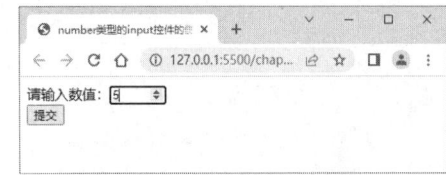

图7-38　例7-14代码的运行效果（2）

从图 7-38 可以看到，number 类型的输入框中的值为 5，这是因为第 11 行代码中 step 属性的值为 4。当在输入框中输入"25"时，因为 max 属性的值为 20，所以会出现提示信息，效果如图 7-39 所示。

需要注意的是，如果在 number 输入框中输入一个不符合数值格式的文本"e"，那么单击"提交"按钮时会出现验证提示信息，效果如图 7-40 所示。

图7-39　例7-14代码的运行效果（3）

图7-40　例7-14代码的运行效果（4）

（7）range 类型：<input type="range" />

range 类型的 input 控件用于提供数值的输入范围，在网页中显示为滑动条。它的常用属性与 number 类型的 input 控件的属性一样，通过 min 属性和 max 属性可以设置数值范围的最小值和最大值，通过 step 属性可指定每次滑动的步幅。

（8）Date pickers 类型：<input type= date, month, week…" />

Date pickers 类型是指时间和日期类型，HTML5 提供了多个可选择时间和日期的输入类型，具体如表 7-7 所示。

表 7-7　时间和日期类型及其说明

时间和日期类型	说明
date	用于选择日、月、年
month	用于选择月、年
week	用于选择周和年
time	用于选择时间（小时和分钟）
datetime	用于选择时间、日、月、年（UTC）
datetime-local	用于选择时间、日、月、年（本地时间）

在表 7-7 中，UTC 是 Universal Time Coordinated 的缩写，即协调世界时，又称世界标准时间。简单地说，UTC 就是 0 时区的时间。例如，北京时间为早上 8 时，则 UTC 为 0 时，即 UTC 和北京时间相差 8 小时。

下面添加多个 input 控件，分别指定它们的 type 属性值为时间和日期类型，如例 7-15 所示。

例 7-15　example15.html

```
1  <!DOCTYPE html>
2  <html lang="en">
3  <head>
4    <meta charset="UTF-8">
5    <meta http-equiv="X-UA-Compatible" content="IE=edge">
6    <meta name="viewport" content="width=device-width, initial-scale=1.0">
7    <title>时间和日期类型的使用</title>
8  </head>
9  <body>
10 <form action="#" method="get">
11   <input type="date"/> 
12   <input type="month"/> 
13   <input type="week"/> 
```

```
14    <input type="time"/> 
15    <input type="datetime"/> 
16    <input type="datetime-local"/>
17    <input type="submit" value="提交"/>
18 </form>
19 </body>
20 </html>
```

在例 7-15 中，第 11~17 行代码使用新的 input 控件类型创建时间和日期表单控件。

运行例 7-15 的代码，效果如图 7-41 所示。

图7-41 例7-15代码的运行效果

可以直接在图 7-41 所示的输入框中输入内容，也可以单击输入框后的□按钮或🕐按钮进行选择。

注意：

浏览器不支持的 input 控件会在网页中显示为普通输入框。

7.4.2 新的表单标签

HTML5 增加了一些新的表单标签，例如<datalist>标签、<output>标签，这些新增标签可用于实现一些特殊的表单效果。下面将对新增的表单标签进行详细讲解。

1. <datalist>标签

<datalist>标签用于定义输入框的列表。其中的选项可通过<option>标签创建。如果不想从列表中选择选项，可以自行输入其他内容。<datalist>标签通常与 input 控件配合使用，以定义 input 控件的值。在使用<datalist>标签时，需要通过 id 属性为其指定一个唯一的标识，然后为 input 控件指定 list 属性，将该属性值设置为<datalist>标签对应的 id 属性值即可。

下面通过一个案例来演示<datalist>标签的使用方法，如例 7-16 所示。

例 7-16 example16.html

```
1  <!DOCTYPE html>
2  <html lang="en">
3  <head>
4     <meta charset="UTF-8">
5     <meta http-equiv="X-UA-Compatible" content="IE=edge">
6     <meta name="viewport" content="width=device-width, initial-scale=1.0">
7     <title>datalist 标签</title>
8  </head>
9  <body>
10 <form action="#" method="post">
11    请输入用户名: <input type="text" list="namelist"/>
12    <datalist id="namelist">
13       <option>admin</option>
14       <option>lucy</option>
15       <option>lily</option>
16    </datalist>
```

```
17      <input type="submit" value="提交" />
18 </form>
19 </body>
20 </html>
```

在例 7-16 中，第 11 行代码用于向表单中添加一个<input />标签，并将其 list 属性值设置为 namelist；第

12~16 行代码用于添加 id 属性值为 namelist 的
<datalist>标签，并通过<option>标签创建选项。

运行例 7-16 的代码，效果如图 7-42 所示。

2. <output>标签

<output>标签用于实现不同类型控件的输出
功能，输出结果会显示在<output>标签中。<output>
标签通常与 input 控件配合使用，其常用属性及其
相应说明如表 7-8 所示。

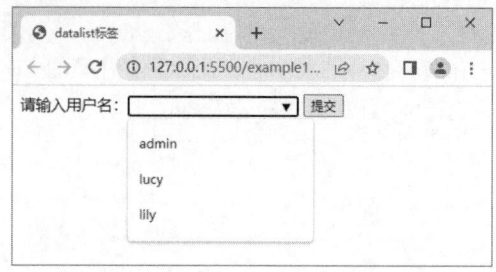

图7-42　例7-16代码的运行效果

表 7-8　<output>标签的常用属性及其相应说明

属性	说明
for	用于定义与输出域相关的一个或多个元素
form	用于定义输入字段所属的一个或多个表单
name	用于定义对象的唯一名称

下面通过一个案例演示<output>标签的用法，如例 7-17 所示。

例 7-17　example17.html

```
1  <!DOCTYPE html>
2  <html lang="en">
3  <head>
4     <meta charset="UTF-8">
5     <meta http-equiv="X-UA-Compatible" content="IE=edge">
6     <meta name="viewport" content="width=device-width, initial-scale=1.0">
7     <title>output 标签</title>
8  </head>
9  <body>
10    <form oninput="x.value=parseInt(a.value)+parseInt(b.value)">0
11       <input type="range" id="a" value="50">100
12       +<input type="number" id="b" value="50">
13       =<output name="x" for="a b"></output>
14    </form>
15 </body>
16 </html>
```

在例 7-17 中，第 10 行代码的 oninput 是一个事件属性，用于在用户输入内容时触发事件，这里了解即
可；第 13 行代码用 name 属性为<output>标签定义对象名 x，for 属性用于定义与输出域相关的元素，这里
关联第 11~12 行代码定义的 input 控件。

运行例 7-17 的代码，效果如图 7-43 所示。

当调整图 7-43 所示的滑块或者在输入框中输入数值，表单会自动计算并输出结果。例如在输入框中输
入"55"，表单计算结果如图 7-44 所示。

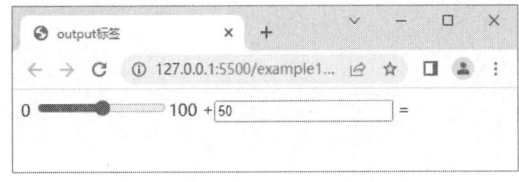

图7-43 例7-17代码的运行效果

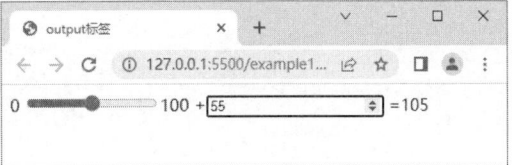

图7-44 表单计算结果

7.4.3 新的 input 控件属性

HTML5 还增加了一些新的 input 控件属性，以便于用户操作表单。例如 autofocus、form、list、multiple、min、max、step、pattern、placeholder 和 required 等，下面将对这些新的 input 控件属性做具体讲解。

（1）autofocus 属性

在 HTML5 中，autofocus 属性用于指定页面加载后是否自动获取焦点，若其值为 true，则表示页面加载完毕后会自动获取焦点。

下面通过一个案例来演示 autofocus 属性的使用方法，如例 7-18 所示。

例 7-18 example18.html

```
1  <!DOCTYPE html>
2  <html lang="en">
3  <head>
4      <meta charset="UTF-8">
5      <meta http-equiv="X-UA-Compatible" content="IE=edge">
6      <meta name="viewport" content="width=device-width, initial-scale=1.0">
7      <title>autofocus 属性</title>
8  </head>
9  <body>
10 <form action="#" method="get">
11     请输入搜索关键字: <input type="text" name="user_name" autocomplete="off" autofocus=
"true"/><br/>
12     <input type="submit" value="提交" />
13 </form>
14 </body>
15 </html>
```

在例 7-18 中，第 11 行代码向表单中添加一个<input />标签，然后通过"autocomplete="off""将自动完成功能设置为关闭状态，并且将 autofocus 属性的值设置为 true，以实现在页面加载完毕后自动获取焦点。

运行例 7-18 的代码，效果如图 7-45 所示。

从图 7-45 可以看出，输入框在页面加载后自动获取焦点，并且关闭了自动完成功能。

（2）form 属性

在 HTML5 出现之前，如果要提交一个表单，必须把相关的控件都放在表单内部，即放在<form>开始标签和</form>结束标签之间。在提交表单时，页面中不在表单内部的控件会被忽略。

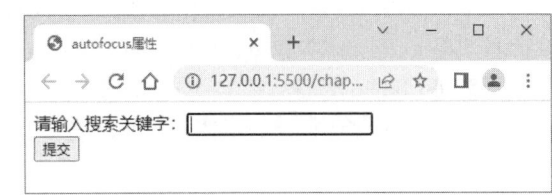

图7-45 例7-18代码的运行效果

HTML5 中的 form 属性用于把表单内的控件添加到页面中的指定位置，且只需为控件指定 form 属性并且保证 form 属性值与表单的 id 相同即可。

下面通过一个案例来演示 form 属性的使用方法，如例 7-19 所示。

例 7-19　example19.html

```
1  <!DOCTYPE html>
2  <html lang="en">
3  <head>
4      <meta charset="UTF-8">
5      <meta http-equiv="X-UA-Compatible" content="IE=edge">
6      <meta name="viewport" content="width=device-width, initial-scale=1.0">
7      <title>form 属性</title>
8  </head>
9  <body>
10 <form action="#" method="get" id="user_form">
11     请输入您的姓名：<input type="text" name="first_name"/>
12     <input type="submit" value="提交" />
13 </form>
14     <p>下面的输入框在 form 标签外，但因为指定了 form 属性值为表单的 id 属性值，所以该输入框仍然属于
表单的一部分。</p>
15     请输入您的昵称：<input type="text" name="last_name" form="user_form"/><br/>
16 </body>
17 </html>
```

在例 7-19 中，第 12 行代码和第 15 行代码分别添加了一个<input />标签，并且第 15 行代码添加的<input
/>标签不在<form>标签中，其 form 属性值为表单的 id 属性值。

运行例 7-19 的代码，如果在两个输入框中分别输入姓名和昵称，则 first_name 和 last_name 将分别被赋
值为输入的内容。例如，在姓名输入框中输入“张三”，在昵称输入框中输入“小张”，表单效果如图 7-46
所示。

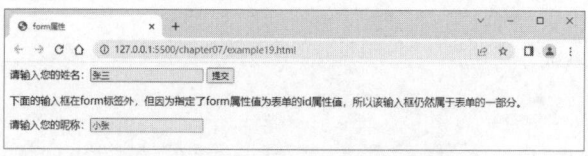

图7-46　输入姓名和昵称后的表单效果

单击“提交”按钮，在浏览器的地址栏中可以看到“first_name=张三&last_name=小张”的字样，表示服
务器端接收到“first_name=张三”和“last_name=小张”的数据，地址栏中的内容如图 7-47 所示。

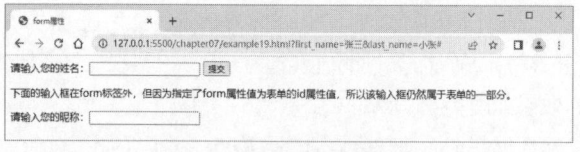

图7-47　地址栏中的内容

在表单中，form 属性适用于所有的 input 控件。

（3）list 属性

list 属性用于指定输入框绑定的<datalist>标签，以实现输入提示效果，其值是某个<datalist>标签的 id 属
性值。

下面通过一个案例来演示 list 属性的使用方法，如例 7-20 所示。

例 7-20　example20.html

```
1  <!DOCTYPE html>
2  <html lang="en">
```

```
3  <head>
4      <meta charset="UTF-8">
5      <meta http-equiv="X-UA-Compatible" content="IE=edge">
6      <meta name="viewport" content="width=device-width, initial-scale=1.0">
7      <title>list 属性</title>
8  </head>
9  <body>
10 <form action="#" method="get">
11 请输入网址: <input type="url" list="url_list" name="weburl"/>
12 <datalist id="url_list">
13     <option label="公司 A" value="网址 1"></option>
14     <option label="公司 B" value="网址 2"></option>
15     <option label="公司 C" value="网址 3"></option>
16 </datalist>
17 <input type="submit" value="提交"/>
18 </form>
19 </body>
20 </html>
```

在例 7–20 中，第 12～16 行代码向表单中添加一个<datalist>标签，其中，第 12 行代码设置<datalist>标签的 id 属性值为 url_list；第 11 行代码将<input />标签的 list 属性值指定为<datalist>标签的 id 属性值。

运行例 7–20 的代码，单击输入框，会弹出已经定义的网址列表，效果如图 7–48 所示。

（4）multiple 属性

通过 multiple 属性可以为输入框输入或选择多个值，该属性适用于 email 和 file 类型的 input 控件。当 multiple 属性用于 email 类型的 input 控件时，表示可以向输入框中输入多个电子邮箱，多个电子邮箱之间使用英文逗号隔开。当 multiple 属性用于 file 类型的 input 控件时，表示可以选择多个文件。

图7-48　弹出已经定义的网址列表

下面通过一个案例来演示 multiple 属性的使用方法，如例 7–21 所示。

例 7-21　example21.html

```
1  <!DOCTYPE html>
2  <html lang="en">
3  <head>
4      <meta charset="UTF-8">
5      <meta http-equiv="X-UA-Compatible" content="IE=edge">
6      <meta name="viewport" content="width=device-width, initial-scale=1.0">
7      <title>multiple 属性</title>
8  </head>
9  <body>
10 <form action="#" method="get">
11     电子邮箱: <input type="email" name="myemail" multiple="true"/>  （如果电
子邮箱有多个，请使用英文逗号分隔）<br/><br/>
12     上传照片: <input type="file" name="selfile" multiple="true"/><br/><br/>
13     <input type="submit" value="提交"/>
14 </form>
```

```
15 </body>
16 </html>
```

在例 7-21 中，第 11～12 行代码分别用于添加 email 类型和 file 类型的<input />标签，并且使用 multiple 属性指定输入框中可以输入或选择多个值。

运行例 7-21 的代码，效果如图 7-49 所示。

如果想在输入框中输入多个电子邮箱，可以将多个电子邮箱使用英文逗号分隔；如果想要选择多张照片，可以按住"Shift"键选择多个文件，效果如图 7-50 所示。

图7-49　例7-21代码的运行效果（1）

图7-50　例7-21代码的运行效果（2）

（5）min、max 和 step 属性

HTML5 中的 min、max 和 step 属性用于为包含数字或日期的 input 控件规定数值范围，也就是给输入框的内容加一个数值的约束，适用于 Date pickers、number 和 range 等类型的 input 控件。具体的属性说明如下。

- max：用于规定输入框中允许的最大输入值。
- min：用于规定输入框中允许的最小输入值。
- step：用于为输入框规定合法的数字间隔，如果不设置，默认为 1。

前面介绍 number 类型的 input 控件时已经讲解过 min、max 和 step 属性的使用方法，这里不再举例说明。

（6）pattern 属性

pattern 属性用于验证 input 输入框中用户输入的内容是否与定义的正则表达式匹配，可以简单理解为验证输入框中输入的内容。pattern 属性适用的 input 控件类型包括：text、search、url、tel、email 和 password。pattern 属性常用的正则表达式及其说明如表 7-9 所示。

表 7-9　pattern 属性常用的正则表达式及其说明

正则表达式	说明
^[0-9]*$	数字
^\d{n}$	n 位数字
^\d{n,}$	至少为 n 位数字
^\d{m,n}$	m～n 位数字
^(0|[1-9][0-9]*)$	以零或非零开头的数字
^([1-9][0-9]*)+(.[0-9]{1,2})?$	以非零开头的最多包含 2 位小数的数字
^(\-|\+)?\d+(\.\d+)?$	正数、负数
^\d+$ 或 ^[1-9]\d*|0$	非负整数
^-[1-9]\d*|0$ 或 ^((-\d+)|(0+))$	非正整数
^[\u4e00-\u9fa5]{0,}$	汉字
^[A-Za-z0-9]+$ 或 ^[A-Za-z0-9]{4,40}$	英文和数字
^[A-Za-z]+$	由 26 个英文字母组成的字符串
^[A-Za-z0-9]+$	由数字和 26 个英文字母组成的字符串
^\w+$ 或 ^\w{3,20}$	由数字、26 个英文字母或者下划线组成的字符串

续表

正则表达式	说明
^[\u4E00-\u9FA5A-Za-z0-9_]+$	由中文、英文、数字、下划线组成的字符串
^\w+([-+.]\w+)*@\w+([-.]\w+)*\.\w+([-.]\w+)*$	电子邮箱
^(https?:\/\/)?(\da-z\.-]+)\.([a-z\.]{2,6})([\/\w \.-]*)*\/?$/	URL
^\d{15}|\d{18}$	身份证号(15 位、18 位数字)
^([0-9]){7,18}(x|X)?$　或　^\d{8,18}|[0-9x]{8,18}|[0-9X]{8,18}?$	以数字、字母 x 结尾的身份证号码
^[a-zA-Z][a-zA-Z0-9_]{4,15}$	账号（以字母开头，长度为 5~16，只能包含字母、数字、下划线）
^[a-zA-Z]\w{5,17}$	密码（以字母开头，长度为 6~18，只能包含字母、数字和下划线）

下面通过一个案例演示 pattern 属性的使用方法，如例 7-22 所示。

例 7-22　example22.html

```html
1  <!DOCTYPE html>
2  <html lang="en">
3  <head>
4      <meta charset="UTF-8">
5      <meta http-equiv="X-UA-Compatible" content="IE=edge">
6      <meta name="viewport" content="width=device-width, initial-scale=1.0">
7      <title>pattern 属性</title>
8  </head>
9  <body>
10 <form action="#" method="get">
11     账    号:<input type="text" name="username" pattern="^[a-zA-Z]
[a-zA-Z0-9_]{4,15}$" />（以字母开头，长度为5～16，只能包含字母、数字、下划线）<br/>
12     密    码:<input type="password" name="pwd" pattern="^[a-zA-Z]\
w{5,17}$" />（以字母开头，长度为6～18，只能包含字母、数字和下划线）<br/>
13     身份证号:<input type="text" name="mycard" pattern="^\d{15}|\d{18}$" />（15 位、18
位数字）<br/>
14     电子邮箱:<input type="email" name="myemail" pattern="^\w+([-+.]\w+)*@\w+([-.]\
w+)*\.\w+([-.]\w+)*$"/>
15     <input type="submit" value="提交"/>
16 </form>
17 </body>
18 </html>
```

在例 7-22 中，第 11~14 行代码分别用于插入“账号”“密码”“身份证号”“电子邮箱”的输入框，并且通过 pattern 属性来验证输入框中输入的内容是否与定义的正则表达式匹配。

运行例 7-22 的代码，效果如图 7-51 所示。

当输入框中输入的内容与定义的正则表达式不匹配时，单击“提交”按钮，会弹出验证提示信息。

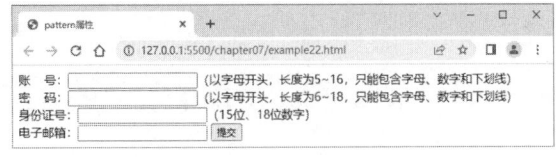

图 7-51　例 7-22 代码的运行效果

（7）placeholder 属性

placeholder 属性用于为 input 输入框提供相关提示信息。默认情况下输入框中显示提示信息，当输入框获得焦点时，提示信息消失。

下面通过一个案例来演示 placeholder 属性的使用方法，如例 7-23 所示。

例 7-23　example23.html

```
1  <!DOCTYPE html>
2  <html lang="en">
3  <head>
4      <meta charset="UTF-8">
5      <meta http-equiv="X-UA-Compatible" content="IE=edge">
6      <meta name="viewport" content="width=device-width, initial-scale=1.0">
7      <title>placeholder 属性</title>
8  </head>
9  <body>
10 <form action="#" method="get">
11     请输入邮政编码: <input type="text" name="code" pattern="[0-9]{6}" placeholder="请
输入 6 位数的邮政编码" />
12     <input type="submit" value="提交"/>
13 </form>
14 </body>
15 </html>
```

在例 7-23 中，第 11 行代码使用 pattern 属性来验证输入的邮政编码是否是 6 位数，使用 placeholder 属性来提示输入框中需要输入的内容。

运行例 7-23 的代码，效果如图 7-52 所示。

图7-52　例7-23代码的运行效果

注意:

placeholder 属性适用于 type 属性值为 text、search、url、tel、email 或 password 的<input />标签。

（8）required 属性

required 属性用于判断用户是否在输入框中输入了内容，当输入框为空时，不允许提交表单。下面通过一个案例来演示 required 属性的使用方法，如例 7-24 所示。

例 7-24　example24.html

```
1  <!DOCTYPE html>
2  <html lang="en">
3  <head>
4      <meta charset="UTF-8">
5      <meta http-equiv="X-UA-Compatible" content="IE=edge">
6      <meta name="viewport" content="width=device-width, initial-scale=1.0">
7      <title>required 属性</title>
8  </head>
9  <body>
10 <form action="#" method="get">
11     请输入姓名: <input type="text" name="user_name" required="required"/>
12     <input type="submit" value="提交"/>
13 </form>
14 </body>
15 </html>
```

在例 7-24 中，第 11 行代码为<input />标签指定了 required 属性。当输入框为空时，单击"提交"按钮会出现提示信息。

运行例 7-24 的代码，效果如图 7-53 所示。

若出现图 7-53 所示的提示信息，则必须在输入框
中输入内容后才能提交表单。

7.4.4　新的表单属性

HTML5 新增了两个表单属性，分别为 autocomplete
属性和 novalidate 属性，下面将对这两种属性做详细讲解。

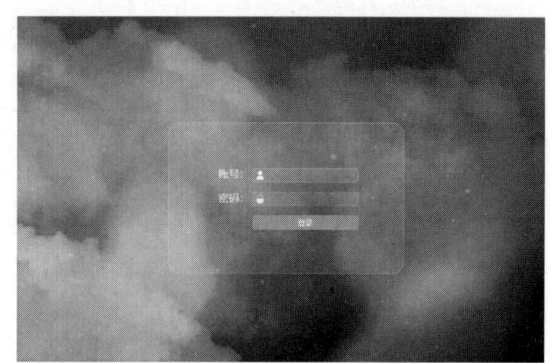

图7-53　例7-24代码的运行效果

1. autocomplete 属性

autocomplete 属性用于指定表单是否有自动完成功能。"自动完成"是指将表单控件中输入的内容记录
下来，当再次输入时，输入的历史记录会显示在一个列表里，通过列表里的选项可实现快速输入。autocomplete
属性有两个值，具体介绍如下。

- on：表示表单有自动完成功能。
- off：表示表单无自动完成功能。

使用 autocomplete 属性的示例代码如下。

```
<form id="formBox" autocomplete="on">
```

需要说明的是，autocomplete 属性不仅可以用于<form>标签，而且可以用于所有输入类型的<input />标签。

2. novalidate 属性

novalidate 属性用于指定在提交表单时取消对表单的检查。若为表单设置该属性，则会取消对整个表单的
验证，这样可以使<form>标签内的所有表单控件不被验证。novalidate 属性的取值为 novalidate，示例代码如下。

```
<form action="form_action.asp" method="get" novalidate="novalidate">
```

上述示例代码对<form>标签应用 novalidate 属性来取消表单验证。

7.5　使用 CSS 控制表单样式

在网页设计中，表单既要具有相应的功能，也
要具有美观的样式，使用 CSS 可以轻松控制表单的
样式。本节将通过一个具体的案例来讲解 CSS 对表
单样式的控制，效果如图 7-54 所示。

图 7-54 所示的表单页面可以分为左、右两个
部分，其中左边为提示信息，右边为表单控件。
可以通过在<p>标签中嵌套<span>标签和<input
/>标签进行页面布局。具体代码如例 7-25 所示。

图7-54　CSS控制表单样式的效果

例 7-25　example25.html

```
1  <!DOCTYPE html>
2  <html lang="en">
3  <head>
4      <meta charset="UTF-8">
5      <meta http-equiv="X-UA-Compatible" content="IE=edge">
6      <meta name="viewport" content="width=device-width, initial-scale=1.0">
7      <title>CSS 控制表单样式</title>
8      <link href="style25.css" type="text/css" rel="stylesheet" />
9  </head>
10 <body>
11     <form action="#" method="post">
```

```
12        <p>
13          <span>账号：</span>
14          <input type="text" name="username" class="num" pattern="^[a-zA-Z][a-zA-Z0-9_]
{4,15}$" />
15        </p>
16        <p>
17          <span>密码：</span>
18          <input type="password" name="pwd" class="pass" pattern="^[a-zA-Z]\w{5,17}$"/>
19        </p>
20        <p>
21          <input type="button" class="btn01" value="登录"/>
22        </p>
23      </form>
24 </body>
25 </html>
```

在例 7-25 中，使用<form>标签嵌套<p>标签进行整体布局，并分别使用<span>标签和<input />标签来定义提示信息及不同类型的表单控件。

运行例 7-25 的代码，表单页面如图 7-55 所示。

在图 7-55 中，出现了相应的表单控件。为了使表单页面更加美观，下面引入外链式 CSS 样式表对其进行修饰，具体代码如下。

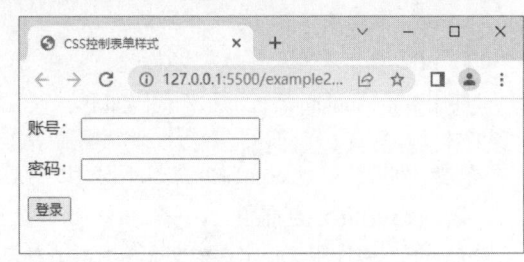

图7-55　表单页面

```
1  @charset "UTF-8";
2  /* CSS Document */
3  body{font-size:18px; font-family:"微软雅黑"; background:url(timg.jpg) no-repeat top
center; color:#FFF;}
4  form,p{ padding:0; margin:0; border:0;}     /*重置浏览器的默认样式*/
5  form{
6        width:420px;
7        height:200px;
8        padding-top:60px;
9        margin:250px auto;                    /*使表单在页面中居中显示*/
10       background:rgba(255,255,255,0.1);     /*为表单添加背景颜色*/
11       border-radius:20px;
12       border:1px solid rgba(255,255,255,0.3);
13       }
14 p{
15       margin-top:15px;
16       text-align:center;
17 }
18 p span{
19       width:60px;
20       display:inline-block;
21       text-align:right;
22       }
23 .num,.pass{                    /*对输入框设置相同的宽度、高度、边框、内边距*/
24       width:165px;
25       height:18px;
26       border:1px solid rgba(255,255,255,0.3);
27       padding:2px 2px 2px 22px;
28       border-radius:5px;
29       color:#FFF;
30       }
```

```
31 .num{              /*定义第1个输入框的背景*/
32     background:url(3.png) no-repeat 5px center rgba(255,255,255,0.1);
33     }
34 .pass{             /*定义第2个输入框的背景*/
35     background: url(4.png) no-repeat 5px center rgba(255,255,255,0.1);
36     }
37 .btn01{
38     width:190px;
39     height:25px;
40     border-radius:3px;          /*设置圆角边框*/
41     border:2px solid #000;
42     margin-left:65px;
43     background:#57b2c9;
44     color:#FFF;
45     border:none;
46     }
```

保存并运行代码，刷新页面，效果如图 7-56 所示。

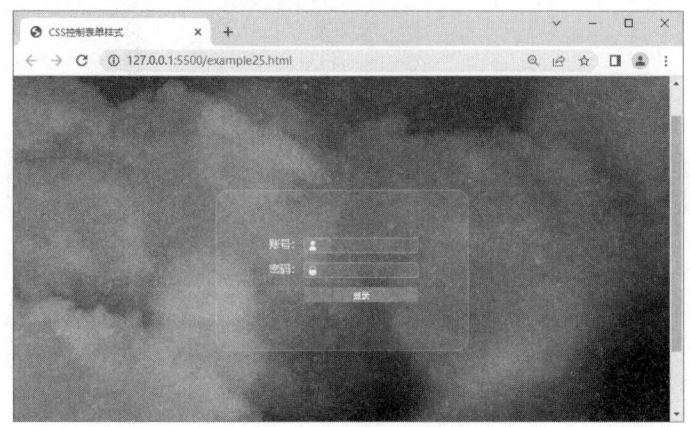

图7-56　CSS控制表单的效果

在例 7-25 中，使用 CSS 实现了对表单控件的字体、边框、背景和内边距等的控制。

7.6 阶段案例——信息登记表

本节将通过案例的形式分步骤制作一个信息登记表，效果如图 7-57 所示。

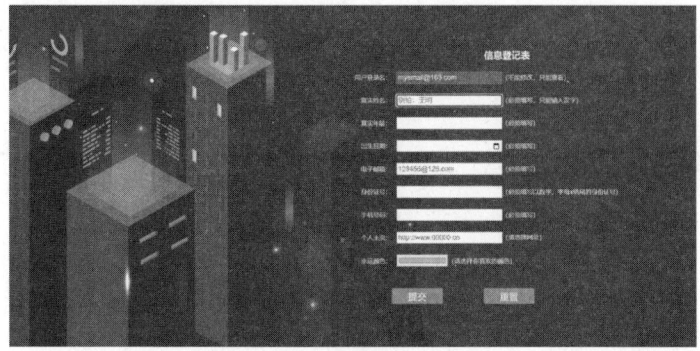

图7-57　信息登记表的效果

7.6.1 分析效果图

1. 结构分析

从图 7-57 可以看出，页面整体可以看作一个大盒子，可通过一个<div>标签进行控制，大盒子内部主要由表单构成，表单也可以看作一个盒子。表单由上面的标题和下面的表单控件两个部分构成，标题部分可以使用<h2>标签定义；表单控件部分可以使用<p>标签搭建结构，且其中的每一行由左、右两个部分构成，左边为提示信息，可以使用<span>标签控制，右边为具体的表单控件，可以使用<input />标签布局。图 7-57 中信息登记表对应的结构如图 7-58 所示。

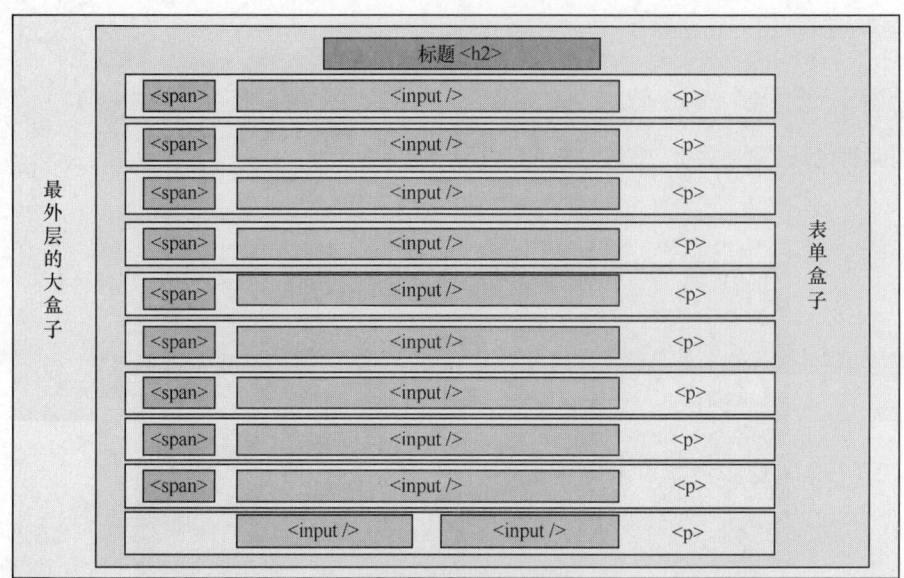

图7-58 信息登记表的结构图

2. 样式分析

图 7-57 中信息登记表的样式的主要实现步骤如下。

（1）通过最外层的大盒子对页面的样式进行整体控制，设置宽度、高度、背景图像及相对定位属性。

（2）通过<form>标签对表单的样式进行整体控制，设置宽度、高度、边距、边框样式及绝对定位属性。

（3）通过<h2>标签控制标题的文本样式，设置对齐、外边距样式。

（4）通过<p>标签控制每一行的样式，设置外边距样式。

（5）通过<span>标签控制提示信息的样式，将其转换为行内块元素，设置宽度、右内边距和右对齐样式。

（6）通过<input />标签控制输入框的宽度、高度、内边距和边框样式。

7.6.2 搭建页面结构

根据上述分析，使用相应的 HTML 标签来搭建页面结构，如例 7-26 所示。

例 7-26 example26.html

```
1  <!DOCTYPE html>
2  <html lang="en">
3  <head>
4     <meta charset="UTF-8">
```

```
 5        <meta http-equiv="X-UA-Compatible" content="IE=edge">
 6        <meta name="viewport" content="width=device-width, initial-scale=1.0">
 7        <title>信息登记表</title>
 8    </head>
 9    <body>
10    <div class="bg">
11        <form action="#" method="get" autocomplete="off">
12        <h2>信息登记表</h2>
13        <p><span>用户登录名: </span><input type="text" name="user_name" value="myemail
@163.com" disabled readonly />（不能修改,只能查看）</p>
14        <p><span>真实姓名: </span><input type="text" name="real_name" pattern="^[\u4e00-\
u9fa5]{0,}$" placeholder="例如：王明" required autofocus/>（必须填写,只能输入汉字）</p>
15        <p><span>真实年龄: </span><input type="number" name="real_lage" value="24" min=
"15" max="120" required/>（必须填写）</p>
16        <p><span>出生日期: </span><input type="date" name="birthday" value="1990-10-1"
required/>（必须填写）</p>
17        <p><span>电子邮箱: </span><input type="email" name="myemail" placeholder="123456
@126.com" required multiple/>（必须填写）</p>
18        <p><span>身份证号: </span><input type="text" name="card" required pattern="^\d{8,18}
|[0-9x]{8,18}|[0-9X]{8,18}?$"/>（必须填写以数字、字母 x 结尾的身份证号）</p>
19        <p><span>手机号码: </span><input type="tel" name="telphone" pattern="^\d{11}$"
required/>（必须填写）</p>
20        <p><span>个人主页: </span><input type="url" name="myurl" list="urllist" placeholder=
"http://www.00000.cn" pattern="^http://([\w-]+\.)+[\w-]+(/[\w-./?%&=]*)?$"/>（请选择网址）
21        <datalist id="urllist">
22        <option>http://www.aaaaa.cn</option>
23        <option>http://www.bbbbb.com</option>
24        <option>http://www.ccccc.cn</option>
25        </datalist>
26        </p>
27        <p class="lucky"><span>幸运颜色：</span><input type="color" name="lovecolor"
value="#fed000"/>（请选择你喜欢的颜色）</p>
28        <p class="btn">
29        <input type="submit" value="提交"/>
30        <input type="reset" value="重置"/>
31        </p>
32        </form>
33    </div>
34    </body>
35    </html>
```

在例 7-26 中，第 11 行代码使用<form>标签对
表单进行整体控制,并将其 autocomplete 属性值设置
为 off；第 13～27 行代码使用<p>标签搭建表单控件
部分的结构,其中,使用<span>标签控制左边的提
示信息,使用<input />标签控制右边的表单控件；第
28～31 行代码通过在<p>标签中嵌套两个<input />
标签来搭建"提交""重置"按钮的结构。

运行例 7-26 的代码,信息登记表的结构效果如
图 7-59 所示。

7.6.3　定义 CSS 样式

图7-59　信息登记表的结构效果

搭建完页面的结构后,使用 CSS 对页面的样式进行修饰。下面将采用从整体到局部的方式实现图 7-57 所
示的效果,具体如下。

1. 定义基础样式

定义页面的基础样式，CSS 代码如下。

```
body{font-size:12px; font-family:"微软雅黑";}                          /*全局控制*/
body,form,input,h1,p{padding:0; margin:0; border:0; color:#fff;}
/*重置浏览器的默认样式*/
```

2. 整体控制界面的样式

使用 CSS 控制最外层的大盒子的宽度和高度，并为大盒子添加背景图像，将其平铺方式设置为不平铺。因为表单需要依据最外层的大盒子进行绝对定位，所以需要将大盒子设置为相对定位。CSS 代码如下。

```
.bg{
    width:1431px;
    height:717px;
    background:url(images/form_bg.jpg) no-repeat;          /*添加背景图像*/
    position:relative;                                      /*设置相对定位*/
    }
```

3. 整体控制表单的样式

使用 CSS 为表单设置宽度、高度、绝对定位属性和偏移量。此外，需要设置 30px 的左内边距，让边框和内容之间有一定的距离。CSS 代码如下。

```
form{
    width:600px;
    height:400px;
    margin:50px auto;                  /*使表单在页面中居中显示*/
    padding-left:30px;                 /*使边框和内容之间有一定的距离*/
    position:absolute;                 /*设置绝对定位*/
    left:48%;
    top:10%;
}
```

4. 控制标题部分的样式

标题部分相对表单居中对齐。为了使标题和表单之间有一定的距离，可以为标题设置合适的外边距。CSS 代码如下。

```
h2{                                    /*控制标题的样式*/
    text-align:center;
    margin:16px 0;
}
```

5. 整体控制每行的样式

要使行与行之间有一定的距离，需要设置上外边距。CSS 代码如下。

```
p{margin-top:20px;}
```

6. 控制左边的提示信息的样式

由于表单左侧的提示信息是右对齐，且与右边的表单控件之间存在一定的距离，因此需要为其设置对齐方式和合适的右内边距。同时，需要通过<span>标签将提示信息转换为行内块元素并设置其宽度。CSS 代码如下。

```
p span{
    width:75px;
    display:inline-block;              /*将行内元素转换为行内块元素*/
    text-align:right;                  /*右对齐*/
    padding-right:10px;
}
```

7. 控制右边的表单控件的样式

表单控件包括多个不同类型的输入框，需要定义它们的宽度、高度和边框样式。为了使输入框与输入内容之间有一定的距离，需要设置内边距。此外，"幸运颜色"输入框的宽度和高度大于其他输入框，需要单独设置其样式。CSS 代码如下。

```
p input{                          /*设置除"幸运颜色"输入框外所有输入框的样式*/
    width:200px;
    height:18px;
    border:1px solid #38a1bf;
    padding:2px;                  /*使输入框与输入内容之间有一定的距离*/
}
.lucky input{                     /*单独设置"幸运颜色"输入框的样式*/
    width:100px;
    height:24px;
}
```

8. 控制下方的两个按钮的样式

需要为表单下方的"提交"和"重置"按钮设置宽度、高度和背景色。为了使按钮与上方和左边的元素拉开一定的距离，需要为其设置合适的上外边距、左外边距。同时，需要通过 border-radius 属性为按钮设置圆角边框效果。此外，还需要设置按钮内文字的字体、字号和颜色。CSS 代码如下。

```
.btn input{                       /*设置两个按钮的宽度、高度、边距和边框样式*/
    width:100px;
    height:30px;
    background:#93b518;
    margin-top:20px;
    margin-left:75px;
    border-radius:3px;            /*设置圆角边框效果*/
    font-size:18px;
    font-family:"微软雅黑";
    color:#fff;
}
```

至此，完成了信息登记表的 CSS 样式部分。将该样式应用于页面后，效果如图 7-60 所示。

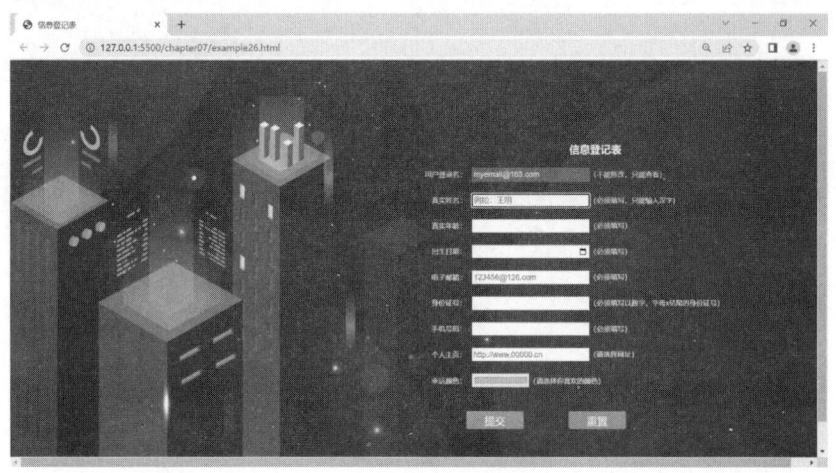

图7-60　添加CSS样式后的页面效果

本章小结

本章介绍了 HTML5 中的两个重要的元素——表格和表单，主要内容涉及表格相关标签、表单相关控件，以及如何使用 CSS 控制表格和表单的样式等。本章还通过表单控件和 CSS 制作了一个常见的信息登记表。

通过对本章的学习，读者应该已经掌握表格和表单的用法，并能熟练运用表格和表单组织页面元素。

动手实践

学习完本章的内容，下面来动手实践一下。

请结合所给素材，运用表单控件及相关属性实现图 7-61 所示的信息登记表。

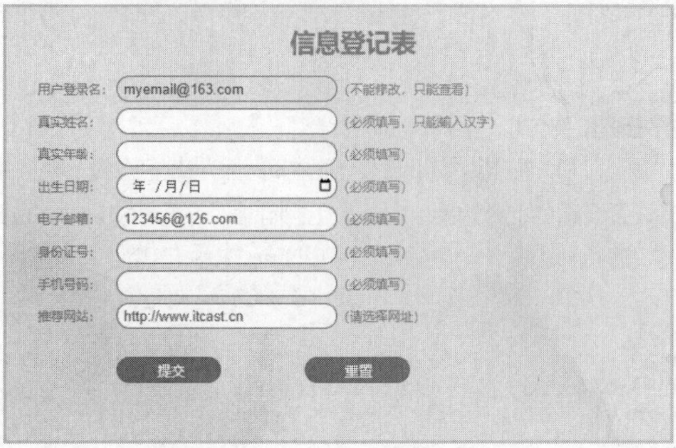

图7-61　信息登记表效果

第8章

多媒体嵌入

学习目标

★ 了解视频、音频嵌入技术，能够总结出 HTML5 视频、音频嵌入技术的优点。

★ 了解常用的视频文件格式和音频文件格式，能够归纳出 HTML5 支持的视频格式和音频格式。

★ 掌握在 HTML5 中嵌入视频的方法，能够在 HTML5 页面中添加视频文件。

★ 掌握在 HTML5 中嵌入音频的方法，能够在 HTML5 页面中添加音频文件。

★ 了解 HTML5 中视频、音频的兼容性，能够制作视频、音频兼容性较好的网页。

★ 熟悉调用网络音频、视频文件的方法，能够调用网络中的音频、视频文件。

★ 熟悉使用 CSS 控制视频宽度和高度的方法，能够在网页中设置视频的宽度和高度。

在网页设计中，多媒体技术主要是指在网页上运用音频、视频传递信息的技术。在网络传输速度越来越快的今天，视频和音频技术已经被越来越广泛地应用在网页设计中，比起静态的图片和文字，音频和视频可以为用户提供更直观、丰富的信息。本章将对 HTML5 多媒体的特性以及嵌入音频和视频的方法进行详细讲解。

8.1 视频、音频嵌入技术概述

在全新的视频标签、音频标签出现之前，W3C 并没有提供将视频和音频嵌入页面的标准方式，音频、视频内容在大多数情况下都是通过第三方插件或浏览器的应用程序嵌入页面中的。例如，可以运用 Adobe 的 Flash Player 插件将视频和音频嵌入网页中。图 8-1 为网页中 Flash Player 插件的标志。

通过插件或浏览器的应用程序嵌入音频、视频的方式不仅需要借助第三方插件，而且实现代码复杂、冗长，图 8-2 为运用插件方式嵌入视频的代码截图。

图8-1 Flash Player插件的标志

从图 8-2 中可以看出，该代码不仅包含 HTML 代码，而且包含 JavaScript 代码，整体代码复杂、冗长，不利于初学者学习和掌握。那么该如何化繁为简呢？可以运用 HTML5 中新增的<video>标签和<audio>标签来嵌入视频和音频。例如，图 8-3 所示的代码截图就是使用<video>标签嵌入视频的，仅用一行代码就实现了视频的嵌入，网页的代码结构清晰、简单。

```
<object classid="clsid:D27CDB6E-AE6D-11cf-96B8-444553540000" width="200" height="200" id="FLV
  <param name="movie" value="FLVPlayer_Progressive.swf" />
  <param name="quality" value="high" />
  <param name="wmode" value="opaque" />
  <param name="scale" value="noscale" />
  <param name="salign" value="lt" />
  <param name="FlashVars" value="&amp;MM_ComponentVersion=1&amp;skinName=Clear_Skin_1&amp;s
  <param name="swfversion" value="8,0,0,0" />
  <param name="expressinstall" value="Scripts/expressInstall.swf" />
  <object type="application/x-shockwave-flash" data="FLVPlayer_Progressive.swf" width="200"
    <param name="quality" value="high" />
    <param name="wmode" value="opaque" />
    <param name="scale" value="noscale" />
    <param name="salign" value="lt" />
    <param name="FlashVars" value="&amp;MM_ComponentVersion=1&amp;skinName=Clear_Skin_1&amp;s
    <param name="swfversion" value="8,0,0,0" />
    <param name="expressinstall" value="Scripts/expressInstall.swf" />
    <div>
      <h4>此页面上的内容需要较新版本的 Adobe Flash Player. </h4>
      <p><a href="http://www.adobe.com/go/getflashplayer"><img src="http://www.adobe.com/images
    </div>
  </object>
</object>
<script type="text/javascript">
swfobject.registerObject("FLVPlayer");
</script>
```

```
<video src="video/pian.mp4" controls></video>
```

图8-2 运用插件方式嵌入视频的代码截图   图8-3 使用<video>标签嵌入视频的代码

在 HTML5 中，<video>标签用于为页面添加视频，<audio>标签用于为页面添加音频。到目前为止，绝大多数的浏览器已经支持 HTML5 中的<video>标签和<audio>标签。

各主流浏览器对<video>标签和<audio>标签的支持情况如表 8-1 所示。

表 8-1 各主流浏览器对<video>标签和<audio>标签的支持情况

浏览器	支持版本
IE 浏览器	9.0 及以上版本
Firefox（火狐浏览器）	3.5 及以上版本
Opera（欧朋浏览器）	10.5 及以上版本
Chrome（谷歌浏览器）	3.0 及以上版本
Safari（苹果浏览器）	3.1 及以上版本
Edge 浏览器	12.0 及以上版本

需要注意的是，在不同的浏览器上运用<video>或<audio>标签时，浏览器显示音频、视频界面的样式也略有不同。图 8-4 和图 8-5 为视频在 Firefox 浏览器（99.0.1 版本）和 Chrome 浏览器（100.0 版本）中的显示样式。

图8-4 视频在Firefox浏览器中的显示样式

图8-5   视频在Chrome浏览器中的显示样式

对比图 8-4 和图 8-5 会发现，在不同的浏览器中，同样的视频文件，其播放控件的显示样式却不相同。例如，音量调整按钮、全屏播放按钮等。视频控件显示不同样式是因为每个浏览器对内置视频控件样式的定义不同。

8.2   HTML5 支持的视频格式和音频格式

HTML5和浏览器对视频和音频文件的格式都有严格的要求，仅有少数几种音频、视频格式的文件能够同时满足 HTML5 和浏览器的要求。因此想要在网页中嵌入音频、视频文件，首先要选择正确的音频、视频文件格式。本节将对 HTML5 支持的常见视频和音频格式以及浏览器的支持情况做具体介绍。

8.2.1   视频格式

HTML5 支持的视频格式主要包括 OGG、MP4、WebM 等，具体介绍如下。

• OGG：一种开源的视频封装容器，其视频文件的扩展名为 ".ogg"，OGG 文件可以封装 Vobris 音频编码或者 Theora 视频编码，同时也能将音频编码和视频编码进行混合封装。

• MP4：目前最流行的视频格式，其视频文件的扩展名为 ".mp4"。同等条件下，MP4 格式的视频质量较好，但它的专利被 MPEG-LA 公司控制，任何支持播放 MP4 视频的设备都必须有一张 MPEG-LA 颁发的许可证。目前 MPEG-LA 规定，只要是互联网上免费播放的视频，均可以无偿获得使用许可证。

• WebM：由 Google 发布的一种开放、免费的媒体文件格式，其视频文件的扩展名为 ".webm"。由于 WebM 格式的视频质量与 MP4 较为接近，并且没有专利限制等问题，因此 WebM 格式已经被越来越多的人所使用。

8.2.2   音频格式

HTML5 支持的音频格式主要包括 OGG、MP3、WAV 等，具体介绍如下。

• OGG：当 OGG 文件只封装音频编码时，它就会变成一个音频文件。OGG 音频文件的扩展名为 ".ogg"。OGG 音频格式类似于 MP3 音频格式，不同之处在于，OGG 格式是完全免费并且没有专利限制的。同等条件下，OGG 音频文件的音质、大小优于 MP3 音频文件。

• MP3：目前最主流的音频格式，其音频文件的扩展名为 ".mp3"。与 MP4 视频格式一样，MP3 音频格式也存在专利、版权等诸多的限制，但依靠其丰富的资源、良好的兼容性以及各大硬件提供商的支持，MP3 音频格式仍旧保持较高的使用率。

• WAV：微软公司（Microsoft）开发的一种声音文件格式，其扩展名为 ".wav"。作为无损压缩的音频格式，WAV 的音质是 3 种音频格式文件中最好的，但是 WAV 的文件大小也是 3 种音频格式文件中最大的。

WAV 音频格式最大的优势是得到 Windows 平台及其应用程序的广泛支持，是标准的 Windows 文件。

8.3　嵌入视频和音频

通过8.2节的学习，相信读者已对 HTML5 中视频和音频的相关知识有了初步了解。本节将进一步讲解视频和音频的嵌入方法，使读者能够熟练运用<video>标签和<audio>标签在网页中嵌入视频和音频文件。

8.3.1　在 HTML5 中嵌入视频

在 HTML5 中，<video>标签用于定义视频文件，它支持 3 种视频格式，分别为 OGG、WebM 和 MP4。使用<video>标签嵌入视频的基本语法格式如下。

```
<video src="视频文件路径" controls="controls"></video>
```

在上述语法格式中，src 属性用于设置视频文件的路径；controls 属性用于控制是否显示播放控件，可以省略该属性的值。这两个属性是<video>标签的基本属性。需要说明的是，在<video>标签之间还可以插入文字，其作用是当浏览器不支持<video>标签时，在浏览器中显示插入的文字。

下面通过一个案例来演示嵌入视频的方法，如例 8-1 所示。

例 8-1　example01.html

```
1  <!DOCTYPE html>
2  <html lang="en">
3  <head>
4     <meta charset="UTF-8">
5     <meta http-equiv="X-UA-Compatible" content="IE=edge">
6     <meta name="viewport" content="width=device-width, initial-scale=1.0">
7     <title>在 HTML5 中嵌入视频</title>
8  </head>
9  <body>
10 <video src="video/duanwu.mp4" controls>浏览器不支持<video>标签</video>
11 </body>
12 </html>
```

在例 8-1 中，第 10 行代码使用<video>标签来定义视频文件。

运行例 8-1 的代码，视频效果如图 8-6 所示。

图 8-6　视频效果

　　图 8-6 显示的是视频未播放的状态，视频页面底部是浏览器默认添加的视频播放控件，用于控制视频播放的状态，单击 ▶ 按钮可以播放视频，如图 8-7 所示。

图8-7　播放视频

　　需要说明的是，还可以在 <video> 标签中添加其他属性来进一步优化视频的播放效果，具体如表 8-2 所示。

表 8-2　<video> 标签的常见属性及介绍

属性	属性值	描述
autoplay	autoplay	当页面载入完成后自动播放视频
loop	loop	视频结束时重新开始播放
preload	auto/meta/none	如果出现该属性，则视频在页面加载时进行加载，并预备播放。如果使用"autoplay"，则忽略该属性
poster	url	当视频缓冲不足时，该属性值链接一个图像，并将该图像按照一定的比例显示出来

　　在表 8-2 中，autoplay 属性和 loop 属性的值可以省略。下面在例 8-1 的基础上对 <video> 标签应用 autoplay 和 loop 属性，进一步优化视频播放效果，修改后的代码如下。

```
<video src="video/duanwu.mp4" controls autoplay loop>浏览器不支持 video 标签</video>
```

　　上述代码为 <video> 标签增加了 autoplay 和 loop 两个属性。其中 autoplay 属性可以让视频自动播放，loop 属性可以让视频具有循环播放功能。

　　保存并运行代码，自动和循环播放视频的效果如图 8-8 所示。

图8-8　自动和循环播放视频的效果

需要注意的是，Chrome 浏览器在 2018 年 1 月修改了支持自动播放功能的规则，只有在静音模式下才能自动播放视频。这时可以为<video>标签添加 muted 属性，这样嵌入的视频就会静音自动播放。

8.3.2   在 HTML5 中嵌入音频

在 HTML5 中，<audio>标签用于定义音频文件，它支持 3 种音频格式，分别为 OGG、MP3 和 WAV。使用<audio>标签嵌入音频文件的基本语法格式如下。

```
<audio src="音频文件路径" controls></audio>
```

从上述基本语法格式可以看出，<audio>标签的语法格式与<video>标签类似，src 属性用于设置音频文件的路径，controls 属性用于为音频提供播放控件。在<audio>标签之间同样可以插入文字，当浏览器不支持<audio>标签时，该文字就会在浏览器中显示。

下面通过一个案例来演示嵌入音频的方法，如例 8-2 所示。

例 8-2   example02.html

```
1  <!DOCTYPE html>
2  <html lang="en">
3  <head>
4      <meta charset="UTF-8">
5      <meta http-equiv="X-UA-Compatible" content="IE=edge">
6      <meta name="viewport" content="width=device-width, initial-scale=1.0">
7      <title>在 HTML5 中嵌入音频</title>
8  </head>
9  <body>
10     <audio src="music/1.mp3" controls="controls">浏览器不支持 audio 标签</audio>
11 </body>
12 </html>
```

在例 8-2 中，第 10 行代码的<audio>标签用于定义音频文件。

运行例 8-2 的代码，播放音频的效果如图 8-9 所示。

图 8-9 为 Chrome 浏览器中默认的音频控件样式，单击▶按钮就可以在页面中播放音频文件。需要说明的是，还可以在<audio>标签中添加其他属性来进一步优化音频的播放效果，具体如表 8-3 所示。

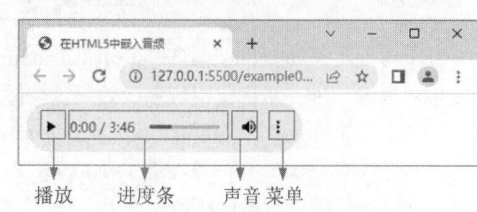

图8-9   播放音频的效果

表8-3   <audio>标签的常见属性及介绍

属性	值	描述
autoplay	autoplay	当页面载入完成后自动播放音频
loop	loop	音频结束时重新开始播放
preload	auto/meta/none	如果出现该属性，则音频在页面加载时进行加载，并预备播放。如果使用 autoplay 属性，浏览器会忽略 preload 属性

表 8-3 列举的<audio>标签的属性与<video>标签的是相同的，这些相同的属性在嵌入音频、视频时是通用的。

8.3.3   视频、音频文件的兼容性问题

虽然 HTML5 支持 OGG、MP4 和 WebM 等视频格式以及 OGG、MP3 和 WAV 等音频格式，但并不是所

有的浏览器都支持这些格式，因此在嵌入视频、音频文件时，需要考虑浏览器的兼容性问题。表 8-4 列举了各浏览器对 HTML5 支持的音频、视频文件格式的兼容情况。

表8-4　浏览器对 HTML 支持的视频、音频格式的兼容情况

浏览器	视频格式			音频格式		
	OGG	MP4	WebM	OGG	MP3	WAV
IE 9 以上	×	支持	×	×	支持	×
Firefox 4 以上	支持	支持	支持	支持	支持	支持
Opera 11.5 以上	支持	支持	支持	支持	支持	支持
Chrome 8 以上	支持	支持	支持	支持	支持	支持
Safari 12.1 以上	×	支持	支持	×	支持	支持
Edge 17 以上	支持	支持	支持	支持	支持	支持

从表 8-4 可以看出，除了 MP4 和 MP3 格式外，各浏览器都会有一些不兼容的音频格式或视频格式。为了保证不同格式的视频、音频能够在各浏览器中正常播放，往往需要有多种格式的音频、视频文件供浏览器选择。

在 HTML5 中，运用<source>标签可以为<video>标签或<audio>标签提供多个备用文件。运用<source>标签添加音频的基本语法格式如下。

```
<audio controls="controls">
    <source src="音频文件地址" type="媒体文件类型/格式">
    <source src="音频文件地址" type="媒体文件类型/格式">
    ……
</audio>
```

从上述语法格式可知，可以指定多个<source>标签为浏览器提供备用的音频文件。<source>标签一般设置 src 和 type 两个属性，具体介绍如下。

● src：用于指定媒体文件的 URL。

● type：指定媒体文件的类型和格式。如果嵌入音频文件，则类型设置为 audio；如果嵌入视频文件，则类型设置为 video。格式应设置为 HTML5 的支持的音频、视频格式。

例如，用<source>标签将 MP3 格式和 WAV 格式的音频文件同时嵌入页面中，示例代码如下。

```
<audio controls="controls">
    <source src="music/1.mp3" type="audio/mp3">
    <source src="music/1.wav" type="audio/wav">
</audio>
```

使用<source>标签添加视频的方法与添加音频的方法基本相同，只需要把<audio>标签换成<video>标签即可，其语法格式如下。

```
<video controls="controls">
    <source src="视频文件地址" type="媒体文件类型/格式">
    <source src="视频文件地址" type="媒体文件类型/格式">
    ……
</video>
```

例如，将 MP4 格式和 OGG 格式同时嵌入页面中，示例代码如下。

```
<video controls="controls">
    <source src="video/1.ogg" type="video/ogg">
    <source src="video/1.mp4" type="video/mp4">
</video>
```

需要注意的是，视频格式和音频格式只是封装格式的代称。浏览器对视频和音频的编码格式也有要求，视频编码格式最好为 H.264，音频编码格式最好为 AAC。关于封装格式和编码格式，本书只需了解即可。

8.3.4 调用网络音频、视频文件

在为网页嵌入音频、视频文件时，通常会调用本地的音频、视频文件，示例代码如下。

```
<audio src="music/1.mp3" controls="controls">浏览器不支持 audio 标签</audio>
```

在上述示例代码中，"music/1.mp3" 表示本地 music 文件夹中名称为 "1.mp3" 的音频文件。调用本地音频、视频文件虽然方便，但需要使用者提前准备文件（即需要下载文件、上传文件），操作十分烦琐。这时为 src 属性设置一个完整的 URL，直接调用网络中的音频、视频文件，就可以化繁为简，示例代码如下。

```
src="http://www.0dutv.com/plug/down/up2.php/3589123.mp3"
```

在上述示例代码中，"http://www.0dutv.com/plug/down/up2.php/3589123.mp3"（演示链接，不会生效）就是音频文件的 URL。那么如何获取某个音频、视频文件的 URL 呢？下面演示获取某个音频文件 URL 的具体步骤。

1. 获取文件的 URL

网络上有一些提供外部链接地址的网站，可以直接在网页中获取音频或视频的外部链接地址。图 8-10 为某音频的外部链接地址示例。

需要注意的是，如果音频、视频外部链接所在的网站地址变动，外部链接地址将会失效。这样的外部链接地址是不稳定的，我们在设计网页时应尽量用一些稳定的音频、视频外部链接地址。

图8-10 某音频的外部链接地址示例

2. 插入文件 URL

选中 MP3 文件的外部链接地址并复制，粘贴到音频文件的示例代码中，具体代码如下。

```
<audio src="http://www.0dutv.com/plug/down/up2.php/3589123.mp3" controls="controls" >
浏览器不支持 audio 标签</audio>
```

在上述示例代码中，"http://www.0dutv.com/plug/down/up2.php/3589123.mp3"（演示链接，不会生效）为可以访问的音频文件 URL。

调用网络视频文件的方法与调用网络音频文件的方法类似，也需要获取相关视频文件的 URL，然后通过相关代码调用，具体示例代码如下。

```
<video
src=http://www.w3school.com.cn/i/movie.ogg
controls="controls">调用网络视频文件</video>
```

在上述示例代码中，"http://www.w3school.com.cn/i/movie.ogg" 即为可以访问的视频文件的 URL。

运行示例代码，调用网络视频文件的效果如图 8-11 所示。

图8-11 调用网络视频文件的效果

需要说明的是，调用网络音频、视频文件的方法虽然简单易用，但是当链入的音频、视频文件所在的网站出现问题时，调用的 URL 也会失效。

注意:

在网页中嵌入音频或视频文件时，一定要注意版权问题，应选择那些已被授权可公开使用的音频或视频文件。

8.4　使用 CSS 控制视频的宽度和高度

在网页中嵌入视频时，经常会为<video>标签添加宽度和高度属性，给视频预留一定的空间。给<video>标签设置宽度和高度属性后，浏览器在加载页面时就会预先确定视频的尺寸，为视频保留合适的空间，保证页面布局的统一。可以通过 width 属性和 height 属性直接为<video>标签设置宽度和高度。

下面通过一个案例来演示如何为<video>标签设置宽度和高度，如例 8-3 所示。

例 8-3　example03.html

```
1  <!DOCTYPE html>
2  <html lang="en">
3  <head>
4      <meta charset="UTF-8">
5      <meta http-equiv="X-UA-Compatible" content="IE=edge">
6      <meta name="viewport" content="width=device-width, initial-scale=1.0">
7      <title>使用 CSS 控制视频的宽度和高度</title>
8      <style type="text/css">
9          *{
10             margin:0;
11             padding:0;
12         }
13         div{
14             width:600px;
15             height:300px;
16             border:1px solid #000;
17         }
18         video{
19             width:200px;
20             height:300px;
21             background:#9CCDCD;
22             float:left;
23         }
24         p{
25             width:200px;
26             height:300px;
27             background:#999;
28             float:left;
29         }
30     </style>
31 </head>
32 <body>
33     <div>
34         <p>占位色块</p>
35         <video src="video/duanwu.mp4" controls="controls">浏览器不支持<video>标签</video>
36         <p>占位色块</p>
37     </div>
38 </body>
39 </html>
```

在例 8-3 中，第 13～17 行代码设置大盒子的宽度为 600px、高度为 300px；第 34～36 行代码在大盒子内部嵌套一个<video>标签和两个<p>标签，并设置宽度均为 200px、高度均为 300px；第 22 行代码和第 28 行代码运用浮动属性让<video>标签和<p>标签在一排显示。

运行例 8-3 的代码，设置视频宽度和高度的效果如图 8-12 所示。

从图 8-12 中可以看出，视频和段落文本排成一排，页面布局没有变化，这是因为定义了视频的宽度和高度后，浏览器在加载时会为视频预留合适的空间。更改例 8-3 中第 18~23 行的代码，删除视频的宽度和高度属性，修改后的代码如下。

```
video{
    background:#9CCDCD;
    float:left;
}
```

保存并运行代码，效果如图 8-13 所示。

图8-12　设置视频宽度和高度的效果

图8-13　删除视频宽度和高度属性的效果

从图 8-13 可以看出，视频和其中一个灰色文本模块被挤到了大盒子下面。这是因为未定义视频的宽度和高度时，视频会按原始大小显示，此时浏览器无法控制视频尺寸，只能按照视频默认尺寸加载视频，从而导致页面布局混乱。

注意：

通过 width 属性和 height 属性缩放的视频即使在页面上看起来很小，但它的原始大小依然没变，因此在实际工作中要运用视频处理软件（如"格式工厂"）对视频进行压缩。

8.5　阶段案例——音乐播放页面

本章前几节重点讲解了多媒体的格式、浏览器对 HTML5 支持的音频和视频格式的兼容情况以及在 HTML5 页面中嵌入音频和视频文件的方法。为了加深读者对网页多媒体标签的理解，本节将通过案例的形式分步骤制作一个音乐播放页面，其效果如图 8-14 所示。

图8-14　音乐播放页面效果图

8.5.1　分析效果图

1. 结构分析

从图 8-14 可以看出，音乐播放页面整体由背景、左边的唱片和右边的歌词 3 个部分组成。其中背景部分是插入的视频，可以通过<video>标签定义；唱片部分由 2 个盒子嵌套组成，可以通过 2 个<div>标签进行定义；而右边的歌词部分可以通过<h2>标签和<p>标签定义。图 8-14 所示页面对应的结构如图 8-15 所示。

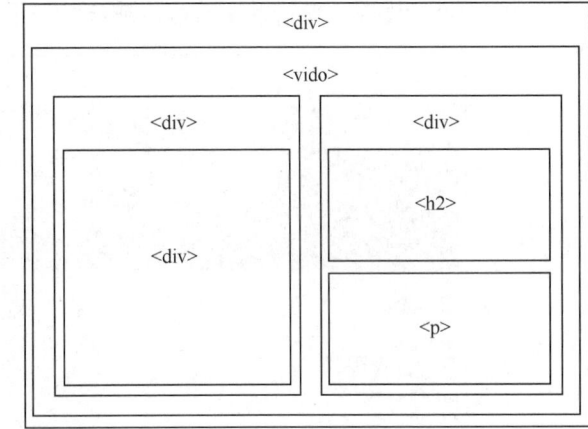

图8-15　页面结构图

2. 样式分析

控制图 8-15 所示页面的样式主要分为以下几个部分。

（1）通过最外层的大盒子对页面进行整体控制，需要对其设置宽度、高度、绝对定位等。

（2）为大盒子添加视频作为页面背景，需要对其设置宽度、高度、绝对定位和外边距，使其始终显示在浏览器居中位置。

（3）为控制左边唱片部分的<div>标签添加样式，需要对其设置宽度和高度、圆角边框、内阴影以及背景图片。

（4）为控制右边歌词部分的<h2>标签和<p>标签添加样式，需要对其设置宽度和高度、背景以及字体样式。其中歌曲标题需要运用@font-face 规则添加特殊字体样式。

8.5.2　搭建页面结构

根据上述分析，使用相应的 HTML 标签来搭建网页结构，如例 8-4 所示。

例8-4　example04tml

```
1  <!DOCTYPE html>
2  <html lang="en">
3  <head>
4      <meta charset="UTF-8">
5      <meta http-equiv="X-UA-Compatible" content="IE=edge">
6      <meta name="viewport" content="width=device-width, initial-scale=1.0">
7      <title>音乐播放页面</title>
8      <link rel="stylesheet" href="style04.css" type="text/css" />
9  </head>
10 <body>
11     <div id="box-video">
12         <video src="video/huanghe.webm"  autoplay loop muted>浏览器不支持video 标签</video>
13         <div class="cd">
14             <div class="center"></div>
15         </div>
16         <div class="song">
17             <h2>保卫黄河</h2>
18             <p>风在吼 马在叫<br/>黄河在咆哮 黄河在咆哮<br/>河西山冈万丈高<br/>河东河北高粱熟了
<br/>万山丛中<br/>抗日英雄真不少<br/>青纱帐里<br/>游击健儿逞英豪<br/>端起了土枪洋枪</p>
19             <audio src="music/huanghe.mp3" autoplay loop ></audio>
```

```
20        </div>
21      </div>
22 </body>
23 </html>
```

在例 8-4 中，第 11 行和第 21 行代码设置最外层的<div>标签用于对音乐播放页面进行整体控制；第 13～15 行代码用于控制页面唱片部分的结构；第 16～20 行代码用于控制页面歌词部分的结构。

运行例 8-4 的代码，页面结构如图 8-16 所示。

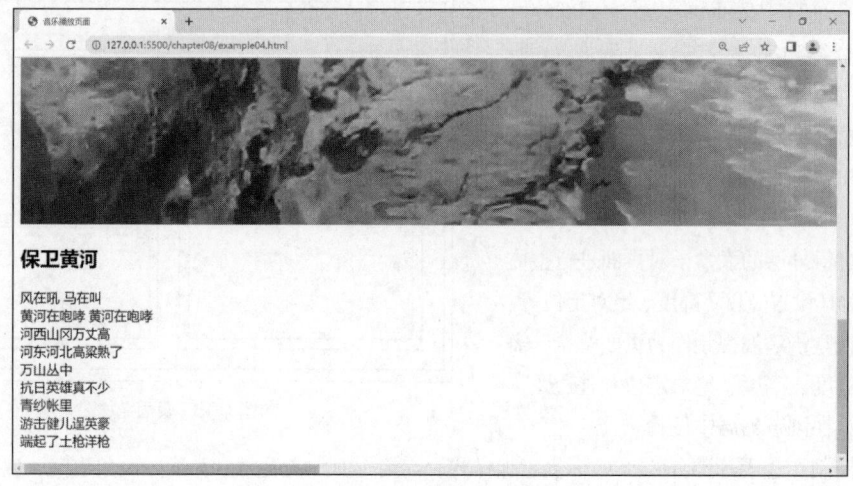

图8-16　页面结构

8.5.3　定义 CSS 样式

搭建完页面结构后，下面为页面添加 CSS 样式。本小节采用从整体到局部的方式实现图 8-14 所示的效果，具体如下。

1. 定义基础样式

在定义 CSS 样式时，先要清除浏览器的默认样式，具体 CSS 代码如下。

```
*{margin:0; padding:0; }
```

2. 整体控制音乐播放页面

通过一个大的盒子对音乐播放页面进行整体控制，需要将这个盒子的宽度设置为100%，高度设置为100%，并使该盒子自适应浏览器大小，具体代码如下。

```
#box-video{
    width:100%;
    height:100%;
    position:absolute;
    overflow:hidden;
    }
```

在上述用于控制音乐播放页面的样式代码中，"overflow:hidden;"样式用于隐藏浏览器滚动条，使视频能够固定在浏览器页面中不被拖动。

3. 设置视频文件的样式

运用<video>标签在页面中嵌入视频，具体代码如下。

```
/*插入视频*/
#box-video video{
    position:absolute;
```

```
    top:50%;
    left:50%;
    margin-left:-1350px;
    margin-top:-540px;
    }
```

在上述用于控制视频样式的代码中，通过绝对定位和 margin 属性将视频始终定位在浏览器页面中间，这样无论浏览器页面放大或缩小，视频都将在浏览器页面居中显示。

4. 设置唱片部分的样式

可以将唱片部分的两个圆看作嵌套在一起的父子盒子，其中父盒子需要对其应用圆角边框样式和阴影样式，子盒子需要对其设置绝对定位使其始终显示在父元素的中心位置，具体代码如下。

```
.cd{
    width:422px;
    height:422px;
    position:absolute;
    top:25%;
    left:10%;
    z-index:2;
    border-radius:50%;
    border:10px solid #FFF;
    box-shadow:5px 5px 15px #000;
    background:url(images/cd_img.jpg) no-repeat;
    }
.center{
    width:100px;
    height:100px;
    background-color:#000;
    border-radius:50%;
    position:absolute;
    top:50%;
    left:50%;
    margin-left:-50px;
    margin-top:-50px;
    z-index:3;
    border:5px solid #FFF;
    background-image:url(images/yinfu.gif);
    background-position: center center;
    background-repeat:no-repeat;
    }
```

在上述用于控制唱片样式的代码中，需要对父盒子应用"z-index:2;"样式，对子盒子应用"z-index:3;"样式，使父盒子显示在<video>标签的上层、子盒子显示在父盒子上层。

5. 设置歌词部分的样式

歌词部分可以看作在一个大的盒子内部嵌套一个<h2>标签和一个<p>标签，其中<p>标签的背景是一张渐变图片，需要让其沿 x 轴平铺，具体代码如下。

```
.song{
    position:absolute;
    top:25%;
    left:50%;
    }
@font-face{
    font-family:MD;
    src:url(font/MD.ttf);
    }
```

```
h2{
    font-family:MD;
    font-size:110px;
    color:#913805;
    }
p{
    width:556px;
    height:300px;
    font-family:"微软雅黑";
    padding-left:30px;
    line-height:30px;
    background:url(images/bg.png) repeat-x;
    box-sizing:border-box;
    }
```

至此就完成了图 8-14 所示音乐播放页面的 CSS 样式部分。

本章小结

　　本章首先介绍了 HTML5 多媒体特性、多媒体的格式和浏览器的兼容情况，然后讲解了在 HTML5 页面中嵌套多媒体文件的方法，最后运用本章知识制作了一个音乐播放页面。

　　通过对本章的学习，读者应该已经了解了 HTML5 多媒体文件的特性，熟悉了常用的多媒体格式，掌握了在页面中嵌入音频、视频文件的方法，并能将这些知识综合运用到页面的制作中。

动手实践

　　学习完本章的内容，下面来动手实践一下。

　　请结合给出的素材，运用 HTML5 多媒体技术制作一个视频播放页面，效果如图 8-17 所示。其中头部的导航栏需要添加超链接，当鼠标指针悬浮在导航项上时，导航项的背景变为灰色；当页面加载完成后，视频文件会自动循环播放，如图 8-18 所示。

图8-17　视频播放页面效果展示

图8-18　鼠标指针移至导航项上的效果

第9章

过渡、变形和动画

★ 掌握过渡的多种属性，能够为网页中的元素添加过渡效果。

★ 掌握变形的多种属性，能够制作 2D 变形效果和 3D 变形效果。

★ 掌握动画的多种属性，能够为网页中的元素添加动画效果。

在传统的 Web 设计中，要在网页中显示动画或特效，往往需要使用 JavaScript 脚本或者 Flash。CSS3 新增了过渡、变形和动画属性，可用于轻松实现旋转、缩放、移动和过渡等动画效果，让动画和特效的实现变得更加简单。本章将对 CSS3 中的过渡、变形和动画进行详细讲解。

9.1 过渡

CSS3 提供了强大的过渡属性，在不使用 Flash 或者 JavaScript 脚本的情况下，通过它们可以为元素添加从一种样式转变为另一种样式的动画效果，例如渐显、渐隐等。在 CSS3 中，过渡属性主要包括 transition-property、transition-duration、transition-timing-function、transition-delay、transition 等，本节将分别对这些过渡属性进行详细讲解。

9.1.1 transition-property 属性

transition-property 属性用于设置应用过渡效果的 CSS 属性。使用 transition-property 属性的基本语法格式如下。

```
transition-property:none|all|property;
```

在上述语法格式中，transition-property 属性值包括 none、all 和 property（代指 CSS 属性名）3 个，具体说明如表 9-1 所示。

表 9-1　transition-property 属性值及其描述

属性值	描述
none	表示没有属性会获得过渡效果
all	表示所有属性都会获得过渡效果
property	定义应用过渡效果的 CSS 属性，多个属性之间以逗号分隔

下面通过一个案例来演示 transition-property 属性的用法，如例 9-1 所示。

例 9-1　example01.html

```
1  <!DOCTYPE html>
2  <html lang="en">
3  <head>
4      <meta charset="UTF-8">
5      <meta http-equiv="X-UA-Compatible" content="IE=edge">
6      <meta name="viewport" content="width=device-width, initial-scale=1.0">
7      <title>transition-property 属性</title>
8      <style type="text/css">
9          div{
10             width:400px;
11             height:100px;
12             background-color:red;
13             font-weight:bold;
14             color:#FFF;
15             }
16         div:hover{
17             background-color:yellow;
18             transition-property:background-color;      /*指定产生动画过渡效果的 CSS 属性*/
19             }
20     </style>
21 </head>
22 <body>
23     <div>杨花落尽子规啼，闻道龙标过五溪。</div>
24 </body>
25 </html>
```

在例 9-1 中，第 17 行代码用于设置鼠标指针移至背景上时，背景颜色变为黄色；第 18 行代码通过 transition-property 属性指定产生过渡效果的 CSS 属性为 background-color。

运行例 9-1 的代码，效果如图 9-1 所示。

当鼠标指针移至图 9-1 所示的网页中的背景上时，背景颜色立刻发生变化，效果如图 9-2 所示。

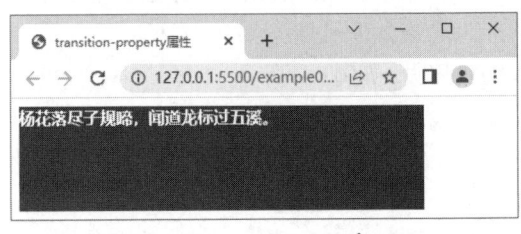

图9-1　例9-1代码的运行效果（1）

图9-2　例9-1代码的运行效果（2）

在图 9-1 到图 9-2 的变换过程中不会产生过渡效果。在设置过渡效果时，必须使用 transition-duration 属性设置过渡时间，否则不会产生过渡效果。transition-duration 属性将在 9.1.2 小节讲解。

9.1.2　transition-duration 属性

transition-duration 属性用于定义过渡效果持续的时间，其基本语法格式如下。

```
transition-duration:time;
```

在上述语法格式中，transition-duration 属性的默认值为 0；time 的值为指定单位的时间，常用单位为 s（秒）或者 ms（毫秒）。例如，用下面的代码替换例 9-1 的第 16～19 行代码。

```
div:hover{
    background-color:blue;
    /*指定产生动画过渡效果的CSS属性*/
    transition-property:background-color;
    /*指定动画过渡效果的持续时间*/
    transition-duration:5s;
}
```

在上述代码中，使用"transition-duration:5s;"来定义完成过渡效果需要花费 5 秒的时间。

保存并运行代码，当鼠标指针移至页面中的背景上时，背景颜色会逐渐变成蓝色。

9.1.3　transition-timing-function 属性

transition-timing-function 属性用于指定过渡效果的速度曲线，其基本语法格式如下。

```
transition-timing-function:linear|ease|ease-in|ease-out|ease-in-out|cubic-bezier(
n,n,n,n);
```

从上述语法格式可以看出，transition-timing-function 属性的取值有很多，默认值为 ease，常见属性值及描述如表 9-2 所示。

表 9-2　transition-timing-function 的常见属性值及描述

属性值	描述
linear	用于指定以相同速度开始直至结束的过渡效果，等效于 cubic-bezier(0,0,1,1)
ease	用于指定以慢速开始，然后加快速度，最后慢慢结束的过渡效果，等效于 cubic-bezier(0.25,0.1,0.25,1）
ease-in	用于指定以慢速开始，然后逐渐加快速度的过渡效果，等效于 cubic-bezier(0.42,0,1,1）
ease-out	用于指定以慢速结束的过渡效果，等效于 cubic-bezier(0,0,0.58,1）
ease-in-out	用于指定以慢速开始和结束的过渡效果，等效于 cubic-bezier(0.42,0,0.58,1）
cubic-bezier(n,n,n,n)	用于定义加速或者减速的贝塞尔曲线的形状，其中 n 的取值范围为 0～1

在表 9-2 中，"cubic-bezier"指"贝塞尔曲线"，使用贝塞尔曲线可以精确控制速度的变化。但在基础网页设计中不需要掌握贝塞尔曲线的内容，使用前几个属性可以实现大部分过渡效果。

下面通过一个案例来演示 transition-timing-function 属性的用法，如例 9-2 所示。

例 9-2　example02.html

```
1  <!DOCTYPE html>
2  <html lang="en">
3  <head>
4      <meta charset="UTF-8">
5      <meta http-equiv="X-UA-Compatible" content="IE=edge">
6      <meta name="viewport" content="width=device-width, initial-scale=1.0">
7      <title>transition-timing-function 属性</title>
8      <style type="text/css">
9        div{
10           width:424px;
11           height:406px;
12           margin:0 auto;
13           background:url(images/HTML5.png) center center no-repeat;
14           border:5px solid #333;
```

```
15          border-radius:0px;
16          }
17    div:hover{
18          border-radius:50%;
19          transition-property:border-radius;   /*指定产生动画过渡效果的CSS 属性*/
20          transition-duration:2s;    /*指定动画过渡效果的持续时间*/
21          transition-timing-function:ease-in-out;   /*指定以慢速开始和结束的过渡效果*/
22          }
23    </style>
24  </head>
25  <body>
26      <div></div>
27  </body>
28  </html>
```

在例 9-2 中，第 18～19 行代码通过 transition-property 属性指定产生过渡效果的 CSS 属性为 border-radius，并指定过渡效果由方形变为圆形；第 20 行代码使用 transition-duration 属性定义过渡效果需要花费 2 秒的时间；第 21 行代码使用 transition-timing-function 属性指定过渡效果以慢速开始和结束。

运行例 9-2 的代码，当鼠标指针移至网页中的图片区域时，过渡效果会被触发，方形开始慢速变化，然后逐渐加速，最后慢速变为圆形，效果如图 9-3 所示。

图9-3 方形逐渐过渡为圆形的效果

9.1.4 transition-delay 属性

transition-delay 属性用于指定过渡效果的开始时间，其基本语法格式如下。

```
transition-delay:time;
```

在上述语法格式中，transition-delay 属性的默认值为 0，其取值的常用单位是秒或者毫秒。transition-delay 的属性值可以为正整数、负整数和 0。当 transition-delay 属性的值为负数时，过渡动作会从该时间点开始，时间点之前的过渡动作不会显示；当 transition-delay 属性的值为正数时，过渡动作会延迟触发。

下面在例 9-2 的基础上演示 transition-delay 属性的用法，在其中的第 21 行代码后添加如下代码。

```
transition-delay:2s;     /*指定动画过渡动作延迟触发*/
```

上述代码使用 "transition-delay:2s;" 指定动画过渡的动作延迟 2 秒触发。

保存并运行例 9-2 的代码，当鼠标指针移至网页中的图片区域时，2 秒后过渡动作会被触发，方形开始慢速变化，然后逐渐加速，最后慢速变为圆形。

9.1.5 transition 属性

transition 属性是一个复合属性，用于在一个属性中设置 transition-property、transition-duration、transition-timing-function、transition-delay 这 4 个过渡属性，其基本语法格式如下。

```
transition:property duration timing-function delay;
```

在使用 transition 属性时，它的各个参数必须按照顺序进行定义，不能颠倒。例如，例 9-2 中设置的 4 个过渡属性可以直接通过如下代码实现。

```
transition:border-radius 5s ease-in-out 2s;
```

▌▌▌ 注意：

如果使用 transition 属性设置多种过渡效果，需要为每个过渡属性指定值，并且使用英文逗号进行分隔。

9.2 变形

在 CSS3 中，通过变形可以对页面元素进行平移、缩放、倾斜和旋转等操作。变形可以和过渡属性结合使用，实现一些绚丽的动画效果。变形通过 transform 属性实现，主要包括 2D 变形和 3D 变形两种，本节将对这两种变形进行详细讲解。

9.2.1 认识 transform

在 CSS3 中，transform 属性可用于实现网页中元素的变形效果。CSS3 变形效果是一系列效果的集合，例如平移、缩放、倾斜和旋转。使用 transform 属性实现变形效果，无须加载额外的文件，可以极大地提高网页开发效率和页面的执行速度。使用 transform 属性的基本语法如下。

```
transform: none|transform-functions;
```

在上述语法格式中，transform 属性的默认值为 none，表示元素不变形；transform-functions 用于设置变形，可以设置一种或多种变形样式，主要包括 translate()、scale()、skew() 和 rotate() 等，具体说明如下。

- translate()：用于移动元素，即基于 x 轴和 y 轴重新定位元素。
- scale()：用于缩放元素，使元素的尺寸发生变化，其取值包括正数、负数。
- skew()：用于倾斜元素，其取值为一个角度值。
- rotate()：用于旋转元素，其取值为一个角度值。

9.2.2 2D 变形

在 CSS3 中，2D 变形效果主要包括平移、缩放、倾斜和旋转 4 种。下面对这些 2D 变形效果进行详细讲解。

1. 平移

平移是指元素的位置发生变化，包括水平移动和垂直移动。在 CSS3 中，使用 translate() 可以实现元素的平移效果，其基本语法格式如下。

```
transform:translate(x-value,y-value);
```

在上述语法格式中，参数 x-value 和 y-value 分别用于定义水平（x）坐标和垂直（y）坐标，参数值的常用单位为 px 和 %。当参数值为负数时，表示朝反方向移动（向左或向上移动）元素。如果省略参数 y-value，则其取默认值 0，即 y 坐标不变。

在使用 translate() 移动元素时，坐标初始位置默认为元素中心点，根据指定的 x 坐标和 y 坐标移动元素的示意图如图 9-4 所示。在图 9-4 中，① 表示平移前的元素，② 表示平移后的元素。

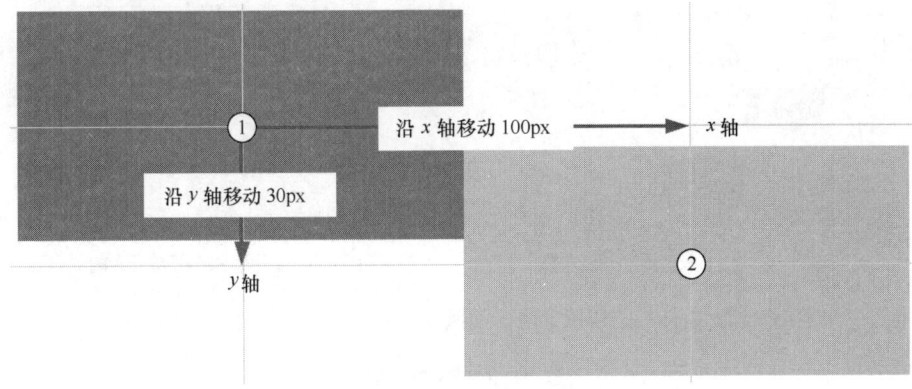

图9-4 使用translate( )平移元素的示意图

下面通过一个案例来演示 translate( )的使用方法，如例 9-3 所示。

例 9-3 example03.html

```
1  <!DOCTYPE html>
2  <html lang="en">
3  <head>
4      <meta charset="UTF-8">
5      <meta http-equiv="X-UA-Compatible" content="IE=edge">
6      <meta name="viewport" content="width=device-width, initial-scale=1.0">
7      <title>translate()</title>
8      <style type="text/css">
9          div{
10             width:100px;
11             height:50px;
12             background-color:#0CC;
13         }
14         #div2{transform:translate(100px,30px);}
15     </style>
16 </head>
17 <body>
18     <div>盒子1：我寄愁心与明月，</div>
19     <div id="div2">盒子2：随君直到夜郎西。</div>
20 </body>
21 </html>
```

在例 9-3 中，第 18～19 行代码使用<div>标签定义 2 个样式完全相同的盒子；第 14 行代码通过 translate( )将第 2 个盒子沿 x 轴向右移动 100px，沿 y 轴向下移动 30px。

运行例 9-3 的代码，平移效果如图 9-5 所示。

2. 缩放

在 CSS3 中，使用 scale( )可以实现元素的缩放效果，其基本语法格式如下。

```
transform:scale(x-value,y-value);
```

在上述语法格式中，参数 x-value 和 y-value 分别用于定义水平（x 轴）方向和垂直（y 轴）方向的缩放倍数，参数值可以为正数和负数。其中大于 1 的正数和小于–1 的负数用于放大元素，小于 1 的正数和大于–1 的负数用于缩小元素。当参数值为负数时，元素会翻转显示。如果第 2 个参数值省略，则默认其等于第 1 个参数值。使用 scale( )缩放元素的示意图如图 9-6 所示。其中，实线图形表示放大前的元素，点线图形表示放大后的元素。

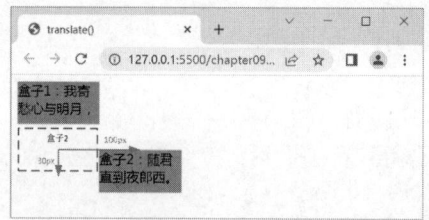

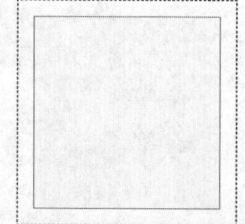

图9-5 平移效果   图9-6 使用scale( )缩放元素的示意图

下面通过一个案例来演示 scale( )的使用方法，如例 9-4 所示。

例9-4 example04.html

```
1  <!DOCTYPE html>
2  <html lang="en">
3  <head>
4      <meta charset="UTF-8">
5      <meta http-equiv="X-UA-Compatible" content="IE=edge">
6      <meta name="viewport" content="width=device-width, initial-scale=1.0">
7      <title>scale()</title>
8      <style type="text/css">
9        div{
10           width:100px;
11           height:50px;
12           background-color:#FF0;
13           border:1px solid black;
14       }
15       #div2{
16           margin:100px;
17           transform:scale(2,3);
18       }
19     </style>
20  </head>
21  <body>
22      <div>未放大的元素</div>
23      <div id="div2">放大后的元素</div>
24  </body>
25  </html>
```

在例9-4中，第22～23行代码使用<div>标签定义2个样式相同的盒子；第17行代码通过 scale( )将第2个<div>标签的宽度放大2倍、高度放大3倍。

运行例9-4的代码，缩放效果如图9-7所示。

3. 倾斜

在 CSS3 中，使用 skew( )可以实现元素的倾斜效果，其基本语法格式如下。

```
transform:skew(x-value,y-value);
```

在上述语法格式中，参数 x-value 和参数 y-value 分别用于定义水平（x 轴）方向和垂直（y 轴）方向的倾斜角度，参数值为角度值，单位为 deg，可以为正值或者负值，分别表示不同的倾斜方向。如果省略第 2 个参数值，则其取默认值 0。使用 skew( )倾斜元素的示意图如图 9-8 所示，其中实线图形表示倾斜前的元素，虚线图形表示倾斜后的元素。

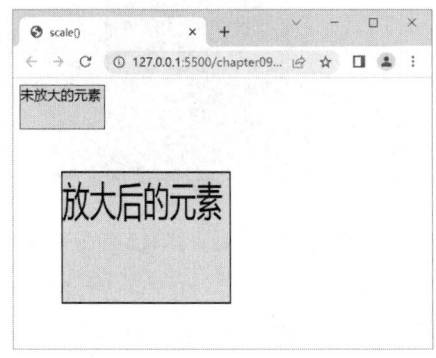

图9-7 缩放效果

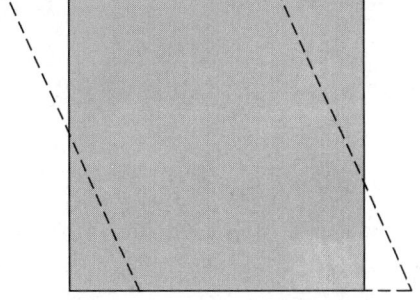

图9-8 使用skew( )倾斜元素的示意图

下面通过一个案例来演示 skew( )的使用方法，如例 9-5 所示。

例 9-5　example05.html

```
1  <!DOCTYPE html>
2  <html lang="en">
3  <head>
4      <meta charset="UTF-8">
5      <meta http-equiv="X-UA-Compatible" content="IE=edge">
6      <meta name="viewport" content="width=device-width, initial-scale=1.0">
7      <title>skew()</title>
8      <style type="text/css">
9        div{
10           width:100px;
11           height:50px;
12           margin:0 auto;
13           background-color:#F90;
14           border:1px solid black;
15        }
16        #div2{transform:skew(30deg,10deg);}
17      </style>
18  </head>
19  <body>
20      <div>未发生倾斜的元素</div>
21      <div id="div2">发生倾斜的元素</div>
22  </body>
23  </html>
```

在例 9-5 中，第 16 行代码通过 skew( )将第 2 个<div>标签沿 x 轴倾斜 30°，沿 y 轴倾斜 10°。
运行例 9-5 的代码，倾斜效果如图 9-9 所示。

4. 旋转

在 CSS3 中，使用 rotate( )可以旋转指定的元素，其基本语法格式如下。

```
transform:rotate(angle);
```

在上述语法格式中，参数 angle 表示要旋转的角度值，单位为 deg。如果角度值为正数，则按照顺时针方向旋转元素，否则按照逆时针方向旋转元素。使用 rotate( )旋转元素的示意图如图 9-10 所示，其中实线图形表示旋转前的元素，虚线图形表示旋转后的元素。

图9-9　倾斜效果

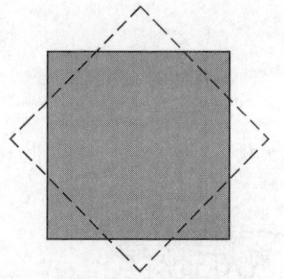

图9-10　使用rotate( )旋转元素的示意图

例如，将某个 div 元素按顺时针方向旋转 30°，具体代码如下。

```
div{ transform:rotate(30deg);}
```

注意：

如果需要为一个元素设置多种变形效果，可以使用空格把多个变形属性值隔开。

5. 更改变换中心

通过 transform 属性可以实现元素的平移、缩放、倾斜和旋转，这些变形操作都以元素的中心点为变换中心。默认情况下，元素的中心点在 x 坐标和 y 坐标的 50% 的位置。如果需要改变变换中心，可以使用 transform-origin 属性，其基本语法格式如下。

```
transform-origin: x-axis y-axis z-axis;
```

在上述语法格式中，transform-origin 属性包含 3 个参数，其默认值分别为 50%、50%、0px。各参数的具体说明如表 9-3 所示。

表 9-3　transform-origin 属性的参数说明

参数	描述
x-axis	用于定义变换中心在 x 轴上的位置，参数值可以是单位为%、em、px 的数字，也可以是 top、right、bottom、left 和 center
y-axis	用于定义变换中心在 y 轴上的位置，参数值可以是单位为%、em、px 的数字，也可以是 top、right、bottom、left 和 center
z-axis	用于定义变换中心在 z 轴上的位置。需要注意的是，参数值不能是以%为单位的数字，它会被视为无效值，一般是以 px 为单位

下面通过一个案例来演示 transform-origin 属性的使用方法，如例 9-6 所示。

例9-6　example06.html

```
1  <!DOCTYPE html>
2  <html lang="en">
3  <head>
4    <meta charset="UTF-8">
5    <meta http-equiv="X-UA-Compatible" content="IE=edge">
6    <meta name="viewport" content="width=device-width, initial-scale=1.0">
7    <title>transform-origin 属性</title>
8    <style>
9      #div1{
10        position:relative;
11        width: 200px;
12        height: 200px;
13        margin: 100px auto;
14        padding: 10px;
```

```
15          border: 1px solid black;
16        }
17        #box02{
18          padding:20px;
19          position:absolute;
20          border:1px solid black;
21          background-color: red;
22          transform:rotate(45deg);              /*旋转45°*/
23          transform-origin:20% 40%;             /*更改变换中心的位置*/
24        }
25        #box03{
26          padding:20px;
27          position:absolute;
28          border:1px solid black;
29          background-color:#FF0;
30          transform:rotate(45deg);              /*旋转45°*/
31        }
32      </style>
33    </head>
34    <body>
35      <div id="div1">
36        <div id="box02">更改变换中心</div>
37        <div id="box03">未更改变换中心</div>
38      </div>
39    </body>
40    </html>
```

在例 9-6 中，第 22 行和第 30 行代码通过 transform 属性的 rotate( ) 将 box02、box03 盒子分别旋转 45°；第 23 行代码通过 transform-origin 属性来更改 box02 盒子变换中心的位置。

运行例 9-6 的代码，效果如图 9-11 所示。

从图 9-11 可以看出，box02、box03 盒子的位置不同。两个盒子的初始位置相同，并且旋转角度也相同，产生以上现象的原因是通过 transform-origin 属性改变了 box02 盒子的变换中心。

9.2.3　3D 变形

2D 变形是元素在 x 轴和 y 轴上位置的变化，而 3D 变形是元素在 x 轴、y 轴、z 轴上位置的变化。相比于 2D 变形，3D 变形更注重空间位置的变化。下面将对 3D 变形做具体介绍。

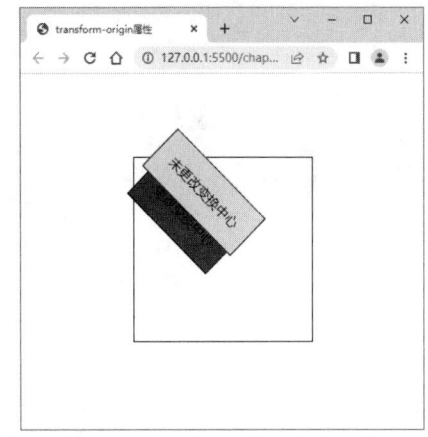

图9-11　例9-6代码的运行效果

1. rotateX( )

在 CSS3 中，使用 rotateX( ) 可以让指定元素围绕 x 轴旋转，其基本语法格式如下。

```
transform:rotateX(a);
```

在上述语法格式中，参数 a 用于定义旋转的角度值，单位为 deg，其值可以是正数，也可以是负数。如果参数 a 的值为正数，元素围绕 x 轴顺时针旋转；如果参数 a 的值为负数，元素围绕 x 轴逆时针旋转。

下面通过一个过渡和变形结合的案例来演示 rotateX( ) 的使用方法，如例 9-7 所示。

例9-7　example07.html

```
1  <!DOCTYPE html>
```

```
2  <html lang="en">
3  <head>
4      <meta charset="UTF-8">
5      <meta http-equiv="X-UA-Compatible" content="IE=edge">
6      <meta name="viewport" content="width=device-width, initial-scale=1.0">
7      <title>rotateX()</title>
8      <style type="text/css">
9          div{
10             width:250px;
11             height:50px;
12             background-color:#FF0;
13             border:1px solid black;
14         }
15         div:hover{
16             transition:all 1s ease 2s;              /*设置过渡效果*/
17             transform:rotateX(60deg);
18         }
19     </style>
20 </head>
21 <body>
22     <div>元素旋转后的位置</div>
23 </body>
24 </html>
```

在例 9-7 中，第 17 行代码用于设置 div 元素围绕 x 轴顺时针旋转 60°。

运行例 9-7 的代码，效果如图 9-12 所示。

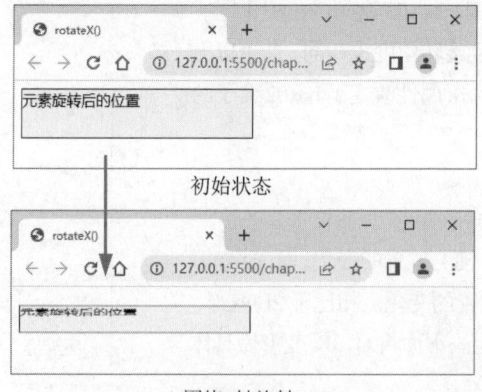

图9-12　例9-7代码的运行效果

2. rotateY( )

在 CSS3 中，使用 rotateY( ) 可以让指定元素围绕 y 轴旋转，其基本语法格式如下。

```
transform:rotateY(a);
```

在上述语法格式中，参数 a 与 rotateX(a) 中的参数 a 的含义相同，用于定义旋转的角度。如果参数 a 的值为正数，元素围绕 y 轴顺时针旋转；如果参数 a 的值为负数，元素围绕 y 轴逆时针旋转。

下面在例 9-7 的基础上演示元素围绕 y 轴旋转的效果，将例 9-7 中的第 17 行代码更改为如下代码。

```
transform:rotateY(60deg);
```

保持并运行例 9-7 的代码，元素将围绕 y 轴顺时针旋转 60°，效果如图 9-13 所示。

图9-13　元素围绕 y 轴顺时针旋转60°的效果

rotateZ( )与 rotateX( )、rotateY( )的功能类似，但 rotateZ( )用于指定元素围绕 z 轴旋转。如果仅从视觉效果上看，使用 rotateZ( )让元素顺时针或逆时针旋转的效果与 2D 变形中 rotate( )的效果等同，但前者不是在 2D 平面的旋转效果。

3. rotate3d( )

rotate3d( )用于实现围绕多个轴的 3D 旋转，例如要实现同时围绕 x 轴和 y 轴旋转，就可以使用 rotate3d( )。rotate3d( )的基本语法格式如下。

```
rotate3d(x,y,z,angle);
```

在上述语法格式中，x、y、z 的值可以为 0 或 1，当要沿着某个轴旋转，就将对应参数的值设置为 1，否则设置为 0；angle 用于定义要旋转的角度。例如，使元素围绕 x 轴和 y 轴均旋转 45°，示例代码如下。

```
transform:rotate3d(1,1,0,45deg);
```

4. perspective 属性

perspective 属性可以简单理解为视距，主要用于呈现良好的 3D 透视效果。前面设置的 3D 旋转效果并不明显，就是因为没有设置 perspective。使用 perspective 属性的基本语法格式如下。

```
perspective:参数值;
```

在上述语法格式中，参数值可以为 none 或者数值（一般为像素值）。在使用 perspective 属性设置 3D 透视效果时，参数值越小，3D 透视效果越突出。

下面通过一个透视旋转的案例演示 perspective 属性的使用方法，如例 9-8 所示。

例9-8　example08.html

```
1  <!DOCTYPE html>
2  <html lang="en">
3  <head>
4    <meta charset="UTF-8">
5    <meta http-equiv="X-UA-Compatible" content="IE=edge">
6    <meta name="viewport" content="width=device-width, initial-scale=1.0">
7    <title>perspective属性</title>
8    <style type="text/css">
9      div{
10         width:250px;
11         height:50px;
12         border:1px solid #666;
13         perspective:250px;                    /*设置透视效果*/
14         margin:0 auto;
15         }
16      .div1{
17         width:250px;
18         height:50px;
```

```
19              background-color:#0CC;
20          }
21      .div1:hover{
22              transition:all 1s ease 2s;
23              transform:rotateX(60deg);
24          }
25      </style>
26  </head>
27  <body>
28      <div>
29          <div class="div1">夕阳西下，断肠人在天涯。</div>
30      </div>
31  </body>
32  </html>
```

在例 9–8 中，第 28～30 行代码用于定义两个嵌套的<div>标签；第 13 行代码用于为外层的<div>标签设置 perspective 属性。

运行例 9–8 的代码，效果如图 9–14 所示。当鼠标指针移至带背景颜色的盒子上时，带背景颜色的盒子将围绕 x 轴旋转，并出现透视效果，如图 9–15 所示。

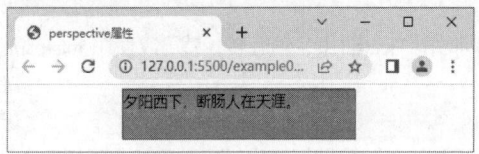

图9-14　例9-8代码的运行效果（1）

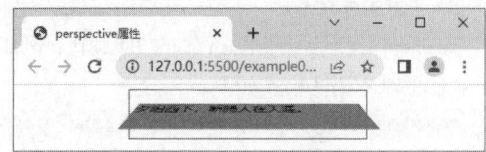

图9-15　例9-8代码的运行效果（2）

需要说明的是，CSS3 中还包含很多变形属性，通过这些属性可以设置不同的变形效果。表 9–4 列举了一些变形属性及相关信息。

表 9-4　变形属性及相关信息

属性	描述	属性值
transform-style	用于定义元素是否保留其 3D 位置	flat：元素不保留其 3D 位置，为默认属性值
		preserve-3d：元素保留其 3D 位置
backface-visibility	用于定义元素背面朝向观察者时是否可见	visible：元素背面可见
		hidden：元素背面不可见

除了前面提到的变形外，CSS 中还有很多其他的变形方法，运用这些方法可以实现不同的变形效果，具体介绍如表 9–5 所示。

表 9-5　变形方法

方法	描述
translate3d(x,y,z)	用于实现 3D 位移
translateX(x)	用于实现沿 x 轴的位移
translateY(y)	用于实现沿 y 轴的位移
translateZ(z)	用于实现沿 z 轴的位移
scale3d(x,y,z)	用于实现 3D 缩放
scaleX(x)	用于实现围绕 x 轴的缩放
scaleY(y)	用于实现围绕 y 轴的缩放
scaleZ(z)	用于实现围绕 z 轴的缩放

下面通过一个综合案例演示 3D 变形属性和方法的用法，如例 9-9 所示。

例 9-9　example09.html

```
1  <!DOCTYPE html>
2  <html lang="en">
3  <head>
4      <meta charset="UTF-8">
5      <meta http-equiv="X-UA-Compatible" content="IE=edge">
6      <meta name="viewport" content="width=device-width, initial-scale=1.0">
7      <title>translate3D()</title>
8      <style type="text/css">
9          div{
10             width:200px;
11             height:200px;
12             border:2px solid #000;
13             position:relative;
14             transition:all 1s ease 0s;          /*设置过渡效果*/
15             transform-style:preserve-3d;        /*保留元素的 3D 位置*/
16         }
17         img{
18             position:absolute;
19             top:0;
20             left:0;
21             transform:translateZ(100px);
22         }
23         .no2{
24             transform:rotateX(90deg) translateZ(100px);
25         }
26         div:hover{
27             transform:rotateX(-90deg);           /*设置旋转角度*/
28         }
29         div:visited{
30             transform:rotateX(-90deg);           /*设置旋转角度*/
31             transition:all 1s ease 0s;           /*设置过渡效果*/
32             transform-style:preserve-3d;         /*规定嵌套元素如何在 3D 空间中显示*/
33         }
34     </style>
35 </head>
36 <body>
37     <div>
38         <img class="no1" src="images/1.png" alt="1">
39         <img class="no2" src="images/2.png" alt="2">
40     </div>
41 </body>
42 </html>
```

在例 9-9 中，第 15 行代码通过 transform-style 属性保留元素的 3D 空间位置。同时在整个案例中分别为 <div> 标签和 <img> 标签设置不同的旋转轴和旋转角度。

运行例 9-9 的代码，动画效果如图 9-16 所示。

9.3 动画

在 CSS3 中，过渡和变形只能设置元素的变换过程，并不能对过程中的某一环节进行精确控制，例如过渡和

图9-16　动画效果

变形的动态效果不能够重复播放。为了实现更加丰富的动画效果，CSS3 提供了 animation 属性，使用 animation 属性可以定义复杂的动画效果。本节将详细讲解使用 animation 属性设置动画的技巧。

9.3.1　@keyframes 规则

@keyframes 规则用于创建动画，animation 属性只有配合@keyframes 规则才能实现动画效果。因此在学习 animation 属性之前，要学习@keyframes 规则，@keyframes 规则的语法格式如下。

```
@keyframes animationname {
    keyframes-selector{css-styles;}
}
```

在上述语法格式中，@keyframes 属性包含的参数的具体含义如下。

- animationname：当前动画的名称，作为引用时的唯一标识，不能为空。
- keyframes-selector：关键帧选择器，用于指定当前关键帧要应用到整个动画过程中的位置，其值可以是一个百分比、from 或者 to。其中，from 和 0%的效果相同，表示动画的开始；to 和 100%的效果相同，表示动画的结束。
- css-styles：用于定义当前关键帧对应的动画状态，多个 CSS 样式属性用英文分号分隔，不能为空。

例如，使用@keyframes 属性可以定义一个淡入动画，代码如下。

```
@keyframes appear
{
    0%{opacity:0;}      /*动画开始时的状态，完全透明*/
    100%{opacity:1;}    /*动画结束时的状态，完全不透明*/
}
```

上述代码用于创建一个名为 appear 的动画，该动画开始时完全透明，结束时完全不透明。该动画效果还可以使用以下代码来实现。

```
@keyframes appear
{
    from{opacity:0;}    /*动画开始时的状态，完全透明*/
    to{opacity:1;}      /*动画结束时的状态，完全不透明*/
}
```

如果需要创建一个淡入淡出的动画效果，可以通过如下代码实现。

```
@keyframes appear
{
    from,to{opacity:0;}   /*动画开始和结束时的状态，完全透明*/
    20%,80%{opacity:1;}   /*动画的中间状态，完全不透明*/
}
```

在上述代码中，为了实现淡入淡出的效果，需要定义动画开始和结束时元素不可见，元素先渐渐淡入，在动画的 20%处变得可见，然后动画效果持续到 80%处，元素慢慢淡出。

注意：

IE 9 以及更早的版本不支持@keyframes 规则或 animation 属性。

9.3.2　animation-name 属性

animation-name 属性用于定义要应用的动画名称，该动画名称会被@keyframes 规则引用，其基本语法格式如下。

```
animation-name:keyframename | none;
```

在上述语法格式中，animation-name 属性的初始值为 none，表示不应用任何动画，适用于所有块元素和行内元素；keyframename 参数表示需要绑定到@keyframes 规则的动画名称。

9.3.3 animation-duration 属性

animation-duration 属性用于定义完成整个动画效果需要的时间，其基本语法格式如下。

```
animation-duration: time;
```

在上述语法格式中，animation-duration 属性的初始值为 0；time 参数表示以秒或者毫秒为单位的时间，当 time 参数值为 0 时，表示没有任何动画效果，time 参数值为负数时，会被视为 0。

下面通过一个小人奔跑的案例来演示 animation-duration 属性的用法，如例 9-10 所示。

例 9-10　example10.html

```
1  <!DOCTYPE html>
2  <html lang="en">
3  <head>
4      <meta charset="UTF-8">
5      <meta http-equiv="X-UA-Compatible" content="IE=edge">
6      <meta name="viewport" content="width=device-width, initial-scale=1.0">
7      <title>animation-duration 属性</title>
8      <style type="text/css">
9      img{
10         width:200px;
11         animation-name:mymove;          /*定义动画名称*/
12         animation-duration:10s;          /*定义动画时间*/
13         }
14     @keyframes mymove{
15         from {transform:translate(0) rotateY(180deg);}
16         50% {transform:translate(1000px) rotateY(180deg);}
17         51% {transform:translate(1000px) rotateY(0deg);}
18         to {transform:translate(0) rotateY(0deg);}
19         }
20     </style>
21 </head>
22 <body>
23     <img src="images/bozai.gif" >
24 </body>
25 </html>
```

在例 9-10 中，第 11 行代码使用 animation-name 属性定义要应用的动画名称；第 12 行代码使用 animation-duration 属性定义完成整个动画效果需要的时间；第 15~18 行代码使用 form、to 和百分比指定当前关键帧要应用的动画效果。

运行例 9-10 的代码，小人会从左到右进行一次折返跑，效果如图 9-17 所示。

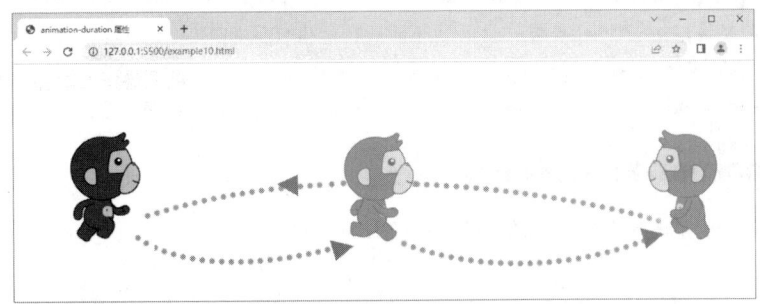

图9-17　折返跑效果

需要说明的是，通过定位属性也可以实现元素的移动。

9.3.4 animation-timing-function 属性

animation-timing-function 属性用来指定动画的速度曲线，其语法格式如下。

```
animation-timing-function:value;
```

在上述语法格式中，animation-timing-function 属性的默认值为 ease，animation-timing-function 还包括 linear、ease-in、ease-out、ease-in-out、cubic-bezier(n,n,n,n)等常用属性值，具体介绍如表 9-6 所示。

表 9-6 animation-timing-function 的常用属性值

属性值	描述
linear	动画从头到尾的速度是相同的
ease	默认属性值；动画以低速开始，然后加速，在结束前减速
ease-in	动画以低速开始
ease-out	动画以低速结束
ease-in-out	动画以低速开始和结束
cubic-bezier(n,n,n,n)	n 取值为 0~1

例如，想让元素匀速运动，可以添加以下代码。

```
animation-timing-function:linear; /*定义匀速运动*/
```

9.3.5 animation-delay 属性

animation-delay 属性用于定义动画效果延迟的时间，也就是规定动画什么时候开始，其基本语法格式如下。

```
animation-delay:time;
```

在上述语法格式中，参数 time 用于定义动画开始前等待的时间，其单位是秒或者毫秒，默认值为 0。animation-delay 属性适用于所有的块元素和行内元素。

例如，想在 2 秒后播放动画，可以添加如下代码。

```
animation-delay:2s;
```

需要说明的是，animation-delay 属性的值也可以为负值，表示动画会跳过与负值数值相等的时间进行播放。

9.3.6 animation-iteration-count 属性

animation-iteration-count 属性用于定义动画的播放次数，其基本语法格式如下。

```
animation-iteration-count: number | infinite;
```

在上述语法格式中，animation-iteration-count 属性的初始值为 1，如果值为 number，则用于定义播放动画的次数；如果值是 infinite，则用于指定动画循环播放。示例代码如下。

```
animation-iteration-count:3;
```

上述代码使用 animation-iteration-count 属性定义动画播放 3 次，且动画连续播放 3 次后停止。

9.3.7 animation-direction 属性

animation-direction 属性用于定义当前动画播放的方向，即动画播放完成后是否逆向交替循环，其基本语法格式如下。

```
animation-direction: normal | alternate;
```

在上述语法格式中，animation-direction 属性有 normal 和 alternate 两个属性值。其中，normal 为默认属性值，表示动画正常播放；若使用 alternate 属性值，动画会在奇数次（1、3、5 等）正常播放，而在偶数次（2、

4、6 等）逆向播放。因此要想使 animation-direction 属性生效，要先定义 animation-iteration-count 属性（播放次数），只有动画播放次数大于等于 2 时，animation-direction 属性才会生效。

下面通过一个小球滚动案例来演示 animation-direction 属性的用法，如例 9-11 所示。

例 9-11　example11.html

```
1  <!DOCTYPE html>
2  <html lang="en">
3  <head>
4      <meta charset="UTF-8">
5      <meta http-equiv="X-UA-Compatible" content="IE=edge">
6      <meta name="viewport" content="width=device-width, initial-scale=1.0">
7      <title>animation-direction 属性</title>
8      <style type="text/css">
9          div{
10             width:200px;
11             height:150px;
12             border-radius:50%;
13             background:#F60;
14             animation-name:mymove;           /*定义动画名称*/
15             animation-duration:8s;           /*定义动画时长*/
16             animation-iteration-count:2;     /*定义动画播放次数*/
17             animation-direction:alternate;   /*定义动画逆向播放*/
18         }
19         @keyframes mymove{
20             from {transform:translate(0) rotateZ(0deg);}
21             to {transform:translate(1000px) rotateZ(1080deg);}
22         }
23     </style>
24 </head>
25 <body>
26     <div></div>
27 </body>
28 </html>
```

在例 9-11 中，第 16 行和第 17 行代码分别定义动画的播放次数和动画逆向播放。

运行例 9-11 的代码，逆向动画效果如图 9-18 所示。

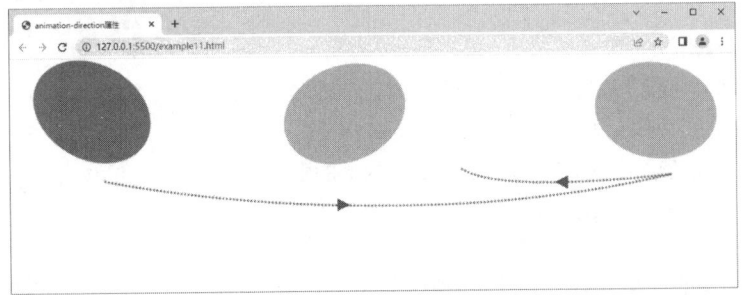

图9-18　逆向动画效果

9.3.8　animation 属性

animation 属性用于同时设置 animation-name、animation-duration、animation-timing-function、animation-delay、animation-iteration-count 和 animation-direction 这 6 个动画属性，其基本语法格式如下。

```
animation: animation-name animation-duration animation-timing-function animation-
delay animation-iteration-count animation-direction;
```

在上述语法格式中，使用 animation 属性时必须指定 animation-name 和 animation-duration 属性，否则动画不会播放。使用 animation 属性的示例代码如下。

```
animation: mymove 5s linear 2s 3 alternate;
```

上述代码也可以拆解为如下代码。

```
animation-name:mymove;                  /*定义动画名称*/
animation-duration:5s;                   /*定义动画时长*/
animation-timing-function:linear;        /*定义动画速度曲线*/
animation-delay:2s;                       /*定义动画延迟时间*/
animation-iteration-count:3;             /*定义动画播放次数*/
animation-direction:alternate;           /*定义动画逆向播放*/
```

9.4   阶段案例 —— 表情图片

为了使读者更好地理解并熟练运用相关属性实现元素的过渡、平移、缩放、倾斜、旋转等效果，本节将通过案例的形式分步骤制作表情图片，最终效果如图 9-19 所示。

其中表情图片的眼睛有动画效果，眼珠从左到右滚动，当眼珠滚动到中间时，会变成心形图案，具体动画过程如图 9-20 所示。

图9-19　表情图片　　　　　　　图9-20　表情图片的动画过程

9.4.1　分析效果图

下面将从代码结构、静态样式和动画效果 3 个方面对效果图进行分析。

1. 代码结构分析

观察图 9-19 可知，整个表情图片分为两个部分，一部分是作为背景的脸部，可以用一个<div>标签设置；另一部分是眉毛、眼睛和嘴，可以使用<p>标签设置。其中眼睛内部的眼珠可以通过在<p>标签中嵌套<span>标签来实现。表情图片的结构如图 9-21 所示。

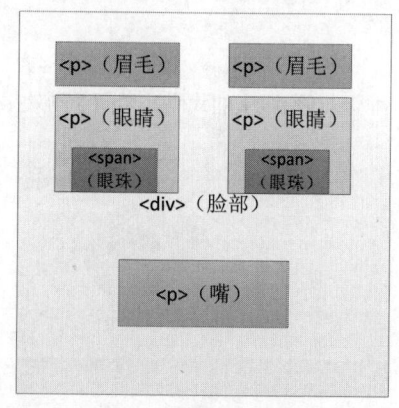

图9-21　表情图片的结构

2. 静态样式分析

可以按照以下步骤实现图 9-19 所示的样式。

（1）为控制脸部的<div>标签设置圆角、宽度、高度、背景色等。

（2）为控制眉毛的<p>标签设置宽度、高度、圆角和顶部边框，然后通过旋转和平移制作眉毛。

（3）为控制眼睛的<p>标签设置宽度、高度和圆角，然后通过平移确定眼睛的位置。

（4）为控制嘴部的<p>标签设置设置宽度、高度、圆角和顶部边框，然后通过平移确定嘴部的位置。

3. 动画效果分析

图 9-20 所示的动画效果的具体实现步骤如下。

（1）为控制眼球的<span>标签设置 animation、动画名称、时间等属性值。

（2）通过@keyframes 规则设置动画的具体样式，可以通过 from、to 或者百分比来指定不同位置眼球的不同状态。

9.4.2　搭建页面结构

根据上述分析，使用相应的 HTML 标签搭建页面结构，如例 9-12 所示。

例 9-12　example12.html

```
1  <!DOCTYPE html>
2  <html lang="en">
3  <head>
4      <meta charset="UTF-8">
5      <meta http-equiv="X-UA-Compatible" content="IE=edge">
6      <meta name="viewport" content="width=device-width, initial-scale=1.0">
7      <title>表情图片</title>
8  </head>
9  <body>
10     <div class="lian">
11         <p class="meimao1 meimao"></p>
12         <p class="meimao2 meimao"></p>
13         <p class="yanjing1 yanjing">
14             <span></span>
15         </p>
16         <p class="yanjing2 yanjing">
17             <span></span>
18         </p>
19         <p class="zui"></p>
20     </div>
21 </body>
22 </html>
```

在例 9-12 中，通过标签的嵌套来搭建表情图片的结构。由于未设置 CSS 样式，此时页面中没有任何效果。

9.4.3　定义 CSS 样式

搭建完页面的结构后，为页面添加 CSS 样式。下面采用从整体到局部的方式实现图 9-19 所示的效果，具体如下。

1. 定义公共样式

定义页面的公共样式，具体 CSS 代码如下。

```
/*重置浏览器的默认样式*/
body, ul, li, p, h1, h2, h3,img {margin:0; padding:0; border:0; list-style:none;}
```

2. 拼合静态样式

通过 CSS 代码拼合表情图片的静态样式，具体代码如下。

```
.lian {
    width:200px;
    height:200px;
    border-radius:50%;
    background:#fcd671;
    margin:100px auto;
```

```
        position:relative;
    }
    .meimao{
        width:30px;
        height:30px;
        border-radius:50%;
        border-top:4px solid #000;
    }
    .meimao1{
        position:absolute;
        left:20%;
        top:14%;
        transform:rotate(20deg);
    }
    .meimao2{
        position:absolute;
        left:65%;
        top:14%;
        transform:rotate(-20deg);
    }
    .yanjing{
        width:70px;
        height:20px;
        background:#FFF;
        border-radius:50%;
    }
    .yanjing1{
        position:absolute;
        left:10%;
        top:30%;
    }
    .yanjing2{
        position:absolute;
        left:55%;
        top:30%;
    }
    span{
        display:block;
        width:12px;
        height:12px;
        background:#000;
        border-radius:50%;
        transform:translate(3px,4px);
    }
    .zui{
        width:114px;
        height:100px;
        border-radius:50%;
        border-bottom:3px solid #000;
        position:absolute;
        left:22%;
        top:28%;
        }
```

保存并运行代码，静态页面效果如图 9-22 所示。

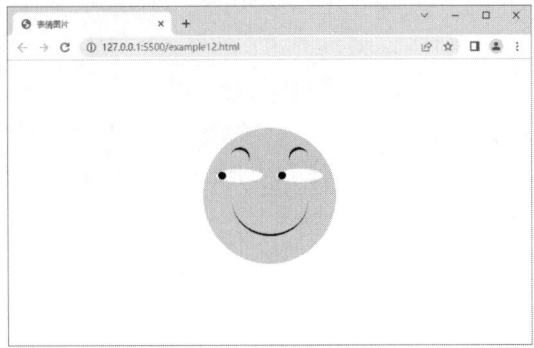

图9-22　静态页面效果

3. 添加动画效果

添加动画效果主要包括两个步骤，具体如下。

（1）创建动画

@keyframes 规则用于创建动画，下面分别在 0%、10%、30%、31%、69%、70%、80%、100%的位置创建动画，具体代码如下。

```
@keyframes yanzhu
{
    from{transform:translate(3px,4px) scale(1);}       /*动画开始时的状态*/
    10%{transform:translate(3px,4px) scale(1);}
    30%{
        transform:translate(24px,4px) scale(3);
        opacity:0
        }
    31%{
        transform:translate(24px,4px) scale(3);
        opacity:1;
        background:url(images/xin.png) center center no-repeat;
        background-size:11px 9px;
        }
    69%{
        transform:translate(24px,4px) scale(3);
        opacity:1;
        background:url(images/xin.png) center center no-repeat;
        background-size:11px 9px;
        }
    70%{
        transform:translate(24px,4px) scale(3);
        opacity:0
        }
    80%{transform:translate(52px,4px) scale(1);}
    to{transform:translate(52px,4px) scale(1);}
}
```

（2）引用动画

创建动画后需要引用动画，在<span>标签中设置 animation 属性，具体代码如下。

```
animation: yanzhu 8s linear 2s infinite alternate;
```

保存并运行代码，即可实现图 9-20 所示的动画效果。

本章小结

本章首先介绍了 CSS3 中的过渡和变形，重点讲解了过渡属性、2D 变形和 3D 变形；然后讲解了 CSS3 中的动画，主要包括动画的相关属性；最后通过 CSS3 中的过渡、变形和动画等制作出了一个表情图片的动画。

通过对本章的学习，读者应该已经掌握 CSS3 中的过渡、变形和动画，并能够熟练地使用相关属性实现元素的过渡、平移、缩放、倾斜、旋转和动画等。

动手实践

学习完本章的内容，下面来动手实践一下。

请结合前面所学知识和所给素材，制作一个电子相册，效果如图 9-23 所示。

图9-23　电子相册

运用本章所学知识为照片添加一些动态效果，如图 9-24～图 9-27 所示。

图9-24　形状过渡　　图9-25　图片放大过渡　　图9-26　图片旋转　　图9-27　图片去色过渡

第 10 章

实战开发——制作油纸伞网站首页

★ 掌握网页制作方法，能够完成首页的制作，并实现 CSS3 动画效果。

为了及时巩固所学的知识，本章将运用前 9 章介绍的知识点开发一个网站项目——油纸伞网站首页。油纸伞网站首页的效果如图 10-1 所示。

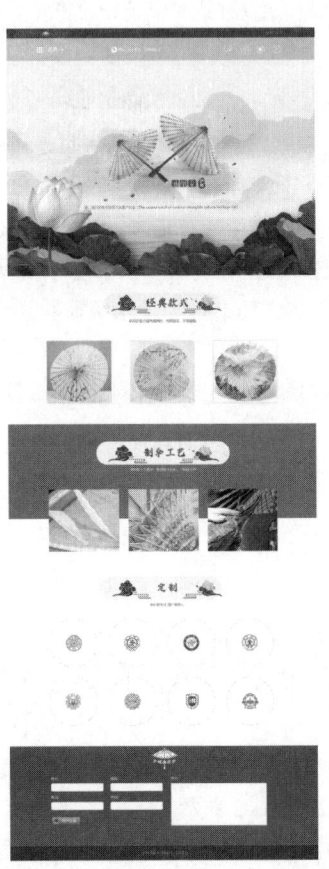

图10-1 油纸伞网站首页的效果

10.1　项目背景

　　我国四川泸州、江西婺源、浙江余杭、湖北汉口以及云南腾冲等地都曾经是油纸伞的盛产地。随着社会的发展，油纸伞已经逐渐退出现代生活，目前泸州油纸伞厂仍然保留着传统手工制伞技艺，它被称为"中国民间伞艺的活化石"，且被列入第二批国家级非物质文化遗产名录。

　　泸州油纸伞凭借悠久的发展历史和深厚的文化意蕴成为我国传统手工技艺的文化瑰宝。泸州油纸伞的发展历程如下。

　　（1）明末清初至民国初年

　　泸州制伞业起源于明末清初，距今已有 400 多年的历史。泸州油纸伞最初主要是为宫廷生产的"贡伞"。清朝中后期，油纸伞从宫廷逐渐走向民间，生产制作规模逐步扩大，发展到如今的分水岭、蓝田、泰安、弥陀、小市等地。民国初年，泸州油纸伞开始出口，主要销往日本及东南亚各地。

　　（2）20 世纪 60 年代至 70 年代

　　20 世纪 60 年代至 70 年代是油纸伞的"鼎盛时期"，泸州分水岭镇从事油纸伞业的匠人就多达 1000 余人，形成"家家都有制伞匠，户户都会编伞线"的繁荣景象。

　　（3）20 世纪 70 年代

　　进入 20 世纪 70 年代后，市场上出现了钢架尼龙折叠伞，这种伞以其方便性和耐用性逐渐取代了油纸伞，泸州油纸伞逐渐淡出人们的生活，即使在泸州本地也很少有人再使用油纸伞。目前全国仅有泸州油纸伞厂还保留着传统手工制伞技艺，油纸伞传统制造技艺处于后继无人的濒危局面。

　　（4）21 世纪以来

　　进入 21 世纪，为了"留住这把伞"，泸州油纸伞走向了非物质文化遗产保护的道路。

- 2006 年 9 月，泸州分水油纸伞被列入泸州市非物质文化遗产保护名录。
- 2007 年 3 月，四川省将泸州分水油纸伞列入省级非物质文化遗产保护名录。
- 2008 年 3 月，泸州市将泸州分水油纸伞申报国家级非物质文化遗产保护对象，获得批准。

　　在第二届中国成都非物质文化遗产节上，传承了 400 多年的泸州油纸伞以平均每天上百把的速度被一抢而空。差点失传的泸州油纸伞在成功申报为国家级非物质文化遗产保护对象后，立即吸引了世人的目光。

　　在互联网高速发展的今天，利用互联网推广已成为泸州油纸伞发展的一种渠道。传承文化、弘扬传统，这是历史赋予我们的责任，这是时代给予我们的使命。保护就是最好的生存，传承就是最好的发展。本章以泸州油纸伞为主题，根据图 10-1 所示的效果图制作一个推广泸州油纸伞的网站首页。

10.2　准备工作

　　当拿到一个页面的效果图后，先要做好项目框架建设，主要包括创建网站根目录和文件夹、分析效果图、进行整体布局、定义公共样式。下面将对这四个部分做具体介绍。

1. 创建网站根目录和文件夹

　　在计算机磁盘的任意盘符下创建网站根目录。例如在 D 盘的"案例源码"文件夹内新建一个文件夹作为网站根目录，并命名为 chapter10，如图 10-2 所示。

　　打开网站根目录 chapter10，在其中新建 css、images、video 等文件夹，分别用于存放网站所需的 CSS 样式表、图像、视频等文件。新建的文件夹如图 10-3 所示。

图10-2 创建网站根目录

图10-3 新建的文件夹

2. 分析效果图

只有熟悉了页面的结构和版式，才能更高效地完成网页的布局和排版。下面对首页效果图的 HTML 结构和 CSS 样式进行分析，具体如下。

（1）HTML 结构分析

分析图 10-1，可以将整个页面分为 8 个模块，网站首页的 HTML 结构如图 10-4 所示。

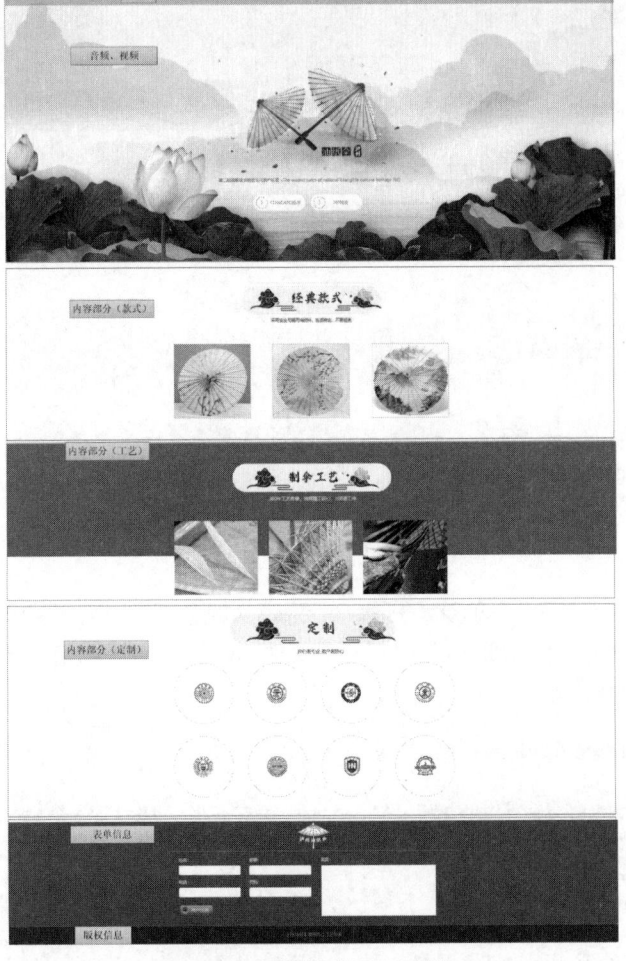

图10-4 网站首页的HTML结构

（2）CSS 样式分析

仔细观察页面的各个模块，可以看出带背景颜色的模块均为通栏显示，这些模块的宽度都可设置为100%。页面中大部分文字的字号为 14px，样式为微软雅黑。头部和版权信息模块中链接文字的颜色为浅灰色（#999），当鼠标指针移至文字上时，文字颜色变为白色（#fff）。这些样式可以通过公共样式统一定义，以减少代码的冗余。页面中的 CSS3 动画效果将会在单独讲解每一个模块时详细分析。

3. 进行整体布局

页面布局的作用是使网站页面结构清晰、有条理。下面将对油纸伞网站首页进行整体布局，具体代码如下。

```
<!DOCTYPE html>
<html lang="en">
<head>
    <meta charset="UTF-8">
    <meta http-equiv="X-UA-Compatible" content="IE=edge">
    <meta name="viewport" content="width=device-width, initial-scale=1.0">
    <title>泸州油纸伞</title>
</head>
<body>
<!--videobox begin-->
<div class="videobox"></div>
<!--videobox end-->
<!--classic begin-->
<div class="classic"></div>
<!--classic end-->
<!--try begin-->
<div class="try"></div>
<!--try end-->
<!--make begin-->
<div class="make"></div>
<!--make end-->
<!--biaodan begin-->
<div class="biaodan"></div>
<!--biaodan end-->
<!--banquan begin-->
<div class="banquan"></div>
<!--banquan end-->
</body>
</html>
```

4. 定义公共样式

为了使网页在不同浏览器中显示的效果一致，在完成首页的整体布局后，要清除浏览器的默认样式，对CSS 样式进行初始化并定义一些通用的样式。打开样式文件 index.css，编写通用样式代码，具体如下。

```
/*清除浏览器的默认样式*/
body, ul, li, ol, dl, dd, dt, p, h1, h2, h3, h4, h5, h6, form, img {margin:0; padding:0;
border:0; list-style:none;}
/*全局控制*/
body{ font-family:"微软雅黑",Arial, Helvetica, sans-serif; font-size:14px;}
/*超链接的默认样式*/
a:link,a:visited{ color:#999; text-decoration: none;}
/*当鼠标指针移至超链接上时的样式*/
a:hover{color:#fff;}
input,textarea{outline: none;}
```

10.3　制作网站首页

完成了制作网页的准备工作后，制作网站首页，具体步骤如下。

1. 制作头部、导航和音频、视频模块

（1）分析效果图

从图 10-4 可以看出，存放视频的盒子包含头部、导航、视频、音频、商品图片和按钮等。其中，网页的头部可以分为左（Logo）、右（登录、注册）2 个部分，导航分为左、中、右 3 个部分，视频作为背景，商品图片和按钮可以放置于视频上一层。头部、导航和音频、视频模块的结构如图 10-5 所示。

图10-5　头部、导航和音频、视频模块的结构

当鼠标指针悬浮于导航左侧"选项"上时，效果如图 10-6 所示。

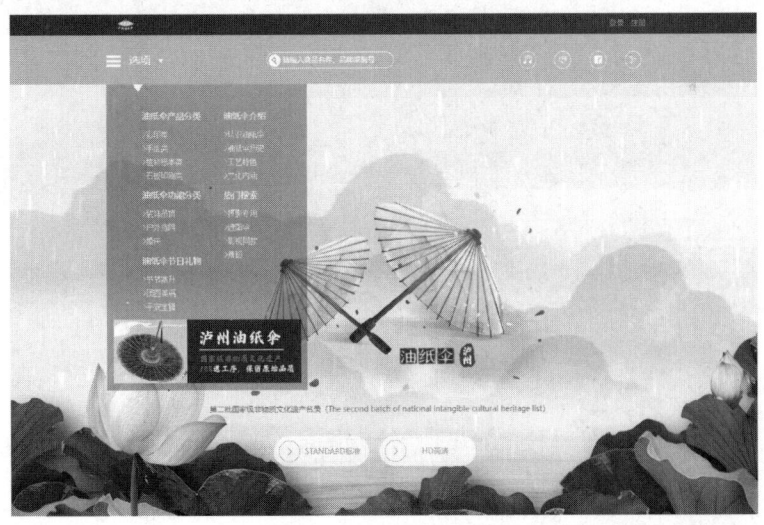

图10-6　导航的侧边栏效果

从图 10-6 可以看出，导航左侧有侧边栏，因此，需要为导航左侧添加侧边栏部分。

（2）准备图片及音频、视频素材

准备所需的图片，包括头部的 Logo 图片，导航模块左、中 2 个部分的小图标，侧边栏的广告图（需要说明的是，导航模块右侧部分的小图标是通过引入字体实现的），以及商品和按钮部分的图片。

准备音频、视频素材，本书配套资源提供下载好的音频、视频素材文件。

（3）搭建结构

下面搭建网页头部、导航和音频、视频模块的结构。打开 index.html 文件，在 index.html 文件内编写头部、导航和音频、视频模块的 HTML 结构代码，具体如下。

```
1   <div class="videobox">
2       <header>
3           <div class="con">
4               <section class="left"></section>
5               <section class="right">
6                   <a href="#">登录</a>
7                   <a href="#">注册</a>
8               </section>
9           </div>
10      </header>
11      <nav>
12          <ul>
13              <li class="left">
14                  <a class="one" href="#">
15                      <img src="images/sanxian.png" alt="">
16                      <span>选项</span>
17                      <img src="images/sanjiao.png" alt="">
18                  </a>
19                  <aside>
20                      <span></span>
21                      <ol class="zuo">
22                          <li class="con">油纸伞产品分类</li>
23                          <li>>彩印类</li>
24                          <li>>手绘类</li>
25                          <li>>植物标本类</li>
26                          <li>>石板印刷类</li>
27                          <li class="con">油纸伞功能分类</li>
28                          <li>>装饰吊顶</li>
29                          <li>>户外庭院</li>
30                          <li>>婚庆</li>
31                          <li class="con">油纸伞节日礼物</li>
32                          <li>>节节高升</li>
33                          <li>>团圆美满</li>
34                          <li>>平安宝福</li>
35                      </ol>
36                      <ol class="you">
37                          <li class="con">油纸伞介绍</li>
38                          <li>>认识油纸伞</li>
39                          <li>>油纸伞历史</li>
40                          <li>>工艺特色</li>
41                          <li>>文化内涵</li>
42                          <li class="con">热门搜索</li>
43                          <li>>摄影专用</li>
44                          <li>>遮阳伞</li>
45                          <li>>影视同款</li>
46                          <li>>舞蹈</li>
47                      </ol>
48                      <img src="images/tu1.jpg" alt="">
49                  </aside>
50              </li>
51              <li class="center">
52                  <form>
53                  <input type="text" value="请输入商品名称、品牌或编号">
```

```
54              </form>
55          </li>
56          <li class="right">
57              <a href="#"></a>
58              <a href="#"></a>
59              <a href="#"></a>
60              <a href="#"></a>
61          </li>
62      </ul>
63   </nav>
64   <video src="video/home_loop_720p.mp4" autoplay loop muted></video>
65   <audio src="audio/buguniao.mp3" autoplay loop></audio>
66   <div class="pic">
67      <p>第二批国家级非物质文化遗产名录（The second batch of national intangible cultural
heritage list）</p>
68      <ul>
69          <li class="one"><span></span>STANDARD 标准</li>
70          <li class="two"><span></span>HD 高清</li>
71      </ul>
72   </div>
73 </div>
```

在上述代码中，第 4～8 行代码通过<section>标签定义头部的左、右 2 个部分内容；第 19～49 行代码用来定义导航左侧的侧边栏；第 56～61 行代码为导航右侧的文字小图标搭建结构；第 64 行和第 65 行代码分别用来为网页添加视频和音频，通过 autoplay 属性、loop 属性和 muted 属性设置视频在页面中完成加载后自动播放且循环播放；第 68～71 行代码用来添加 2 个切换按钮，按钮上的文字小图标由<span>标签定义。

保存并运行代码，头部、导航和音频、视频模块的效果如图 10-7 所示。

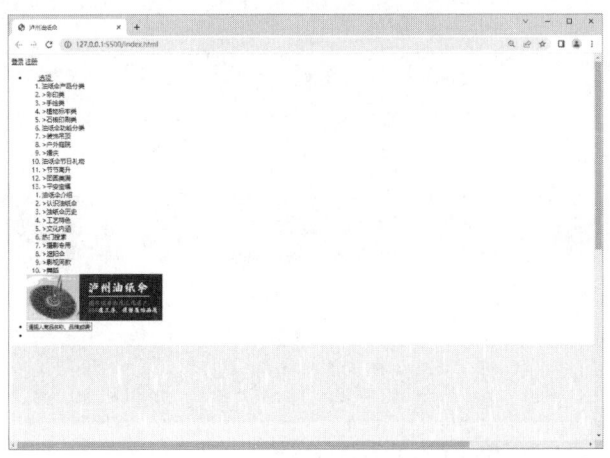

图10-7 头部、导航和音频、视频模块的效果

（4）控制样式

从图 10-7 中可以看出头部、导航和音频、视频模块的结构已搭建完成，下面在 index.css 文件中编写对应的 CSS 样式代码，具体如下。

```
1  /* videobox */
2  .videobox{width:100%; height:1000px; overflow: hidden;  position: relative;}
3  .videobox video{width:100%; min-width:1920px; position:absolute; top:50%; left:50%;
transform:translate(-50%,-50%);}
4  .videobox header{width:100%; height:40px; background: #333; z-index: 999; position:
absolute;}
5  .videobox header .con{width:1030px; height:40px; margin:0 auto;}
6  .videobox header .left{width:75px; height:20px; background:url(../images/logo.png)
```

```
   0 0 no-repeat; margin-top: 10px; float: left;}
   7 .videobox header .right{margin-top:10px; float:right; font-family:"freshskin";}
   8 .videobox header .right a{ margin-right:10px;}
   9 .videobox nav{width:100%; height:90px; background:rgba(0,0,0,0.2); z-index:1000;
   position:absolute; top:40px; border-bottom:1px solid #fff;}
  10 .videobox nav ul{width:1030px; height:90px; margin:0 auto; position:relative;}
  11 .videobox nav ul li{float: left; margin-right:19%;}
  12 .videobox nav ul .left:hover aside{display: block;}
  13.videobox nav ul .left a{display:block; height:90px; line-height:90px; font-size:20px;
color:#fff;}
  14 .videobox nav ul .left a img{vertical-align:middle;}
  15 .videobox nav ul .left a span{margin:0 10px;}
  16 .videobox aside{display:none; width:380px; height:560px; background:rgba(0,0,0,0.3);
position:absolute; left:0; top:90px; z-index: 1500; color:#fff;}
  17 .videobox aside span{width:20px; height:14px; background:url(../images/liebiao.png)
0 0 no-repeat; position:absolute; left:50px; top:0;}
  18 .videobox aside ol{  width:155px; float:left;}
  19 .videobox aside ol li{width:155px; height:25px; line-height:25px; cursor:pointer;
font-family: "宋体";}
  20 .videobox aside ol li.con{font-size: 16px; text-indent: 0;font-family: "微软雅黑";
padding: 10px 0;}
  21 .videobox aside ol li:hover{color:#fff;}
  22 .videobox aside .zuo{margin:35px 0 0 68px;}
  23 .videobox aside .you{margin-top: 35px;}
  24 .videobox aside img{margin:10px 0 0 13px;}
  25 .videobox nav ul .center{margin-top: 32px;}
  26 .videobox nav ul .center input{   width:240px;height:30px;border:1px solid #fff;
border-radius: 15px;color:#fff; line-height: 32px;background: rgba(0,0,0,0); padding-
left: 30px;  box-sizing:border-box; background:url(../images/search.png) no-repeat 3px
3px;outline: none; }
  27 .videobox nav ul .right{margin-top: 32px;width:280px;height:32px;margin-right:0;
text-align: center;line-height: 32px; font-size: 16px;}
  28 .videobox nav ul .right a{display: inline-block;width:32px;height:32px;color:#fff;
box-shadow: 0 0 0 1px #fff inset;transition:box-shadow 0.3s ease 0s; border-radius: 16px;
margin-left: 30px;}
  29 .videobox nav ul .right a:hover{box-shadow: 0 0 0 16px #fff inset;color:#C1DCC5;}
  30.videobox .pic{width:800px; height:400px;position: absolute;left:50%;top:50%; transform:
translate(-50%,-50%); background: url(../images/wenzi.png) no-repeat; text-align: center;}
  31 .videobox .pic p{margin-top: 415px;color:#4c8174;}
  32 .videobox .pic ul{position: absolute;color:#999;}
  33 .videobox .pic ul li{width:180px;height:56px;border-radius: 28px;background: #fff;
text-align: left;}
  34 .videobox .pic ul .one{line-height: 56px;position: absolute;left: -1920px; top: 40px;
opacity: 0;transition:all 2s ease-in 0s;}
  35 .videobox .pic ul .two{line-height: 56px;position: absolute;left: 1920px; top:40px;
opacity: 0; transition:all 2s ease-in 0s;}
  36 body:hover .videobox .pic ul .one{position: absolute;left:200px;top:40px; opacity:
0.8;}
  37 body:hover .videobox .pic ul .two{position: absolute;left:400px;top:40px; opacity:
0.8;}
  38.videobox .pic ul .one span,.videobox .pic ul .two span{float: left;width:40px; height:
40px; text-align: center;line-height: 40px;    border-radius: 20px;margin:8px 10px 0
10px;box-shadow: 0 0 0 1px #90c197 inset;transition:box-shadow 0.3s ease 0s; font-weight:
bold;color:#90c197;}
  39 .videobox .pic ul .two span{margin:8px 30px 0 10px;}
  40 .videobox .pic ul .one:hover span,.videobox .pic ul .two:hover span{box-shadow: 0 0
0 20px #90c197 inset;color:#fff;}
  41 /* videobox */
```

对上述 CSS 代码中的关键代码的解释如下。

① 第 3 行代码用于定义视频在屏幕中水平垂直居中显示。

② 第 4 行和第 9 行中的 z-index 属性用于设置头部和导航的堆叠顺序，使它们位于视频上层。

③ 第 16 行代码主要用于设置页面加载完成时隐藏侧边栏。

④ 第 17 行代码用于设置鼠标指针悬浮在"选项"上时，侧边栏由隐藏变为显示。

⑤ 第 26 行代码通过应用 box-sizing 属性将盒子设置为内减模式，使外边框和内边距均包含在盒子的宽度中。

⑥ 第 28 行和第 29 行代码用于设置导航右侧的 4 个文字图标按钮的鼠标指针悬浮样式。

⑦ 第 34~37 行代码用于设置鼠标指针悬浮在头部、导航和视频上时，2 个按钮由外至内飞入的效果。

保存 index.css 样式文件，并在 index.html 静态文件中引入外部 CSS 样式文件，具体代码如下。

```
<link rel="stylesheet" type="text/css" href="css/index.css">
```

保存 index.html 文件，运行代码，头部、导航和音频、视频模块的效果如图 10-8 所示。

图10-8　头部、导航和音频、视频模块的效果（1）

当鼠标指针移动到页面上时，效果如图 10-9 所示。

当鼠标指针移动到飞入的按钮上时，效果如图 10-10 所示。

图10-9　头部、导航和音频、视频模块的效果（2）

图10-10　头部、导航和音频、视频模块的效果（3）

当鼠标指针移动到导航左侧的"选项"上时，效果如图 10-11 所示。

图10-11　头部、导航和音频、视频模块的效果（4）

当鼠标移动到导航右侧的文字小图标按钮上时，效果如图 10-12 所示。

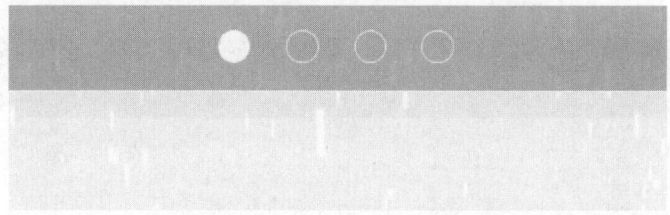

图10-12　头部、导航和音频、视频模块的效果（5）

至此，头部、导航和音频、视频模块的样式已基本定义完成，下面通过@font-face 规则为导航右侧的 4 个文字图标按钮和 2 个视频按钮添加文字样式，具体步骤如下。

① 下载字体库，并存储在 fonts 文件夹中。

② 在 index.css 文件中定义@font-face 规则，具体代码如下。

```
@font-face {font-family: 'freshskin';src:url('../fonts/iconfont.ttf');}
```

③ 在 index.css 文件的第 27 行和第 38 行添加如下代码。

```
font-family: "freshskin";
```

这里引入的是图片文字，在下载的字体库中，每一个图片对应一个编码，可以将此编码写入结构中，当引入字体后即可实现图片文字效果。字库中的图片及编码如图 10-13 所示，方框标示的即为图片编码。

④ 在 HTML 结构中插入图片编码。

修改 index.html 文件中的第 57～60 行代码为如下代码。

图10-13　字体库中的图片及编码

```
<a href="#">&#xe65e;</a>
<a href="#">&#xe608;</a>
<a href="#">&#xf012a;</a>
<a href="#">&#xe68e;</a>
```

修改 index.html 文件中的第 69～70 行代码为如下代码。

```
<li class="one"><span>&#xe662;</span>STANDARD 标准</li>
<li class="two"><span>&#xe662;</span>HD 高清</li>
```

保存 index.html 和 index.css 文件后，运行代码，效果如图 10-14 所示。

图10-14　添加图片文字后的效果

当鼠标指针移到导航右侧的小图标按钮和视频按钮上时，效果如图 10-15 和图 10-16 所示。

图10-15　鼠标指针悬浮时小图标按钮的效果　　　　图10-16　鼠标指针悬浮时视频按钮的效果

2. 制作内容部分（款式）模块

（1）分析效果图

仔细观察图 10-4，可以看出内容部分（款式）模块分为标题和产品图片 2 个部分，具体结构如图 10-17 所示。

图10-17　内容部分（款式）模块的结构图

当鼠标指针悬浮于任何一款产品的图片上时，会出现该产品的相关介绍，效果如图 10-18 所示。

图10-18　产品介绍效果

（2）准备图片

准备模块所需的图片，包括标题图片、产品图片和产品介绍中的相关小图标。

（3）搭建结构

下面搭建内容部分（款式）模块的结构。打开 index.html 文件，在 index.html 文件内编写内容部分（款式）模块的 HTML 结构代码，具体如下。

```
1  <!-- classic begin -->
2  <div class="classic">
3     <header>
4        <img src="images/new.png" alt="">
5     </header>
6     <p>采用安全无镉丙烯颜料，性质稳定，不易褪色</p>
7     <ul>
8        <li>
9           <hgroup>
10             <h2>白玉兰-油纸伞</h2>
11             <h2>加厚油纸，天然桐油</h2>
12             <h2></h2>
13             <h2></h2>
14          </hgroup>
15       </li>
16       <li>
17          <hgroup>
18             <h2>桃花-油纸伞</h2>
19             <h2>加厚油纸，天然桐油</h2>
20             <h2></h2>
21             <h2></h2>
22          </hgroup>
23       </li>
24       <li>
25          <hgroup>
26             <h2>幽兰山谷-油纸伞</h2>
27             <h2>加厚油纸，天然桐油</h2>
28             <h2></h2>
29             <h2></h2>
30          </hgroup>
31       </li>
32    </ul>
33 </div>
34 <!-- classic end -->
```

在上述代码中，<header>标签用于添加标题图片；<ul>标签用于定义产品部分，其内部的<hgroup>标签用于设置产品内容介绍。

保存并运行代码，内容部分（款式）模块的效果如图 10-19所示。

图10-19　内容部分（款式）模块的效果

（4）控制样式

从图 10-19 中可以看出，内容部分（款式）模块的结构已搭建完成，下面在 index.css 文件中编写对应的 CSS 样式代码，具体如下。

```
1  /* classic */
2  .classic{width:100%;height:530px;background: #fff;}
3  .classic header{width:487px;height:95px;background:#f7f7f7;border-radius:48px;
   margin:70px auto 0;   box-sizing:border-box;padding:0 15px;}
```

```
 4  .classic p{margin-top: 10px;text-align: center;color: #db0067;}
 5  .classic ul{margin:70px auto 0;    width: 960px;}
 6  .classic ul li{width:266px; height:250px;border:1px solid #ccc; background:url (../
images/pic1.jpg) 0 0 no-repeat;float: left;margin-right:8%;margin-bottom: 40px;position:
relative;}
 7  .classic ul li:nth-child(2){background-image: url(../images/pic2.jpg);}
 8  .classic ul li:nth-child(3){margin-right: 0;background-image: url(../images/pic3.jpg);}
 9 .classic ul li hgroup{position: absolute;left:0;top:-250px;width:266px; height:250px;
background: rgba(0,0,0,0.5);transition:all 0.5s ease-in 0s;}
10 .classic ul li:hover hgroup{position: absolute;left:0; top:0;}
11 .classic ul li hgroup h2:nth-child(1){font-size: 22px; text-align: center; color:#fff;
12      font-weight: normal;margin-top: 58px;}
13 .classic ul li hgroup h2:nth-child(2){font-size: 14px; text-align: center; color:#fff;
14      font-weight:normal;margin-top: 15px;}
15 .classic ul li hgroup h2:nth-child(3){width:26px;height: 26px;  margin-left:120px;
margin-top: 15px;background:url(../images/jiantou.png) 0 0 no-repeat;}
16 .classic ul li hgroup h2:nth-child(4){width:75px;height: 22px;  margin-left:95px;
margin-top: 25px;background:url(../images/anniu.png) 0 0 no-repeat;}
17 /* classic */
```

在上述 CSS 代码中，第 3 行代码用于为标题设置背景，通过 border-radius 属性将背景设置为圆角矩形；第 6 行代码用于设置存放产品图片的盒子为左浮动，且每一个盒子为相对定位；第 7~8 行代码用于设置中间和右边盒子显示的产品图片；第 9 行代码用于设置产品介绍所在的盒子相对于产品图片所在的盒子为绝对定位，并将前者定位到产品图片以外；第 10 行代码用于设置当鼠标指针悬浮到某一款产品图片上时，对应的产品介绍盒子定位到与图片重叠的位置。

保存 index.css 样式文件，运行代码，效果如图 10-20 所示。

图10-20　内容部分（款式）模块的效果（1）

从图 10-20 中可以看出，有关产品介绍的 3 个盒子均定位到了产品图片的上方，此时需在 index.css 文件的第 6 行代码中添加如下代码，隐藏与产品介绍相关的 3 个盒子。

```
overflow: hidden
```

保存并运行代码，效果如图 10-21 所示。

图10-21　内容部分（款式）模块的效果（2）

当鼠标指针悬浮于产品图片上时，效果如图 10-22 所示。

图10-22　内容部分（款式）模块的效果（3）

3. 制作内容部分（工艺）模块

（1）分析效果图

仔细观察图 10-4，可以看出内容部分（工艺）模块分为标题和产品工艺图片 2 个部分，具体结构如图 10-23 所示。

图10-23　内容部分（工艺）模块的结构图

当鼠标指针悬浮于产品工艺图片上时，会出现该产品工艺的相关介绍。产品工艺介绍的效果如图 10-24 所示。

图10-24　产品工艺介绍的效果

（2）准备图片

准备模块所需的图片，包括标题图片、产品工艺图片和产品工艺介绍图片。

（3）搭建结构

下面搭建内容部分（工艺）模块的结构。打开 index.html 文件，在 index.html 文件内编写内容部分（工艺）模块的 HTML 结构代码，具体如下。

```
1  <!-- try begin -->
2  <div class="try">
3      <header>
4          <img src="images/gongyi.png" alt="">
5      </header>
6      <p>300 年工艺传承，独具精工匠心，108 道工序</p>
7      <ul>
8          <li>
9              <img class="zheng" src="images/try1.jpg" alt="">
10             <img class="fan" src="images/try4.jpg" alt="">
11         </li>
12         <li>
13             <img class="zheng" src="images/try2.jpg" alt="">
14             <img class="fan" src="images/try5.jpg" alt="">
15         </li>
16         <li>
17             <img class="zheng" src="images/try3.jpg" alt="">
18             <img class="fan" src="images/try6.jpg" alt="">
19         </li>
20     </ul>
21 </div>
22 <!-- try end -->
```

在上述代码中，<header>标签用于添加标题图片；<ul>标签用于定义产品部分；<li>标签用于存储两张图片，一张为产品工艺图，另一张为产品工艺介绍图。

保存并运行代码，内容部分（工艺）模块的结构效果如图 10-25 所示。

图10-25　内容部分（工艺）模块的结构效果

（4）控制样式

从图 10-25 中可以看出，内容部分（工艺）模块的结构已搭建完成，下面在 index.css 文件中编写对应的

CSS 样式代码，具体如下。

```
1.  /* try */
2.  .try{width:100%;height:312px;background:#299585;padding-top: 70px;}
3.  .try header{width:555px;height: 95px;background: #f7f7f7;border-radius: 48px;margin:
0 auto;box-sizing:border-box;padding:7px 0 0 35px;}
4.  .try p{margin-top:10px;text-align: center;color: #fff;}
5.  .try ul{margin:70px auto 0;width: 960px;}
6.  .try ul li{width:291px;height:251px;float: left;margin-right:4%;margin-bottom: 40px;
position: relative;-webkit-perspective:230px;   }
7.  .try ul li:last-child{margin-right: 0;}
8.  .try ul li img{position: absolute;left:0;top:0;-webkit-backface-visibility:hidden;
transition:all 0.5s ease-in 0s;}
9.  .try ul li img.fan{-webkit-transform:rotateX(-180deg);}
10. .try ul li:hover img.fan{-webkit-transform:rotateX(0deg);}
11. .try ul li:hover img.zheng{-webkit-transform:rotateX(180deg);}
12. /* try */
```

在上述 CSS 代码中，第 3 行代码用于为标题设置背景，通过 border-radius 属性将背景设置为圆角矩形；第 6 行代码用于设置存放产品图的盒子为左浮动，且每一个盒子均为相对定位，perspective 属性用于指定 3D 元素的透视效果，当为元素设置 perspective 属性时，元素内部嵌套的子元素会获得透视效果；第 8 行代码中的 backface-visibility 属性用于定义元素在背面朝向访问者时是否可见；第 9 行代码用于将类名为 fan 的图片沿 x 轴逆时针旋转 180°；第 10～11 行代码分别设置当鼠标指针悬浮于存放的图片上时，类名为 fan 的图片复位，类名为 zheng 的图片沿 x 轴旋转 180°。

保存 index.css 样式文件，运行代码，效果如图 10-26 所示。

图10-26　内容部分（工艺）模块的效果（1）

当鼠标指针悬浮于第 1 张图片上时，变换过程中的效果如图 10-27 所示。

图10-27　内容部分（工艺）模块的效果（2）

变换后的最终效果如图 10-28 所示。

图10-28　内容部分（工艺）模块的效果（3）

4. 制作内容部分（定制）模块

（1）分析效果图

仔细观察图 10-4，可以看出内容部分（定制）模块分为标题和 Logo 2 个部分，具体结构如图 10-29 所示。

图10-29　内容部分（定制）模块的结构图

当鼠标指针悬浮于任意一张 Logo 图片上时，Logo 图片会发生变化。例如，当鼠标指针悬浮于第 2 张 Logo 图片上时，会有一张油纸伞图片替换当前的 Logo 图片，效果如图 10-30 所示。

图10-30　Logo图片替换效果

（2）准备图片

准备模块所需的图片，包括标题图片和 Logo 图片。

（3）搭建结构

下面搭建内容部分（定制）模块的结构。打开 index.html 文件，在 index.html 文件内编写内容部分（定制）模块的 HTML 结构代码，具体如下。

```
1  <!-- make begin -->
2  <div class="make">
3      <header>
4          <img src="images/pinpai.png" alt="">
5      </header>
6      <p>我们更专业 用户更放心</p>
7      <ul>
8          <li>
9              <img class="tu" src="images/cp1.jpg" alt="">
10             <img class="tihuan" src="images/th1.png" alt="">
11         </li>
12         <li>
13             <img class="tu" src="images/cp2.jpg" alt="">
14             <img class="tihuan" src="images/th2.png" alt="">
15         </li>
16         <li>
17             <img class="tu" src="images/cp3.jpg" alt="">
18             <img class="tihuan" src="images/th3.png" alt="">
19         </li>
20         <li>
21             <img class="tu" src="images/cp4.jpg" alt="">
22             <img class="tihuan" src="images/th4.png" alt="">
23         </li>
24         <li>
25             <img class="tu" src="images/cp5.jpg" alt="">
26             <img class="tihuan" src="images/th5.png" alt="">
27         </li>
28         <li>
29             <img class="tu" src="images/cp6.jpg" alt="">
30             <img class="tihuan" src="images/th6.png" alt="">
31         </li>
32         <li>
33             <img class="tu" src="images/cp7.jpg" alt="">
34             <img class="tihuan" src="images/th7.png" alt="">
35         </li>
36         <li>
37             <img class="tu" src="images/cp8.jpg" alt="">
38             <img class="tihuan" src="images/th8.png" alt="">
39         </li>
40     </ul>
41 </div>
42 <!-- make end -->
```

在上述代码中，<header>标签用于添加标题图片；<ul>标签用于定义 Logo 部分；<li>标签用于存储 2 张图片，一张为页面加载完成时显示的图片，另一张为鼠标指针悬浮时变换后显示的图片。

保存并运行代码，效果如图 10-31 所示。

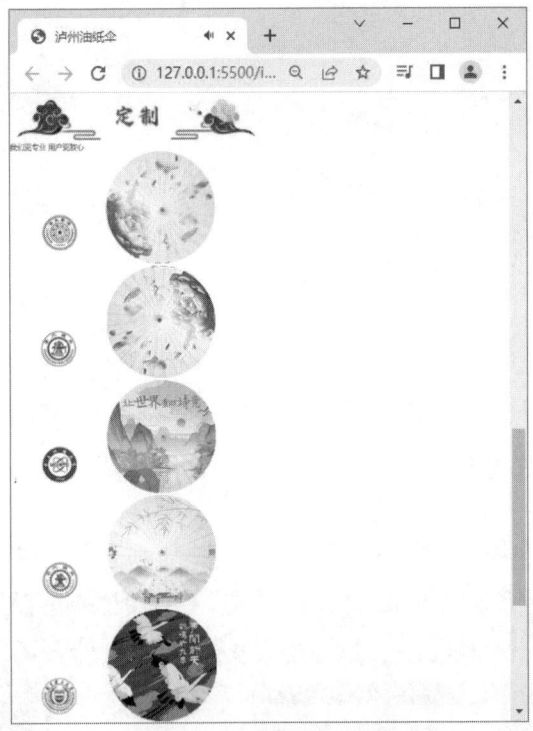

图10-31　内容部分（定制）模块的效果

（4）控制样式

从图 10-31 中可以看出，内容部分（定制）模块的结构已搭建完成，下面在 index.css 文件中编写对应的 CSS 样式代码，具体如下。

```css
 1  /* make */
 2  .make{width:100%;height:700px;background: #fff;}
 3  .make header{width:508px;height: 95px;background: #f7f7f7;border-radius: 48px;margin:
220px auto 0;box-sizing:border-box;padding:7px 0 0 35px;}
 4  .make p{margin-top: 10px;text-align: center;color: #db0067;}
 5  .make ul{margin:70px auto 0;width: 960px;}
 6  .make ul li{width:195px;height:195px;border:1px solid #ccc;border-radius: 50%;float:
left;margin-right:5%;margin-bottom: 40px;position: relative;}
 7  .make ul li img{position: absolute;top:50%;left:50%;transform:translate(-50%,-50%);}
 8  .make ul li:nth-child(4),.make ul li:nth-child(8){margin-right:0;}
 9  .make ul li .tihuan{opacity: 0;transition:all 0.4s ease-in 0.2s;}
10  .make ul li:hover .tihuan{opacity: 1;transform:translate(-50%,-50%) scale(0.75);}
11  .make ul li .tu{transition:all 0.4s ease-in 0s;}
12  .make ul li:hover .tu{opacity: 0;transform:translate(-50%,-50%) scale(0.5);}
13  /* make */
```

在上述 CSS 代码中，第 3 行代码用于为标题设置背景，通过 border-radius 属性将背景设置为圆角矩形；第 6 行代码用于将存放 Logo 图片的盒子设置为左浮动和相对定位；第 7 行代码用于设置所有的图片在\<li\>标签内水平垂直居中显示；第 9～10 行代码用于将要替换的图片的不透明度设置为 0，页面加载完成时它处于隐藏状态，当鼠标指针悬浮于\<li\>标签上时，其不透明度变为 1，且盒子大小缩小为原来的 75%；第 12 行代码用于设置当鼠标指针悬浮于\<li\>标签上时，变换前的 Logo 图片的大小为原来的一半，而且其不透明度为 0。

保存 index.css 样式文件，运行代码，效果如图 10-32 所示。

当鼠标指针悬浮于任意一张 Logo 图片上时，Logo 图片会发生变化。例如，悬浮于第 1 张 Logo 图片上时，效果如图 10-33 所示。

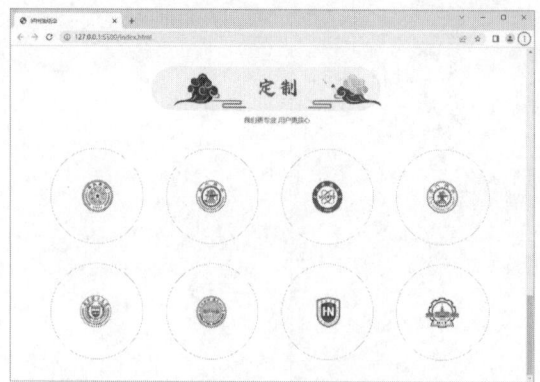

图10-32　内容部分（定制）模块的效果（1）

图10-33　内容部分（定制）模块的效果（2）

5. 制作表单信息及版权信息模块

（1）分析效果图

表单信息及版权信息模块的结构如图 10-34 所示。

图10-34　表单信息及版权信息模块的结构

（2）准备图片

准备模块所需的图片，包括 Logo 图片和注册按钮图片。

（3）搭建结构

下面搭建表单信息及版权信息模块的结构。打开 index.html 文件，在 index.html 文件内编写表单信息和版权信息模块的 HTML 结构代码，具体如下。

```
1   <!-- biaodan begin -->
2   <footer>
3       <div class="logo"></div>
4       <div class="message">
5           <form>
6               <ul class="left">
7                   <li>
8                       <p><label for="">姓名：</label></p>
9                       <input type="text">
10                  </li>
11                  <li>
12                      <p>邮箱：</p>
13                      <input type="email">
14                  </li>
15                  <li>
16                      <p>电话：</p>
17                      <input type="tel" pattern="^\d{11}$" title="请输入11位数字">
18                  </li>
19                  <li>
20                      <p>密码：</p>
```

```
21                        <input type="password">
22                    </li>
23                    <li>
24                        <input class="but" type="submit" value="">
25                    </li>
26                </ul>
27                <div class="right">
28                    <p>留言: </p>
29                    <textarea></textarea>
30                </div>
31            </form>
32        </div>
33 </footer>
34 <!-- biaodan end -->
35 <!-- banquan begin -->
36 <div class="banquan">
37    <a href="#">泸州油纸伞 独具匠心 工艺传承</a>
38 </div>
39 <!-- banquan end -->
```

在上述代码中，第 3 行代码中类名为 logo 的<div>标签用于添加 Logo 图片；表单信息模块分为左、右 2 个部分，通过第 6~26 行代码的<ul>标签搭建左边的用户注册信息部分，其内部嵌套 input 表单控件，根据表单控件中要输入的内容，分别设置对应的 type 值；右边的留言框部分通过第 29 行代码的 textarea 表单控件定义；版权信息部分通过第 36~38 行代码中类名为 banquan 的<div>标签定义。

保存并运行代码，表单信息及版权信息模块的结构如图 10-35 所示。

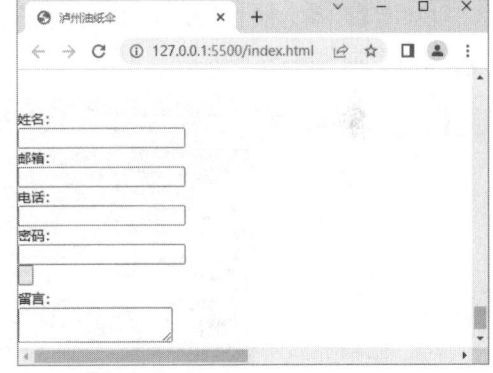

图10-35　表单信息及版权信息模块的结构

（4）控制样式

从图 10-35 中可以看出，表单信息及版权信息模块的结构已搭建完成，下面在 index.css 文件中编写对应的 CSS 样式代码，具体如下。

```
 1  /* footer */
 2  footer{width:100%;height:400px;background: #545861;border-bottom: 1px solid #fff;}
 3 footer .logo{width:1000px;height:100px;margin:0 auto;background: url(../images/logo1.jpg)
no-repeat center center;border-bottom: 1px solid #8c9299;}
 4  footer .message{width:1000px;margin:20px auto 0;color:#fffada;}
 5  footer .message .left{width:525px;float: left;padding-left: 30px;box-sizing:border-box;}
 6  footer .message .left li{float: left;margin-right: 30px;}
 7  footer .message .left li input{width:215px;height:32px;border-radius: 5px;margin:
10px 0 15px 0;padding-left: 10px;box-sizing:border-box;border:none;}
 8  footer .message .left li:last-child input{width:120px;height:39px;padding-left: 0;
border:none;background: url(../images/but.jpg) no-repeat;}
 9  footer .message .right{float: left;}
10  footer .message .right p{margin-bottom: 10px;}
11 footer .message .right text area{width:400px;height:172px;padding:10px;box-sizing:
border-box;resize:none;}
12 /* footer */
13 /* banquan */
14  .banquan{width:100%;height:60px;background: #333333; text-align: center;}
15  .banquan a{line-height: 60px;}
16 /* banquan */
```

在上述代码中，第 3 行代码用于插入 Logo 图片，并且设置其水平垂直居中显示；第 5 行和第 9 行代码分别用于设置用户信息部分左、右两侧的盒子为左浮动；第 8 行代码用于为"用户注册"按钮添加背景图片并设置相关样式；第 11 行代码中的 resize 属性用于固定留言框的尺寸。

保存 index.css 样式文件，运行代码，效果如图 10-36 所示。

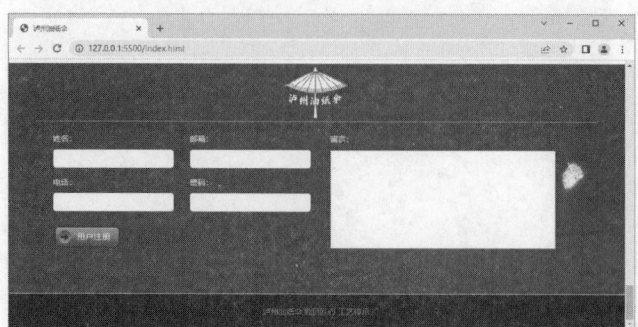

图10-36　表单信息及版权信息模块的效果（1）

在"邮箱"输入框中输入一个不符合电子邮件格式的内容，例如输入"12345"，然后单击"用户注册"按钮，效果如图 10-37 所示。

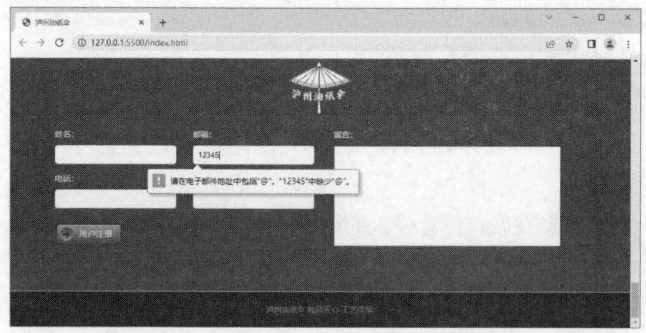

图10-37　表单信息及版权信息模块的效果（2）

从图 10-37 中可以看出，"邮箱"输入框中的内容得到了验证。

在"电话"输入框中输入一个不符合电话号码格式的内容，例如输入"6666"，然后单击"用户注册"按钮，效果如图 10-38 所示。

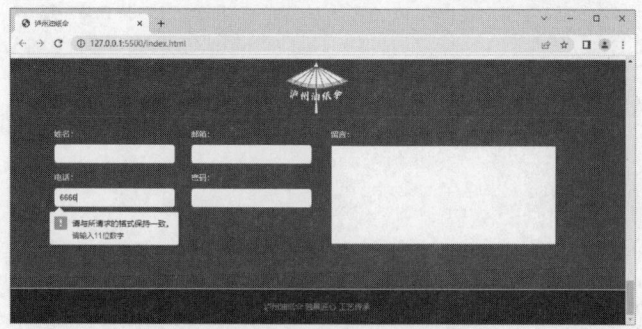

图10-38　表单信息及版权信息模块的效果（3）

从图 10-38 中可以看出，"电话"输入框中的内容得到了验证。

在密码框中输入文字或字母，它们会以圆点的形式显示，效果如图 10-39 所示。

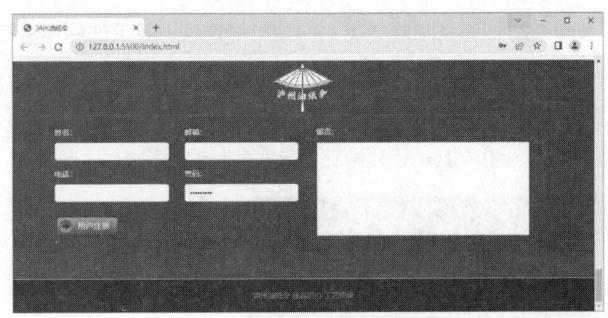

图10-39　表单信息及版权信息模块的效果（4）

至此，油纸伞网站首页制作完成。

本章小结

本章首先介绍了油纸伞网站首页的项目背景；然后讲解了项目的准备工作，包括创建网站根目录和文件夹、分析效果图、进行整体布局、定义公共样式；最后运用 HTML5 和 CSS3 分模块完成了油纸伞网站首页的制作。

通过对本章的学习，读者可以进一步熟悉 HTML5 和 CSS3 的相关知识，并能熟练运用 VS Code 完成网页项目代码的编辑。

动手实践

学习完本章的内容，下面来动手实践一下。

请结合前面所学知识，运用 VS Code 及给出的网页素材制作一个图 10-40 所示的网站欢迎页。

页面中各部分的 CSS 样式要求如下。

（1）引导栏模块的"登录"和"注册"部分需添加超链接，且当鼠标指针悬浮在它们上方时，文本颜色会发生变化，如图 10-41 所示。

图10-40　网站欢迎页　　　　　　　　　　图10-41　鼠标指针悬浮时文本的效果

（2）导航模块需添加超链接，且当鼠标指针悬浮在导航链接上时，其样式会发生变化，如图 10-42 所示。

图10-42　鼠标指针悬浮时导航链接的效果

（3）当鼠标指针移至页面上时，页面两侧会飞入网站类型选项，效果如图 10-43 所示。当鼠标指针离开页面时，网站类型选项会飞出页面。

（4）每个网站类型选项均是一个可以单击的超链接，当鼠标指针悬浮在它们上方时，它们的样式会发生变化，图 10-44 为鼠标指针悬浮在"HTML5 网站"选项上时的效果。

图10-43　网站类型选项

图10-44　鼠标指针悬浮在"HTML5网站"选项上的效果

（5）页面的背景是一个循环播放的视频，需要铺满浏览器窗口。

（6）为页面添加一个循环播放的背景音乐。